물리 속의 물리

물리학의 깊은 비밀

전파과학사는 독자 여러분의 책에 관한 아이디어와 원고 투고를 기다리고 있습니다. 디아스포라는 종교(기독교), 경제·경영서, 일반 문학 등 다양한 장르의 국내 저자와 해외 번역서를 준비하고 있습니다. 출간을 고민하고 계신 분들은 이메일 chonpa2@hanmail.net로 간단한 개요와 취지, 연락처 등을 적어 보내주세요.

물리 속의 물리

물리학의 깊은 비밀

초판 1994년 08월 05일
개정판 2024년 10월 08일

지은이 에드워드 텔러, 웬디 텔러, 윌슨 텔리
옮긴이 이재일, 차동우
발행인 손동민
디자인 오주희

펴낸곳 전파과학사
출판등록 1956년 7월 23일 제 10-89호
주 소 서울시 서대문구 증가로18, 204호
전 화 02-333-8877(8855)
팩 스 02-334-8092
이메일 chonpa2@hanmail.net
공식 블로그 http: //blog.naver.com/siencia

ISBN 978-89-7044-681-3 (03420)

물리 속의 물리

물리학의 깊은 비밀

에드워드 텔러, 웬디 텔러, 윌슨 텔리 지음 | 이재일, 차동우 옮김

전파과학사

머리말

이 책에 대한 계획은 에드워드 텔러(Edward Teller, 1908~2003)가 시카고 대학에서 '물리의 진정한 이해'라는 과목을 강의하기 시작했던 약 40여 년 전부터 이미 구상되었다.

그때, 지금도 역시 같은 생각이지만 텔러 박사는 과학에 대한 무지가 우리의 자녀들뿐 아니라 점점 증가하는 성인층에게도 마찬가지로 미국 사회에 계속 확산되는 위험으로 도사리고 있다고 믿었다.

한편으로 지구 위에 사는 모든 개개인의 미래는 과학과 그 응용에 밀접하게 연관되어 있다. 대부분의 서구 사회에 널리 퍼진 과학적 결과에 대한 근거 없는 공포심은 중요한 정치적 문제 등에서 잘못된 결정을 초래한다. 그러나 이 책은 공포나 결정 같은 것에 대해 이야기하지 않고 단지 그러한 것을 막을 수 있고 다른 것들을 올바로 인도할 수 있게 해 줄 사실들에 관해서만 말한다.

이 책의 입장에서 보자면, 두 번째 문제가 더 중요하다. 우리가 살고 있는 20세기의 처음 25년 동안은 인간의 사고(思考)에 가장 멋있고 철학적으로 가장 중요한 변화를 가져온 시기이다. 아인슈타인(Albert Einstein, 1879~1955)과 보어(Niels Henrik David Bohr, 1885~1962)의 사상이 지닌 지적이고 심미적인 가치는 아무리 높게 평가하더라도 지나치지 않는다. 또한 그들이 수많은 수학적 복잡성으로 인해 이해될 수 없는 것으로 치부되어서는 결코 안 된다.

우리의 젊은이들은 과학이 유용하고 또한 재미있기 때문에 일찍부터 과학과 친숙해져야만 한다. 과학의 이 두 가지 성질은 모두 정말로 높은 수준까지 활용되어야만 한다.

성인들도 과학에 흥미를 느끼지 않으면 안 된다. 그것은 과학이 우리 문화유산의 일부이기 때문이며, 우리 사회에 계속 도입되고 있는 새 기술을 될 수 있는 한 많은 사람이 이해해야 하기 때문이다.

우리는 이 책을 통하여 이미 교육을 마친 성인들이 새로운 물리학을 익힘으로써 우리 미래의 모습을 결정할 과학적이며 기술적인 결정들에 대한 대화에 적절히 기여할 수 있는 능력을 함양할 수 있기를 희망한다. 또한 우리는 과학의 순수한 기쁨을 우리 모두 함께 음미하는 데 참여하도록 성인들을 초대한다.

여러분은 이 책의 본문에 수식이 사용되었음을 발견할 것이다. 어떤 저자들은 독자들이 질겁하여 책을 읽을 생각을 포기할까 봐 어떠한 수식도 사용하기를 꺼려 한다. 우리는 본문의 내용에 말로 설명된 것들을 종합하여 표현하려고 의도적으로 수식을 포함했다. 그러니 수학에는 문외한

인 독자라 하더라도 수식을 훑어보고 도대체 무엇을 뜻하는지 알아내려고 시도하기를 두려워할 필요가 조금도 없다(수식에 대한 해독문은 항상 본문에 포함되어 있다). 본문의 내용을 설명하기 위하여 이 책에 포함된 그림과 마찬가지로, 수식도 본문을 간단히 설명한 일종의 요약이라고 보면 좋을 것이다.

에드워드 텔러는 그의 강의의 진수를 뽑아내기 위해 그의 딸 웬디와 원고를 쓰기 시작했다[본문에 포함된 주(註)에는 텔러 박사와 웬디 사이의 대화도 여러 번 나온다]. 그들의 노력을 거들어 준 사람 중에는 월슨 텔리도 있다(그도 역시 본문의 주에서 대화에 참여하기도 했다).

이 책을 완성하게 해 준 결정적인 계기는 패니와 존 허츠 재단이 취한 한 가지 조치 때문이었다. 허츠 승용차 대여 회사와 옐로 택시 주식회사의 설립자에 의해 세워진 이 재단은 초중고 및 대학교 교육에 대하여 일련의 사업을 시행했다. 이 사업에 포함된 한 가지 계획으로 텔러 박사가 캘리포니아의 리버모어 계곡 지방에 살고 있는 고등학교 학생들과 교사들에게 개선된 '물리 과학의 진정한 이해'라는 과목을 강의하도록 결정했다. 이 강의는 앞의 재단과 캘리포니아 대학 데이비스 리버모어 캠퍼스의 응용 과학과와 로렌스 리버모어 국립연구소가 지원했다. 우리는 지난 수십 년 동안 텔러 박사의 강의를 경청한 수천 명의 일반인과 수백 명의 학생들에게 감사한다.

이 책을 완성하기까지 다음 몇 분들께 특별히 큰 신세를 졌다. 텔러 박사의 아들인 폴 텔러는 원고의 일부를 검토해 주었다. 조안 스미스, 패티

프렌치, 주디 슐러리는 여러 부분을 받아쓰고 정서하고 다시 정서했다. 윌슨 텔리의 부인인 헬렌 텔리는 초고의 대부분을 매킨토시 컴퓨터에 입력시켰고 교정된 원고를 다시 검토했다. 이 책이 나온 것은 오로지 리버모어에 개설된 강의 덕택이므로, 우리는 그 강의가 원활히 진행되도록 힘써 준 수 앤더슨, 매트 디머쿠리오, 톰 하퍼, 바바라 니콜스, 자키 니센, 마리아 패리시, 캐더린 스미스, 찰리 웨스트브룩 등에게 그 공을 돌린다.

옮긴이의 말

이 책은 헝가리 태생의 미국 물리학자인 에드워드 텔러 박사 등이 지은 『물리학의 깊은 비밀에 관한 대화(Conversations on the Dark Secrets of Physics)』를 우리 글로 옮긴 것이다. 텔러 박사는 현재 스탠퍼드 대학교 부설 후버 연구소의 책임연구원이자 캘리포니아 대학교의 명예 교수이다. 그는 유수한 학술지에 100편이 넘는 논문을 발표하는 등 학문적으로 많은 업적을 이뤘다. 또한 텔러 박사는 여러 가지 상을 수상했는데 이 중 하나가 핵물리 등의 발전에 기여한 공로로 받은 알베르트 아인슈타인상이다. 텔러 박사와 그의 딸 웬디 텔러 그리고 윌슨 텔리가 지은 이 책은 머리말에서도 밝혔듯이 헤르츠 재단과 옐로 택시 회사의 지원을 받아 텔러 박사가 캘리포니아 리버모어 지역의 고등학교 학생과 교사, 그 밖의 일반인들을 대상으로 한 〈물리의 이해〉라는 일련의 강의를 모태로 하여 발간된 것이다. 따라서 이 책이 목적하는 바는 일반인들이나 고등학생 수준의 학생들에게 물리학의 진수를 이해시키기 위한 것이라 할 수 있다. 그렇지만 이 책은 다른 과학 소개서와는 다른 재미있는 특징이 있다.

우선 이 책에는 물리학에 나오는 여러 수식과 방정식이 들어 있다. 수식이나 방정식이 나오면 수학에 익숙하지 않은 독자들은 겁을 낼지도 모르겠으나, 텔러 박사도 밝혔듯이 어떤 면에서는 수학이 없는 과학은 아무런 의미가 없을 수도 있다. 그래서 텔러 박사는 수학을 쓰고 있으나, 암호와 같은 수식들을 해독하기 위한 풀이가 본문에 다시 설명되기 때문에 독자들은 수식 때문에 겁낼 필요가 전혀 없다고 생각한다. 오히려 수식에 약간 익숙한 독자들은 그 수식에 함축된 자연의 아름다움을 즐길 수 있으리라 생각된다.

독자들이 과학책을 읽어 가노라면 어떤 때는 그 딱딱함에 억눌려 끝까지 읽지 못하고 중간에 덮어 버린 경험이 있을 것이다. 이 책에는 내용이 따분하거나 딱딱한 부분에는 ET(에드워드 텔러 박사)와 WT(공저자인 웬디 텔러 또는 윌슨 텔리)의 대화가 끼어들어 그 따분함을 누그러뜨려 주고 있으며, 끝까지 읽을 수 있게 하는 원기를 제공해 주고 있다.이 책의 또 다른 특징은 그 시작을 아인슈타인의 상대성 이론으로한다는 데 있다. 텔러 박사는 상대성 이론이 물리학의 뼈대라고 보았으며 물리학을 진정으로 이해하고 물리학의 간단함과 우아함을 알기 위해서는 상대성 이론의 본질적 이해가 필요하다는 점을 강조하고 있다. 텔러 박사는 1장에서 상대성 이론을 소개한 후 뉴턴 역학, 전자기학, 그리고 현대의 양자 물리학에 이르기까지의 물리 이론들을 필요할 때마다 상대성 이론과 연관시켜 설명하고자 애쓰고 있다. 독자들이 1장에서 상대성 이론에 대한 이해가 부족했다고 하더라도 이 책을 전체적으로 읽어 나가면서 상대성 이론뿐만 아니라 물리학을 전체적으로 이해할 수 있기를 기대한다.

또한 이 책의 각 장 끝에는 잘 구성되고 재미있는 문제들이 있어 이들을 풀어나가면서 본문 내용을 얼마나 이해했는지 독자 스스로 점검할 수 있고, 본문 내용에 대한 이해를 더욱 깊이 할 수 있으리라 생각한다. 책 끝에는 그 풀이가 상세히 설명되어 있어 혹시 독자 스스로 문제를 풀지 못했다 하더라도 이 풀이의 도움을 받아 다시 풀 수도 있겠다.

최근 들어, 일반인들이나 젊은 학생들의 과학에 대한 관심이 고조되고 있으며 이에 발맞추어 좋은 과학 소개서가 많이 발간되는 등 자연과학을 전공하고 있는 역자들에게는 반가운 현상이 일어나고 있다. 여기 우리가 옮긴 『물리 속의 물리』도 이러한 흐름에 조그만 도움이 되기를 간절히 바란다.

끝으로 이 책이 나오기까지 많은 관심과 수고를 아끼지 않으신 전파과학사의 여러분, 특히 손영일 사장님께 감사드린다.

옮긴이

차례

들어가는 말: 경고

"…수식이 없는 책은 대개 별 의미가 없는 책이다…"
—『서푼짜리 오페라Three Penny Opera』를 엉터리로 각색한 것에서 인용함[1)]

수학이 없는 물리학이란 별 의미가 없는 것이기 때문에, 나는 이 책에서 수학을 쓸 것이다. 어떤 독자는 수학을 잘 모를 수도 있으니, 수학을 사용할 때는 그 설명을 곁들여서 사용하려 한다. 여러분 중에서 내가 사용하는 수학을 이미 알고 있는 사람이 있다면 인내심을 조금 발휘하기 바란다. 그렇지만 나는 수학을 좀 별난 방법으로 설명할 셈이므로, 여러분도 흥미를 느끼리라 생각한다. 경고해 두겠는데, 나는 이 책에서 거의 모든 사람이 이미 이해하고 있는 것들을 꽤 많이 이야기하겠지만, 아무도 이해할 수 없는 것들까지도 이야기할 예정이다. 내가 그렇게 하려는 것은 그것이 바로 과학자들이 일을 하는 실제 상황이기 때문이다. 만일 어떤 사람이 내가 얘기한 것을 모두 다 따라 이해할 수 있다면 매우 기쁘겠다(실제로 그런 일이 일어날 수 있다). 그렇지만 그런 일이 일어나리라고 기대하지는 않는

1) 이 각색은 1932년경 막스 보른(Max Born)의 50회 생일을 기념하기 위해 이름이 알려지지 않은 헝가리 태생의 시인이 쓴 것이다.

다. 왜냐하면 세상의 일이란 누구든지 흔히 자신이 이해하지 못하는 것을 겪거나 이해할 수 있는 한계를 느끼기 마련이기 때문이다. 나는 여기서 그런 한계가 존재한다는 것을 보여 주고 싶다.

1장

상대성 이론

: 물리학자가 본 시간과 공간

물리의 뼈대를 세운,
터무니없는 것처럼 보이지만
실제로는 옳고 간단한
아인슈타인의 제안이 설명된 이론

피타고라스 정리에서부터 이 강의를 시작하자. 여러분들도 알고 있겠지만 피타고라스(Pythagoras, B.C. 572~492)는 남부 이탈리아에 살았던 그리스인이다. 그는 철학자였는데 그 당시에는 철학자가 수학자도 뜻했다. 그는 또한 물리학자이기도 했다. 불행하게도 피타고라스는 정치에 관여하게 되어 수난을 겪었다(다른 경우에서와 같이 이런 점에서 몇몇 사람이 그의 전철을 밟았다).

피타고라스 정리는 피타고라스가 태어나기 1000년 전부터 바빌로니아 사람들에게 알려져 있었으나, 우리가 알기로는 피타고라스가 이를 처음 증명했다. 여기서는 피타고라스가 발견한 것과 다른 방법으로 증명해 보자. 이 방법이 정확하지는 않지만 누구든지 정말로 정확한 것을 원한다면 그렇게 할 수도 있다.

〈그림 1-1〉에 세 변이 각각 a, b, c인 삼각형이 있는데, 변 a와 b는 직각을 이룬다. 각각의 변에 붙여서 정사각형을 그렸다. 변 a에 붙여 그린 정사각형의 넓이는 a^2(a^2은 $a \times a$를 뜻한다)이다. 마찬가지로 변 b에 붙여

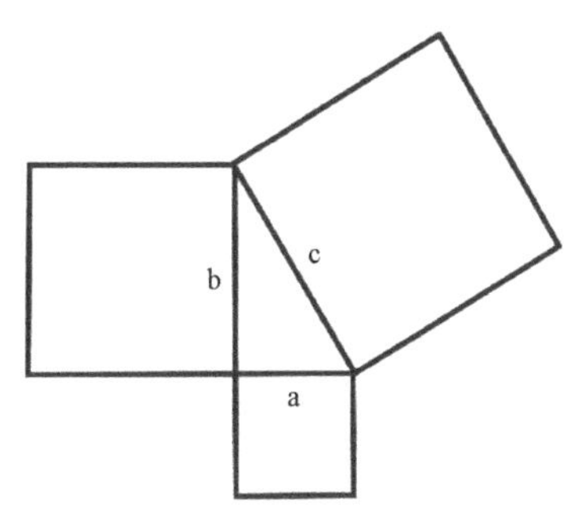

그림 1-1 | 피타고라스 정리란 직각삼각형에서 빗변의 제곱이 나머지 두 변의 제곱의 합과 같음을 말한다.

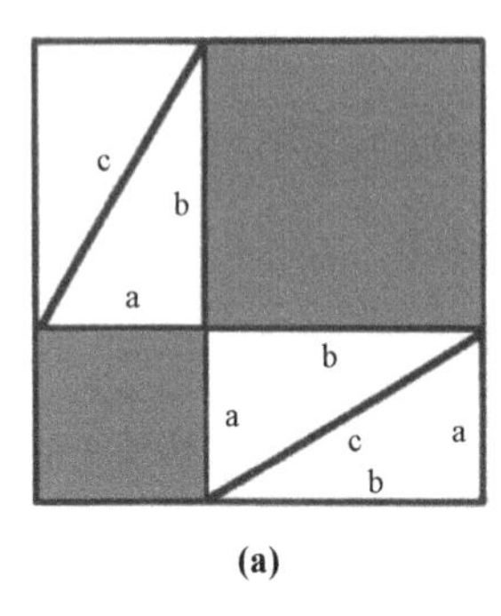

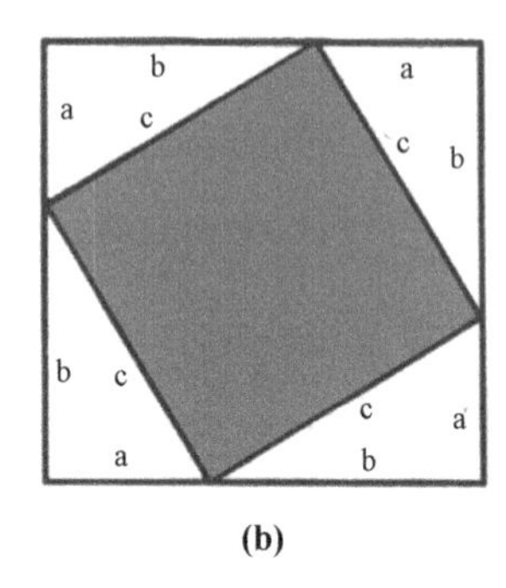

그림 1-2 I 〈그림 1-1〉에 있는 삼각형의 넓이를 바꾸지 않으면서 회전시키거나 위치를 움직일 수 있다. 이렇게 해서 삼각형들을 두 개의 커다란 정사각형에 배치함으로써, (a)에서 변의 길이가 a인 정사각형과 b인 정사각형의 합은 (b)에서 변의 길이가 c인 정사각형의 합과 같다는 것을 보일 수 있다.

그린 정사각형의 넓이는 b^2이고, 변 c에 붙여 그린 정사각형의 넓이는 c^2이다. 여기서 피타고라스 정리란 $a^2 + b^2 = c^2$임을 말한다. 즉 세 개의 정사각형 중 작은 두 정사각형의 넓이를 합한 것은 가장 큰 정사각형의 넓이와 같다.

이를 증명하기 위해 〈그림 1-2〉와 같이 똑같은 정사각형 두 개를 그렸다. 여기서 크기는 같으나 배치가 다른 네 개의 삼각형을 빼기로 한다. 삼각형 네 개의 넓이는 모두 같고 두 개의 커다란 사각형들도 넓이가 같으므로 첫 번째 정사각형에서 진한 부분의 넓이는 두 번째 정사각형에서 진한 부분의 넓이와 같다. 〈그림 1-2〉의 (a)에서 작은 정사각형의 넓이는 a^2이고 큰 정사각형의 넓이는 b^2이다. 또 〈그림 1-2〉의 (b)에서 진한 부분의 넓이는 c^2이므로 $a^2 + b^2 = c^2$이 됨을 알 수 있다.

이제부터 얘기하려는 것은 증명은 하지 않겠는데, 어떤 면에서는 훨씬 더 어렵고 어떻게 보면 훨씬 더 쉽다. 어떤 것이 더 쉽고 어려운지는 사람에 따라 다른 법이다. 먼저 〈그림 1-3〉에서와 같이 직교 좌표[카티션 좌표라고도 하는데 이는 철학자 데카르트(René Descartes, 1596~1650)의 이름을 딴 것이다]에 그림을 그리자. 평면 위에 서로 직교하는 두 개의 축과 P라고 하는 점이 있다고 하자. 직교하는 두 직선이 만나는 점, 즉 원점에서 출발하여 P에 도달하려면 수평축을 따라 x만큼 간 다음 수직축에 평행하게 y만큼 가면 된다. 그러면 두 개의 숫자 x, y가 P의 위치를 결정한다. 피타고라스 정리에 의하면 원점과 P점 사이의 거리 r은 $r^2 = x^2 + y^2$이 된다.

불행하게도 공간은 3차원이다. 공간에서 위치를 정하려면 정해진 어떤 '원점'에서 출발하여 북쪽으로 얼마만큼, 동쪽으로 얼마만큼, 그리고 얼마만큼의 높이를 가야 하는가를 말해야 한다. 이 3차원을 x, y, z라고 부르자. 질문을 하나 하기로 하자. 원점에서 출발하여 북쪽으로 x만큼, 동쪽으로 y만큼, 그리고 높이 z만큼 가야 P점에 도달한다면 그 거리는 얼마인가? 답은 $r^2 = x^2 + y^2 + z^2$이다.

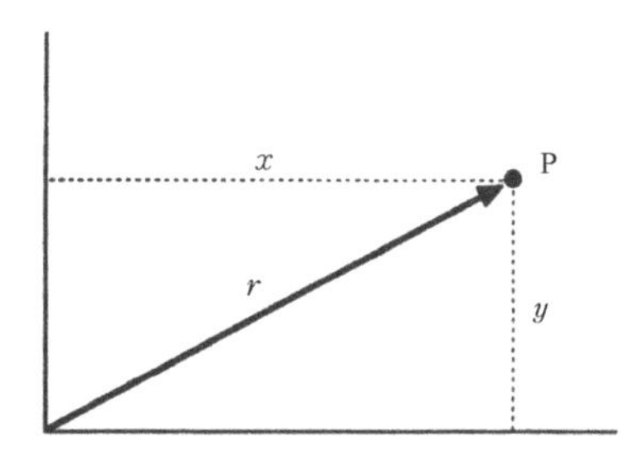

그림 1-3 | 직교 좌표계에서는 수평축을 따라 x단위만큼 가고, 수직축을 따라 y단위만큼 가면 P점에 도달한다.

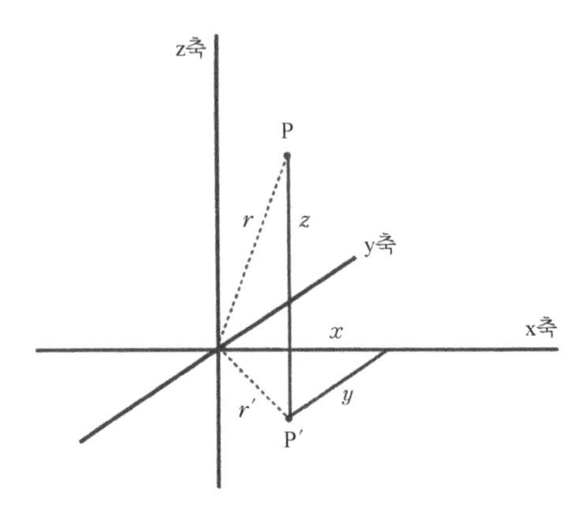

그림 1-4 | 3차원에서도 2차원에서와 같이 피타고라스 정리를 쓰면 원점에서 점 P까지의 거리 r을 알 수 있다.

이 답을 어떻게 얻었는지 알아보기 위해, 〈그림 1-4〉와 같이 P점 바로 밑에 있는 P′점에 주목하자. 피타고라스 정리를 쓰면 원점과 점 P′ 사이의 거리는 $(r')^2 = x^2 + y^2$이다. 이제 세 개의 점 P, P′과 원점을 생각하자. 이 세 점을 선으로 연결하면 직각삼각형을 이루므로 여기에 한 번 더 피타고라스 정리를 쓰면

$$r^2 = (r')^2 + z^2 = x^2 + y^2 + z^2$$

이다.

지금까지는 수식만 다루었는데 이제 개념을 도입하기로 한다. 먼저 '불변'이라는 개념을 도입하자. 불변량은 어떠한 조작을 하더라도 그 양이 변하지 않는다. 예를 들어 두 점 사이의 거리는 어떤 조건 아래에서도 불변이다. 〈그림 1-5〉에서 거리 r을 생각하자. 좌표축을 바꿀 수 있는데,

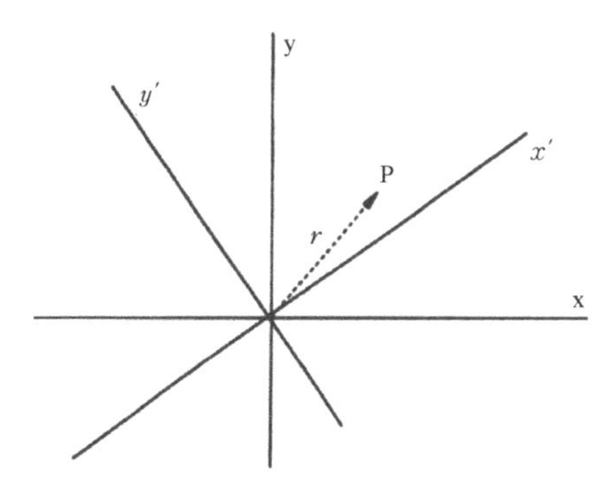

그림1-5 I x, y축을 회전시켜 x', y'가 되어도 원점에서 P까지의 거리는 바뀌지 않는다. 이 경우 r은 불변량이다.

x축과 y축을 회전시키면 서로 수직인 새 좌표축 x′축과 y′축을 얻는다. 이 새 좌표계에서 P점에 도달하려면 x′축을 따라 x'만큼 가고 y′축에 평행하게 y'만큼 가야 한다.[1] 이때 새 좌표계에서 P를 나타내는 x'과 y'의 값은 x와 y의 값과 다르나 r값은 변하지 않고 그대로임을 알 수 있다. 그래서 $(x')^2+(y')^2=x^2+y^2=r^2$이 불변이라고 말할 수 있다. 좌표계를 어떻게 회전시키든지 x와 y의 값은 변하더라도 항상 같은 r값을 얻는다.

수학을 이만큼 논의했으면, 슬슬 상대성 이론에 대한 이야기를 시작해도 되겠다. 이제 점 대신, 사건을 논의하기로 하자. 사건을 정의하기 위하여 4개의 숫자가 필요하다. 공간을 지정하기 위한 x, y, z와, 시간을 지정하기 위한 t가 그것이다. 개개의 점을 표시하기 위해 4개의 숫자가 필요하

---

1) 내가 축과 축을 따라 움직인 거리를 같은 이름으로 부르는 것을 혼동하지 않기 바란다. 수학자들이 이렇게 한다. 수학자들은 그들이 정확하다고 주장하나 그렇게 하면 그들은 완전히 부정확하다. 물리학자들의 경우는 더 나쁜데, 그들은 정확하지 않다고 하는데 여러분들이 정확히 보지 않으면 그들은 정확하게 된다.

므로 우리는 4차원을 논의하게 된다. 시간은 공간과 아주 다르므로 여러분은 내가 속이려 든다고 생각할지 모르겠다. 그러나 여러분은 시간과 공간이 전혀 다르지 않다는 것을 곧 알게 될 것이며 이것이 아인슈타인의 특수 상대성 이론의 주안점이다.

시간과 공간이 사뭇 다르다는 관점에서 시작해 보자. 내가 똑바른 길을 따라 시속 120km로 차를 몰고 있다고 하자. 내가 담배에 불을 붙이려고 자동차 라이터의 단추를 누르는 순간 차를 얻어 타려고 손을 든 사람을 지나쳐 갔다. 그리고 15초 후에 라이터가 튀어나왔다. 그러면 두 개의 사건이 일어난 것이다. 하나는 내가 라이터 단추를 누른 것이고 두 번째는 라이터가 튀어나온 것이다. 차를 타려는 사람은 두 사건이 0.5km 떨어져서 일어났다고 말할 것이다(왜냐하면 15초, 즉 1/4분 동안 내가 0.5km를 달렸기 때문이다). 반면에 나는 두 사건이 내가 앉은 운전석에서 한 발짝 앞 약간 오른쪽에 위치한 같은 장소에서 일어났다고 말할 것이다. 나에게 있어서 차는 정지해 있고 주변이 뒤로 이동한다고 말할 수 있다.

차를 얻어 타려는 사람과 나는 두 사건 사이의 거리에 대해 의견이 같지 않다. 4차원 세계, 즉 시간과 공간의 기하에서는 r이 더 이상 불변이 아니다.

r이 불변이 아닐 것이라는 사실이 수백 년 전에 이미 매우 철저하게 논의되었다. 이러한 논의는 소위 갈릴레오 원리의 한 부분을 이루는데 이 원리는, 정지한 관찰자가 관찰한 사건들로 기술하건, 움직이는 관찰자가 본 사건들로 기술하건 간에 물리 법칙은 같다는 것이다. 그러나 거리 r은 불

변이 아니지만 두 사건 사이에 흐른 시간 t, 즉 15초는 불변이다. 자동차를 얻어 타려는 사람의 시계에 의하건 내 시계를 따르건 시간은 다 같이 15초이다. 그 점에 대해서 우리의 의견은 일치한다. 이러한 관점이 1905년까지 항상 옳다고 받아들여졌다.

1905년에 아인슈타인에 의해 시간이 불변이라는 견해가 바뀌었다. 내가 측정한 시간과 자동차를 얻어 타려는 사람이 잰 시간이 다르다는 어처구니없어 보이는 점에 대해 논의하려고 한다. 아인슈타인은 두 사람의 시간이 서로 같지 않은 대신 다른 형태의 불변성이 존재한다고 주장한다.

두 개의 사건을 생각하자. 어떤 관찰자, 이 사람이 자동차를 얻어 타려는 사람이거나 나, 또는 나와 자동차를 얻어 타려는 사람 모두에 대해 움직이는 또 다른 관찰자이건 간에 이 관찰자가 측정한 두 사건 사이의 시간을 t라고 하자. 빛의 속력을 c라고 하면 그 값은 3×10^{10}cm/sec이다. 그러면 두 사건 사이의 시간 동안 빛이 달릴 수 있는 거리는 ct이다. 예를 들어 이 시간을 15초라고 하면, 그 거리는 달까지 거리의 12배가 조금 넘는 큰 거리이다. 우리는 관찰된 두 사건 사이의 거리를 앞에서와 같이 r이라고 나타내기로 한다. 이때 거리 ct를 제곱한 후 이로부터 두 사건 사이의 거리 r의 제곱을 빼면 $(ct)^2 - r^2$을 얻는다.

아인슈타인 이론에서는 r도 불변이 아니고, t도 불변이 아니지만 $(ct)^2 - r^2$은 불변이다. 이것은 내가 측정한 t와 r값을 쓰든 자동차를 얻어 타려는 사람이나 또 다른 관찰자가 측정한 t와 r값을 쓰든지 $(ct)^2 - r^2$은 항상 같은 값을 가진다는 것을 뜻한다.

지금 우리가 논의하고 있는 경우의 예를 들면, 나에게 있어서는 $(ct)^2$은 매우 크지만(달까지 거리의 12배를 제곱한 값만큼 된다), r^2은 0이다. 자동차를 얻어 타려는 사람이 볼 때 r^2은 $(0.5\text{km})^2$이지만 이 값이 나의 $(ct)^2$값보다는 아주 작다. 따라서 내가 측정한 시간과 자동차를 얻어 타려는 사람이 측정한 시간 사이의 차는 매우 작아서 아무도 이를 측정할 수 없다. 이것이 문제인 것이다!

이제 아인슈타인의 이론이 그 효과를 발휘하는 경우를 생각하기로 한다. 간단히 하기 위해 달이 1광초(빛이 1초 동안에 가는 거리)만큼 떨어져 있다고 하자(실제로 달까지의 거리는 1광초보다 조금 더 멀다). 이것은 빛이 지구에서 달까지 가는데 1초만큼 걸린다는 것이다. 이제 달까지 빛살을 보내기로 한다. 이때 나는 두 개의 사건을 갖게 된다. 하나는 빛살이 지구를 떠나는 것이고, 다른 하나는 빛살이 달에 도착하는 것이다. 첫 번째 사건이 내가 있는 곳에서 일어났다고 하면 두 번째 사건은 1초 후에 일어났고, 3×10^{10}cm만큼 떨어져 있다. 즉 $c = 3 \times 10^{10}\text{cm/sec}$이고, $t = 1\text{sec}$, $r = 3 \times 10^{10}\text{cm}$이므로 $(ct)^2 = (3 \times 10^{10})^2$, $r^2 = (3 \times 10^{10})^2$이며, $(ct)^2 - r^2 = (3 \times 10^{10})^2 - (3 \times 10^{10})^2 = 0$이다.

$(ct)^2 - r^2$이 불변이므로 모든 관찰자에게 이 표현식은 0이 되어야 한다. 우주인이 빛살과 같은 시각에 출발하여 빛의 속력의 1/2로 달린다고 하자.[2] 그가 보는 두 사건 사이의 거리 r'은 내가 보는 것보다 더 작아질 것

2) 이처럼 빨리 달린다는 것은 서기 3000년일지라도 엄청난 능력이 될 것이다.

이다. 두 사건 사이의 시간 t' 또한 그에게는 다른 값이 될 것이다. 그러나 그에게도 $(ct')^2 - (r')^2 = 0$이어야 한다. 이는 $ct' = r'$이라는 것을 말한다. 그래서 우주인이 볼 때 빛은 $r'/t' = c$라는 속력으로 달린다. 우리는 첫 번째 불합리한 결론을 얻었다. 우주인도 빛이 지구에 있는 관찰자가 보는 것과 같은 속력으로 달린다고 관찰한다는 것이다. 그러나 그는 빛의 속력의 1/2이 되는 속력으로 빛살을 쫓아가고 있다. 상식적으로는 그가 빛을 쫓아가고 있기 때문에 그에게는 빛이 조금 더 느린 속도로 앞서가는 것처럼 보일 것이다. 그러나 아인슈타인이 옳다면, 빛은 어떤 관찰자에 대해서도 같은 속도로 달린다. 여러분이 아무리 빨리 빛을 쫓아가더라도, 빛살은 언제나 같은 속력으로 앞서갈 것이다. 따라서 빛의 속력은 불변량이라고 판명되었다.

빛의 속력이 모든 관찰자에게 같다는 것을 알게 된 것은 실은 그 반대의 결과를 증명하기 위해 고안된 실험의 성과였다. 이 실험이 마이컬슨-몰리의 실험이다. 마이컬슨(Albert Abraham Michelson, 1852~1931)의 시대(1887년까지) 사람들은 빛이 파동의 움직임이므로 이러한 파동을 전파하는 매질이 존재한다고 믿었으며 '에테르(ether)'라는 이름까지 붙여 놓았다. 그렇지만 그때까지 (그리고 아직도) 아무도 에테르를 보지 못했다. 그래서 그 당시에는 우리가 에테르에 대해 상대적으로 움직이면 이 움직임이 빛의 속도를 변화시킬 것이 분명하다고 가정했다. 이러한 변화를 마이컬슨과 몰리(Edward Williams Morley, 1838~1923)가 측정하고자 했던 것이다.

이러한 가정에 따라 있을지도 모르는 광속도의 차이를 측정하기 위해 마이컬슨은 빛다발을 나누는 장치를 설계했다. 빛의 일부는 지구가 움직이는 방향을 따라 진행하고, 다른 일부는 지구의 운동 방향에 수직하게 진행하도록 만들었다.

이 문제를 이해하기 위해, 비슷한 문제로 폭이 1km인 강에서 수영 솜씨가 같은 두 소년이 경주하는 경우를 보자. 소년 A는 강을 가로질러 수영하여 다시 돌아온다. 소년 B는 강을 거슬러 올라 1km 상류 지점까지 수영했다가 강을 따라 1km 수영하여 출발 지점으로 되돌아온다. 강물은 4km/h의 속력으로 흐르고 소년들은 5km/h의 속력으로 수영한다고 하자. 어느 소년이 이길까?

소년 B가 강을 거슬러 수영할 때 실제로는 1km/h의 속력으로 진행하므로 1km만큼 상류로 올라가기 위해서는 한 시간이 걸릴 것이다. 돌아올 때 그는 (4 + 5)km/h, 즉 9km/h로 움직인다. 그가 되돌아오는 길에는 1/9시간, 즉 6분 40초가 걸린다. 전부 1시간 6분 40초가 걸린다.

강을 가로지르는 소년 A의 경우는 어떠한가? 강의 흐름인 4km/h에 대해 상류로 비스듬히 수영하는 소년의 속력 5km/h를 어떻게 합할 것인가? 〈그림 1-6〉에 직각삼각형을 그렸다. 소년의 속력 5km/h와 강의 속력 4km/h로 삼각형이 만들어지며, 속력의 합은 피타고라스 정리 $3^2 + 4^2 = 5^2$에 의해 강의 흐름에 직각 방향으로 3km/h가 된다. 소년의 순속력은 강을 가로질러 3km/h이다. 강의 폭은 1km밖에 되지 않으므로 그는 강을 가로질러 갈 때 20분, 그리고 되돌아올 때 20분 걸린다. 그는 40분밖에 걸리지

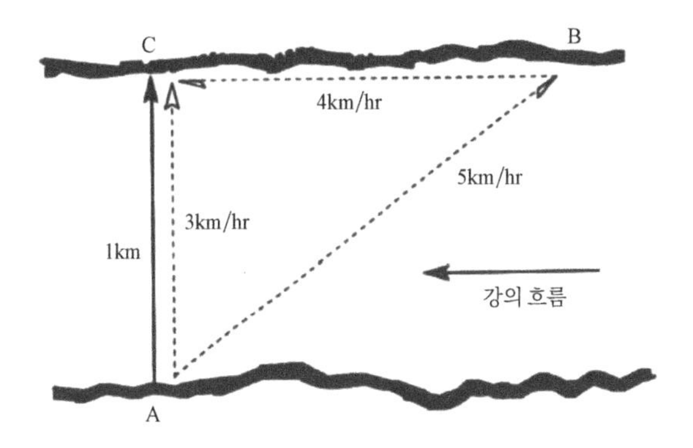

그림 1-6 | A에서 B까지 수영하기 위해 소년은 강을 가로질러 상류 쪽으로 수영해야 한다.

않으므로 여유 있게 이긴다.

지구가 움직이고 빛이 진행하는 실제 경우에는 '소년들'이 매우 빠르게 수영하고 이에 비해 '에테르의 강'은 매우 느리다. 따라서 경주의 차이는 작다. 그러나 마이컬슨은 이를 측정할 수 있을 정도로 민감한 기구를 만들었다.

마이컬슨은 빛다발을 시합시킬 때, '가로지르는' 빛다발이 이길 것이라 기대했다. 그러나 그렇게 되지는 않았다. 시합은 정확히 비겼다. 1881년부터 1887년까지 계속 반복했다. 실험을 반복할수록 비기는 시합임이 더욱 분명해졌다. 빛은 항상 같은 속도로 움직였다. 빛이 에테르를 통해 움직이는 파동이 아니라고 가정하면 상황이 어떻게 달라질 것인가?

빛을 파동이라고 하는 대신 알갱이로 구성되었다고 가정하자. 빛은 빛을 내는 광원에 대해 빛의 속도로 움직여야 한다. 즉 빛은 강을 가로질러 진행하건 강을 거슬러 진행하건 동시에 도착해야 한다. 따라서 시합이 비

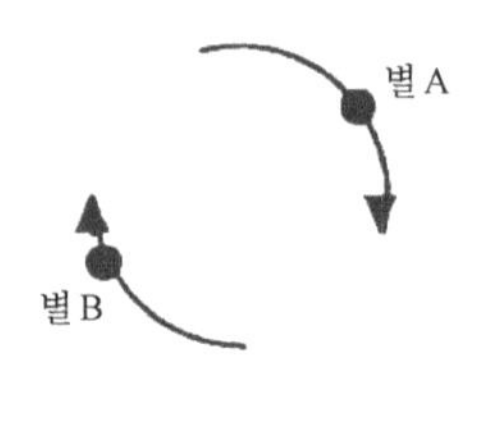

그림 1-7 | 쌍둥이별을 관찰함으로써 빛의 속도가 이를 방출하는 물체의 속도에 의존하지 않는다는 것을 증명할 수 있다.

졌다고 해도 놀랄 것이 없다. 그러나 이것이 더 많은 문제점을 낳았다.

서로 상대방의 주위를 도는 쌍둥이별이라는 것이 있다. 쌍둥이별이 몇 광년 떨어진 거리에 있다고 하자. 그들이 우리로부터 10광년 떨어진 거리에 있으면 빛이 출발한 지 10년 뒤에야 그들을 보게 된다. 빛이 알갱이로 되어 있다고 가정하면, 우리로부터 멀어져 가는 별 B(〈그림 1-7〉)에서 나오는 빛은 별 A에서 나오는 빛보다 늦게 도달할 것이다. 다시 말해, 별 B에서 나오는 빛은 빛의 속력에서 B가 우리에게서 멀어져 가는 속력을 뺀 속력으로 우리에게 오며, 별 A에서 나오는 빛은 빛의 속력에 A가 우리에게 다가오는 속력을 더한 속력으로 올 것이다. 그러면 별 B에서 오는 빛이 우리에게 도달하는 시간은 별 A에서 나오는 빛이 도달하는 시간보다 클 것이고, 우리가 보는 쌍둥이별의 운동 모양은 매우 복잡할 것이다.

그러나 실제로 관찰한 쌍둥이별의 운동 모양은 전혀 복잡하지 않다. 두 별에서 오는 빛이 우리에게 도달하는 시간은 거의 같게 보인다. 따라서 빛의 속력이 광원의 속도에 의존한다는 생각은 옳지 않다. 이제 빛이 '에테르' 속을 전파하는 파동처럼 행동하지도 않으며, 알갱이처럼 행동하지도 않음을 알았다.

일반적인 공간과 시간의 개념을 따르면 두 가지 가정 모두 문제가 있다. 그러나 아인슈타인을 따르게 되면, 파동론이나 입자론 모두 잘 설명할 수 있다.[3] $(ct)^2 - r^2$이 불변량이면 어느 관찰자에게나 빛의 속력은 같게 보인다.

지금까지 나는 불변량 $(ct)^2 - r^2$이 0보다 큰 경우에 대해 이야기했다. 또 빛살이 달에 가는 이야기를 할 때 이 값이 0인 경우도 말했다. 이 불변량이 0보다 작은 세 번째 경우도 있다.

여러분이 아는 한 정확히 동시에 일어나는 두 사건을 생각하자. 한 사건은 텔아비브에서 일어나고, 한 사건은 뉴욕에서 일어난다. 두 사건이 같은 순간에, 예를 들어 텔아비브에서는 오전 12:00에, 뉴욕 시간으로는 오후 6:00에 일어난다. 그러면 이 두 사건에서 t는 0이고, r은 100,000km이다. 그러므로 $(ct)^2 - r^2$은 음수이다. 이로부터 아인슈타인이 만든 흥미로운 말이 나오게 된다. 어떠한 것도 빛보다 더 빠르게 달릴 수 없다. 왜 그럴까?

여러분이 $(ct)^2 - r^2$이 불변이라는 것을 믿는다면, 빛보다 더 빠르게 달리는 것이 불가능하다는 것을 보일 수 있다. 동시에 일어나지 않는 두 사건이 있다고 하자. 한 사건이 다른 사건 바로 후에 일어나지만, 그들 사이

---

3) 10장에서 다룰 것이다.

의 거리는 매우 크다. 한 사건은 지구 위에서 일어나고, 두 번째 사건은 1/10초 후에 달 위에서 일어난다고 하자. 불변량은 어떤 값인가? 우리가 볼 때 r은 3×10^{10}cm, t는 1/10sec이고 $ct = 3 \times 10^{9}$이다. 그러므로 불변량은 음수이다. 어떤 사람이 지구에서 달까지 (빛보다 더 빠른 속력으로) 1/10초 만에 갈 수 있었다고 가정하자. 그에게 r은 0이고 그러므로 $(ct)^2 - r^2$은 양수이다. 우리에게 불변량은 음수인데, 그에게는 불변량이 양수가 된다. 따라서 불변량은 더 이상 불변이 아니다. $(ct)^2 - r^2$이 불변량임을 믿는다면, 빛보다 더 빠르게 달릴 수는 없는 것이다.

여러분은 이렇게 말할지 모르겠다. "모든 것이 아주 깔끔한 수학이기는 하지만, 왜 $(ct)^2 - r^2$이 불변량이라는 것과 아무도 빛보다 더 빨리 달릴 수 없다는 것을 믿어야 하나?" 사람들은 입자를 매우 빠른 속도로 가속시키는 기계를 만들었다. 그러면서 우리는 입자를 가속시킬 때, 입자의 속력이 빛의 속력에 가까이 갈수록 점점 더 가속시키는 것이 어려워진다는 것을 알게 됐다. 이 장에서 배운 것만으로는 여러분이 아직 에너지가 무엇인가를 알지 못하겠지만, 입자에는 에너지를 무한정 줄 수 있으나, 속도를 마음대로 한없이 줄 수는 없다. 단지 빛의 속력에 가까이 갈 뿐이다. 아무리 입자를 가속시키려 해도 빛보다 더 빠르게 할 수 없다는 아인슈타인의 결론을 증명하는 매우 정확한 측정이 있다. 이러한 결론은 입증되었다.

그러면 여러분은 이렇게 말할 것이다. "그 결론이 입증되었다니 믿기로 하겠다. 그러나 왜 이들 불변이니 뭐니 하는 것을 믿어야만 하나? 불변량이 직접 증명된 것은 아니지 않은가?" 과학자들은 $(ct)^2 - r^2$이 모든 관찰자에게 같으리라는 가정과 같이 세상을 짜 맞추는 가정을 세운다. 그러고 나서 이러한 가정이 모든 관찰자에게 빛이 같은 속도로 달린다든가, 입자들을 빛의 속력까지 가속시킬 수 없다는 등의 입증된 사실들을 설명할 수 있으면 과학자들은 '$(ct)^2 - r^2$이 불변이다'라는 진술을 사실로서—어떤 사람이 이 진술로부터 얻은 결론이 세상에서 실제로 일어나는 것과 모순된다는 것을 보이지 않는 한—받아들이게 된다. 그래서 우리가 할 수 있는 최선은 이렇게 말하는 것이다. "$(ct)^2 - r^2$이 모든 관찰자에게 같다는 '사실'을 받아들이자. 왜냐하면 이 가정이 실제 세상에서 관찰되는 것과 일치하는 결론을 이끌어 내기 때문이다."

우리는 늘 3차원을 그리기 어려웠으며, 4차원을 그리자면 더 어렵다. 그래서 〈그림 1-8〉에서와 같이 2차원, 즉 t차원과 x차원만 그리겠다. 두 점 P와 Q를 생각하자. 이 두 점이 같은 시각 $t = 0$에서 일어났고, 그들이 떨어진 거리는 x이다. 이 두 점에 대한 불변량은 음수이다. 두 점 P와 Q는 그들

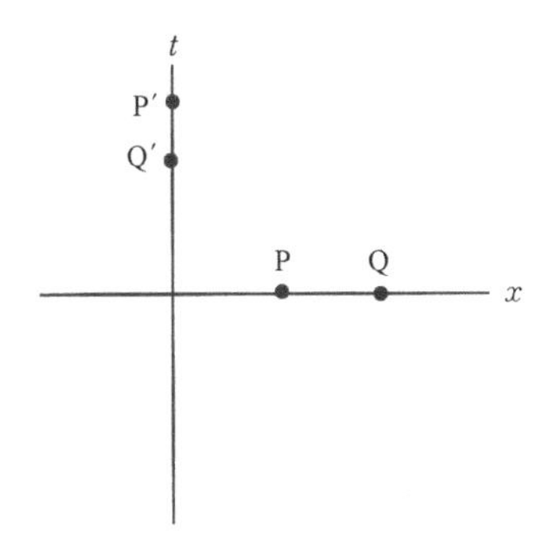

그림 1-8 | 점 P와 Q는 이들이 공간에서 서로 다른 지점에 생겼기 때문에 '공간적'이며 점 P'와 Q'은 그들이 다른 시각에 일어났기 때문에 '시간적'이다.

사이에 공간적 차이가 존재하므로 이들을 공간적이라고 부르기로 한다.

반면에 P′과 Q′은 같은 장소에서 일어났으나, 그들 사이에 시간 차이가 존재한다. P′과 Q′에 대한 불변량은 양수이며 이 두 점을 시간적이라 부르겠다.

〈그림 1-9〉에서 나는 t축을 ct축으로 바꾸었다. 즉 수직축에 ct를 그린다. 〈그림 1-9〉에 직선 $x = ct$를 그렸다. 이 선 $x = ct$를 따라서는 불변량이 0이다. 직선 $x = -ct$를 따라서도 불변량은 역시 0이다. 이 $x = ct$와 $x = -ct$선이 빛원뿔이라 부르는 것을 만든다.[4)]

여러분도 알다시피, 원뿔에서는 한 점과 이 점에서 나오는 직선들이 중심축과 일정한 각을 이룬다. 내가 실제 원뿔을 그리지는 않았지만, y축이나, z축 또는 x, y, z방향이 섞인 어떤 방향으로도 갈 수 있다. 따라서 나는 빛이 어느 방향으로든 움직여 도달할 수 있는 모든 점, 즉 사건들에 관해 말하고 있다. 이 점들이 빛원뿔을 이룬다. 〈그림 1-9〉에 그린 것과 같이 영역들을 미래와 과거로 정의하자. $t = 0$ 위에 있는 점들을 제외한 원뿔 바깥쪽의 점들을 현재라고 부르자. 이는 아인슈타인의 혁명 이전에 사람들이 생각했던 방식과 같다. 왜 빛원뿔 바깥 점들을 현재라고 부르는가? P와 같은 점들의 t값은 확실히 0보다 크므로 나에게는 미래처럼 보인다. 그러나 불변량이 음수이면, 즉 r이 ct보다 크면 어떤 관찰자에게 있어서는 t값이 0인 관찰자가 존재한다. 그 관찰자에게는 P가 그의 현재와 같은 시각에

---

4) 3차원(x, y와 ct)에서 이는 보통의 원뿔이 될 것이다. 4차원(x, y, z, ct)에서도 여전히 원뿔이라 부른다. 〈그림 1-9〉와 같은 2차원에서는 원뿔은 두 개의 선이 된다.

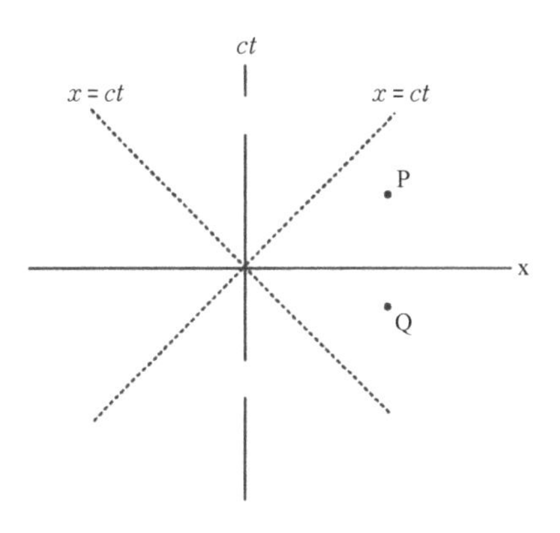

그림 1-9 ㅣ 이 그림에 y축과 z축을 포함했다면 점선은 원뿔, 즉 '빛원뿔'을 이룬다. 위쪽 원뿔 안쪽의 사건들은 미래이고, 아래쪽 원뿔 내부의 사건들은 과거이다. P, Q와 같이 원뿔 바깥쪽에 있는 사건들은 현재에 놓여 있다.

일어난다. 그가 이 점에 도달하기 위해서는 여러분을 기준으로 *c*보다 느린 속도로 움직여야 한다.

이것이 아인슈타인의 유명한 진술 중 하나이다. 실제로 그는 상대성 이론에 관한 최초의 논문에서 이를 맨 처음 주장했다. 그는 동시성이라는 생각이 어디까지 옳은지 따져 보았다. 그는 그의 이론을 '상대성 이론'이라고 불렀으며, 이 이론의 중요한 예는 '두 사건이 동시이다'라는 진술이 어떤 관찰자에 대해서는 옳으나 다른 관찰자에게는 그렇지 않을 수도 있다는 것이었다. 나는 여기서 상황을 아주 단순화시켰다. 〈그림 1-9〉에 있는 점 P와 Q를 생각하자. 이 점들이 나에게 있어서, 즉 원점에 대해서는 공간적이지만 이들은 서로 상대점에 대해서는 시간적이다. 따라서 P, Q 사건들은 나의 현재에 놓여 있지만, 이 두 점은 각기 다른 점의 현재에 있지 않을 수도 있다. 마찬가지로 나의 관점으로는 두 개의 시간적 사건들이 서로에 대해서는 동시일 수 있다.

시간과 공간은 다음과 같은 점에서 다르다. 두 개의 시간적 영역은 과거와 미래로 명확히 구별될 수 있으나, 공간적 영역은 한 개의 연속체를 이루고 있어 자연적으로 분리될 수 없다. 우리는 수십억 개의 별로 이루어진 은하수 내에 살고 있다. 이와 비슷한 계(系)로 안드로메다(Andromeda) 성운이 있다. 간단히 하기 위해, 안드로메다 성운이 지구에서 2백만 광년 떨어져 있다고 하자. 나는 항상 그곳에 가고 싶은 야망이 있다(실제로 그곳은 180만 광년 떨어져 있는데 그렇게 하면 계산이 복잡해진다). 나는 안드로메다 성운에 가고 싶지만 불행하게도 아인슈타인은 아무도 빛보다 더 빠르게 움직일 수 없다고 말했다. 나의 주치의는 내가 2백만 년을 살기는 어림없다고 말하므로 나는 그곳에 갈 수 없다. 너무 슬픈 일이다.

그러나 아인슈타인에 의할 것 같으면, 내가 지금까지 말한 것에도 불구하고 나는 안드로메다에 갈 수 있다. 내게 필요한 것은 $(ct)^2 - r^2$의 불변성을 이해하는 것뿐이다. 나는 우주선을 타고 떠날 것이다. 그리고 비록 빛보다 더 빠르게 갈 수는 없지만 거의 빛의 속도로 갈 수 있다고 가정하자. 기술자들은 그렇게 빨리 가는 것이 불가능하다고 말할 것이고, 사실 아직은 그들이 옳지만 언젠가 우리는 무엇인가를 발명할 것이다. 아무튼 기술적인 것은 기술적인 것이고, 우리는 물리를 논의하고 있다. 내가 거의 빛의 속도로 달릴 수 있다고 가정하면 안드로메다 성운까지 도달하는 데 200만 년보다 조금 더 걸릴 것이다. 다시 말해 집에 머물러 있는 여러분은 내가 그곳에 도달하기까지 200만 년보다 조금 더 걸리고 또 내가 200만 광년의 거리를 갔다고 믿을 것이다. 이것은 ct가 r보다 조금 더 크다는 것을 뜻하는데, 내가 거의 빛의 속도로 달린다면 ct는 r보다 그야말로 아주 조금 더 크다. 따라서 불변량은 0보다 크지만 아주 작을 것이다.

이 점에 대해 나는 어떻게 느낄까? 나는 출발과 도착의 두 사건이 같은 장소, 즉 우주선 안에서 일어난다고 말한다. 그래서 r은 0이다. 불변량은 같아야 하므로 그 값이 작아야 한다. 따라서 ct가 작아야 하므로 t가 작아야 한다. 나에게 있어서는 지나간 시간이 작다. 내 생전에 안드로메다에 도착할 수 있다!

이제 진짜 재미있는 부분이 나온다. 나는 안드로메다에 가서 이를 둘러보고 과학적 조사를 한 다음 다시 빠른 속도로 되돌아온다. 내가 이 모든 일을 내 시간으로 1년 만에 마쳤다고 가정하자. 나는 뉴욕에서 커다란 환영식이 있으리라 기대한다. 나는 안드로메다까지 갔다가 되돌아온 일로 영웅이 되리라.

그러나 나는 실망할 것이다. 왜냐하면 내가 지구로 되돌아오는 데 400만 년, 즉 내가 가는 데 200만 년, 돌아오는 데 200만 년이 지나갔기 때문이다. 여러분 중에서 살아서 나를 기다리는 사람은 한 명도 없을 것이다. 나처럼 헝가리어나 독일어 또는 영어를 할 수 있는 사람들이 살아 있지 못할 것이다. 인류는 아주 무시무시하지만 자기들은 더 좋다고 여기는 다른 존재로 진화해 있을 것이다. 나는 그들이 어떤 나쁜 환경에서도 살아남을 수 있는 내구력을 지닐 것이라 믿는다. 나는 그들을 이해하지 못하겠지만 그들은 나를 잘 알 것이다. 그들은 나에게 흥미를 느끼고 나를 아주 친절하고 부드럽게 동물원에 집어넣을 것이다.

이것은 분명히 당치도 않다. 나에게는 시간이 실제로 느리게 가는가? 이것은 복잡한 문제이다. 내가 지구를 떠나 점점 멀어질수록 지구로부터 받는 신호는 점점 지연될 것이다. 나는 이 지연되는 것을 내 시계에 따라 고친다. 시간을 비교할 때, 나는 우주비행사로서 내가 보는 것뿐만 아니라 내가 지구로부터 얻은 정보와 내가 이를 어떻게 고쳤는지를 이미 고려했다. 이것이 내가 임무를 수행하고 집으로 되돌아왔을 때의 최종 상태를 비교하는 복잡한 상황인 것이다.

지구에서 관찰하면서 보정할 것을 다 고친 후 비교하면 여러분은 내 시계가 매우 느리게 간다는 것을 알 것이다. 여러분은 나의 심장이 매우 느리게 뛰는 것을 볼 것이다. 나에게는 이것이 실제 시간인데, 지구에서 나를 바라보는 여러분은 이렇게 말할 것이다. "하, 재미있다. 그의 동작은 매우 느리고, 그의 심장도 느리게 뛰고, 그의 시계는 거의 정지해 있다."

내가 지구로부터 매우 빨리 멀어지면, 나도 지구에 있는 사람들이 나에게서 매우 빨리 멀어지는 것을 본다. 여러분이 내 심장 박동이 아주 느려지는 것을 볼 때, 나는 여러분의 심장 박동이 같은 만큼 느려지는 것을 본다. 그러면 결과적으로 왜 여러분이 나보다 훨씬 더 나이를 먹을까? 우리 상황에서 어디에 비대칭성이 있는가? 내가 되돌아와 우리의 시계를 직접 비교할 때 왜 나는 젊은 채로 있고 여러분은 400만 년 나이를 먹었을까?

다음과 같이 대칭성이 깨지는 세 가지 경우가 있다. 내가 일정한 속도로 달릴 때는 대칭성이 유지된다. 그러나 가속도가 있을 때, 즉 내가 출발하여 속력을 크게 할 때, 안드로메다에서 진행 방향을 바꾸어 돌아올 때, 그리고 여행 끝에 정지할 때 비대칭성이 생기는 것이다.

이제 이 중 두 가지 경우, 즉 내가 출발할 때와 내가 정지할 때를 셈에 넣지 말자. 그 시간 동안에는 아무 보정 없이 시계를 비교할 수 있다. 여기에는 잘못된 점이 없다. 그러나 내가 안드로메다를 돌 때는 큰 가속도가 있으며 나는 경험하지만 집에 있는 여러분은 느끼지 못하는 물리적 효과가 있다. 이 동안에는 시계를 직접 비교할 수 없고 보정항을 고려해야 한다. 실제적으로 비대칭성이 들어오는 곳이 바로 여기이다. 이러한 상황과 함께 아인슈타인이 후에 발전시킨 다른 생각들이 중력 이론을 만든 아인슈타인의 마법이 나오게 되는 기본 원리인 것이다. 나는 다음 강의에서 이 부분으로 다시 돌아올 것이다. 지금으로서는 내가 안드로메다를 도는 동안 (나의 관점에서는) 지구가 나보다 400만 년의 시간을 껑충 뛰어 앞질러 갔다고 말하는 것만으로 충분하다.

우리가 상대성 이론을 논의할 때 말해야 할 점이 하나 더 있다. 매우 큰 에너지를 갖고 빛의 속력에 매우 가까운 속력으로 외계로부터 지구로 떨어지는 입자들이 있다. 이 입자들은 매우 안정한 양성자이다. 이들이 공기 중의 다른 입자, 예를 들어 질소 원자핵에 부딪히면 안정하지 못한 중간자(π중간자라 부른다)와 같은 입자를 만들게 된다. 그들은 단지 10^{-8}초, 즉 1억 분의 1초밖에 살지 못한다. 그 후 그들은 생존 시간이 2×10^{-6}초, 즉 백만 분의 1초의 두 배인 좀 더 안정한 입자(μ중간자)로 바뀐다. 이들의 수명은 실험실에서 측정되었다. 거의 빛의 속도—3×10^{10}cm/sec—로 달리는 입자는 백만 분의 2초 동안 6×10^4cm, 즉 0.6km만큼 갈 수 있다. 그럼에도 불구하고 우리 머리 위 10km에서 만들어진 이 입자들이 여기 지상까지 도달한다. 어떻게 그럴 수 있을까? 그들은 어느 정도 짧은 거리를 달린 후 사라져야만 한다. 이 중간자의 긴 겉보기 생존 시간은 시간이 늘어난다는 것으로 설명할 수 있다. 여러분이 입자와 함께 달린다면 이 입자는 여러분이 보기에 2×10^{-6}초 동안 산다. 이 입자를 지구에서 보면 그 생존 시간이 안드로메다까지 여행한 나의 수명처럼 늘어나는 것이다. 이것이 상대성 이론이 예측하는 시간의 늘어남에 대한 가장 직접적 증거이다.

이제 나는 즐거운 마음으로 끝낼 수 있다. 나는 상대성 이론을 증명했다. 그렇지 않다면 최소한 그러한 증명이 주어진 길을 제시했다.

그렇지만 내가 여러분을 확신시켰을까? 이해가 됐는가? 상대성 이론은 비상식적이며 이치에 맞지 않는 것인가?

이해한다는 것은 (실용적 표현으로) 돌아가는 길을 안다는 뜻이다. 이런 의미에서 여러분이 초보자라면 이해를 못한 셈이다. 아마도 여러분은 이해하는 중일 것이다.

질문

1. 본문에서 주어진 피타고라스 정리의 증명은 완벽하지 못하다. 이 증명을 더 완벽하게 만들어 보시오.

2. 우주여행이 불편하지 않도록, 우주선 조종사는 우주선의 속력이 거의 빛의 속력이 될 때까지 중력가속도 g와 똑같은 가속도로 우주선을 가속했다고 하자. 빛의 속력이 될 때까지 얼마나 걸리겠는가?

3. 마이컬슨-몰리 실험에서 강물의 속력은 지구가 움직이는 속력에 비유할 수 있는데 이는 3×10^6cm/sec이다. 수영하는 사람의 속력은 빛의 속력에 해당하는데 이는 3×10^{10}cm/sec이다. 경주 거리가 1m라면 경주에서 누가 얼마만큼 이기는지 계산하시오.

2장

정역학

: 운동이 없는 경우의 과학

아르키메데스는 그 당시의 그리스 사람들이
무어라 표현할 수 없었던 부력, 벡터와
그 외 다른 개념들을 목욕하는 도중에 생각해 냈다.

우리는 1장에서 물리를 논의하지 않았다. 그 대신 물리학이 가장 알맞은 방식으로 짜 맞추어지는 뼈대에 대해 논의했다. 그리스 사람들이 이상하면서도 '자연스럽지 못한' 움직이는 물체의 거동에 대해 관심을 갖지는 않았지만, 현재 우리가 물리학이라 부르는 것의 시작은 그리스 시대로 거슬러 올라간다.

아르키메데스(Archimedes, B.C. 287~212)는 아인슈타인이 살았던 시대보다 훨씬 오래전인 기원전 200년경에 살았다. 이 책에서 아인슈타인을 첫 번째로 이야기한 것은 그가 공간과 시간의 개념을 명확히 세웠기 때문이다. 나는 앞으로 논의할 많은 부분에서 아인슈타인을 인용할 텐데 그 이유는 그가 물리학을 간단히 만들었기 때문이다.[1] 여러분은 앞으로 아인슈타인의 관점에서 보면 에너지 보존 법칙과 운동량 보존 법칙이 같은 법칙이라는 것을 알게 될 것이다. 또한 전기학의 법칙과 자기학의 법칙도 아인슈타인의 관점에서 보면 통합이 되고 간단해진다. 근본적으로 아인슈타인을 이해한다면 내가 이야기하려는 것 모두가 더욱 간단해질 것이다.

상대성 이론은 물리학의 모든 분야에 적용되지만, 어떤 의미에서 이것

---

1) WT: 여러분은 '간단함(Simple)'이 이 책의 주요 단어임을 알게 될 것입니다. 내 생각에 헝가리어에는 간단함, 우아함, 심미적으로 만족함이 복합된 뜻을 가진 단어가 있는 것 같습니다. ET 박사는 영어를 쓰지 않기 때문에 그가 '간단함'이란 단어를 그렇게 간단하지 않게 해석함을 너그럽게 봐줘야 하겠습니다.
ET: 헝가리어로 '간단함'이란 단어는 'egyszeru'이다. 이 단어의 글자 그대로의 뜻은 '하나같다'는 것이다. 헝가리어에서 간단하다는 것은 통합과 같은 것처럼 보인다. 독일어로는 'einfach(역주: 하나의, 단순한, 간단한의 의미를 가짐)'이다. 내가 들은 영어 단어 '간단함'은 '그렇게 총명하지 않은'이란 뜻이 함축되어 있다.

은 물리학이 아니다. 상대성 이론은 물리학이 세워지는 수학적 (또는 기하학적) 뼈대인 것이다. 진정한 물리학에서 가장 초보적인 분야는 힘들이 균형을 이루는 정역학(statics)이다. 정역학은 그리스 시대의 사람들, 그리고 그리스의 위대한 수학자이자 과학자인 아르키메데스가 영원불멸의 기여를 한 물리학 분야이다.

아르키메데스에 대해 전해 내려오는 재미있는 이야기가 있는데, 나는 이 이야기가 사실이 아니라는 것을 최근에 알았다. 그렇지만 그 이야기를 다시 해도 나쁘지는 않을 것 같다. 아르키메데스가 시러큐스라는 시실리의 그리스인 마을에 살았다는 것은 사실이다. 그 당시 왕이었던 헤론(Heron)은 아르키메데스의 친구였다. 헤론은 금 세공인에게 왕관을 만들 것을 명했다. 왕관이 다 만들어졌을 때 헤론은 왕관이 금 대신 금을 입힌 은으로 만들어졌을지 모른다고 의심했다. 헤론은 왕관이 금이 아니라면 금 세공인의 목을 베어 버리려고 했으며, 먼저 그가 속았는지 아닌지를 확인하고 싶었다. 왕은 아르키메데스에게 도움을 청했으나 왕관을 부수어서는 안 된다고 했다. 왕은 말하자면 오늘날의 '비파괴 검사'를 요구한 것이다.

이 문제를 생각하기 위해 아르키메데스는 목욕을 하기로 했는데 그것은 목욕을 할 때 생각이 잘되었기 때문이다.[2)] 아르키메데스는 목욕통에 물을 가득 채우고 들어갔는데, 우리라면 물이 넘쳐흐르는 소리를 듣고

---

2) ET는 이러한 점에서 그가 아르키메데스의 추종자라고 말합니다.

서도 놀라지 않았을 것이지만, 그는 이 순간 목욕통에서 뛰어나와 "야호(Eureka)! 나는 발견했다!"라고 소리치면서 시러큐스 거리를 벌거벗은 채로 뛰어다녔다.

여러분은 아르키메데스가 발견한 것이 무엇일까 궁금할 것이다. 아마 여러분은 아르키메데스가 목욕탕을 어질러 놓은 것을 부인에게 들킬까 봐 집을 빠져나왔다고 생각할지도 모르겠다. 실제로 그는 왕관을 넣었을 때 넘쳐흘러 나온 물의 무게를 쟀다. 그는 물의 밀도를 알았으므로 넘친 물의 무게를 알 수 있었고 이 물의 부피는 왕관의 부피와 같다. 아르키메데스는 왕관의 무게를 재어 이 무게를 왕관의 부피로 나누어서 그 밀도를 알 수 있었다. 금과 은은 밀도가 다르기 때문에 왕관이 금으로 만들어졌는지 은으로 만들어졌는지 알 수 있었다.

아르키메데스가 검사한 결과는 알려져 있지 않으므로 금 세공인의 목이 달아났는지 어떤지는 알 수 없다(게다가 이 이야기는 사실이 아니다).

이 문제에 대해 좀 더 교육적 효과가 있으며, 정역학의 좋은 예가 되는 다른 풀이가 있다. 물론 아르키메데스가 이 방법을 처음 쓴 것은 아니겠지만, 그는 그보다 앞선 다른 사람들보다 이에 대해 좀 더 분명히 생각한 것만은 틀림없다. 이 풀이는 부력과 관계되며 이를 아르키메데스의 원리라 부른다. 왕관을 물에 담그기로 한다. 왕관에 실을 매어 물속에 담근 채로 겉보기 무게를 잰다. 줄을 잡아당기는 힘은 물이 없을 때와 다르다. 물이 모든 방향에서 왕관에 압력을 주기 때문에 물의 압력에 의한 힘을 모두 합하면 왕관이 가벼워짐을 느끼게 하는 부력을 얻을 수 있다. 아르키메데스

그림 2-1 | 화살표는 A에서 시작하여 B에서 끝나는 변위를 나타낸다.

의 원리는 왕관의 무게가 왕관이 대신 차지한 물의 무게만큼 가벼워진다는 것이다. 금의 밀도는 물의 밀도의 18배이므로 물에 담근 왕관의 무게는 실제 왕관 무게의 17/18이다.

아르키메데스의 원리를 증명하기 위해 왕관이 차지한 물의 부분을 원래의 자리에 갖다 놓았다고 하자. 그러면 이 '물로 만든 왕관'에 실을 매단다면 물로 만든 왕관은 실을 잡아당기지 않을 것이다. '물로 만든 왕관' 대신에 물의 밀도와 같은 어떠한 고체를 갖다 놓아도 실을 잡아당기는 힘은 0이다. 부력은 압력에만 의존하기 때문에 '물로 만든 왕관'은 금으로 만든 왕관이 잃어버린 무게만큼 무게를 잃어버린다.

아르키메데스는 여러 가지 발명도 했다. 그는 실제로 로마에 대항하여 군사 작전을 펼 때 시러큐스를 도왔다. 아르키메데스는 손쉽게 커다란 배를 들어 올릴 수도 있었다. 그는 배를 들어 올릴 때 지렛대와 도르래를 이용했는데, 지렛대를 설명하기 전에 벡터와 힘에 대하여 먼저 논의를 해야겠다.

아르키메데스가 벡터의 개념을 다루지는 않았지만, 벡터는 힘을 이해

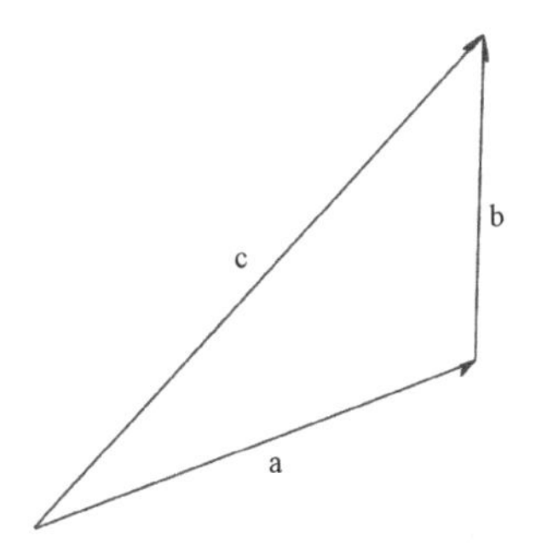

그림 2-2 | 벡터 **c**는 변위 **a**와 **b**를 더한 것이다. 즉 **c** = **a** + **b**이다.

하는 데 있어 매우 중요하다. 벡터는 흔히 크기와 방향을 가진 양으로 정의된다. 이러한 정의는 충분하지 않다. 나는 벡터의 예로서 변위(위치 변화)를 들고자 한다. 변위는 공간에서의 두 점 A와 B, 그리고 A에서 B로 가는 화살(〈그림 2-1〉)로 정해진다. 나는 여기서 변위가 어디에서 출발하건 서로 평행하고(같은 방향을 가리키고), 길이가 같기만 하면 서로 같다는 점을 덧붙인다.

두 개의 변위 **a**와 **b**(벡터는 보통 굵은 글씨체로 나타낸다)가 있다고 하자. 이들을 어떻게 더할 것인가? 이들을 더하기 위해 **a**의 머리에 **b**의 꼬리를 옮겨 놓기로 하자. 그러면 두 벡터의 합은 〈그림 2-2〉와 같이 **a**의 꼬리에서 시작하여 **b**의 머리에서 끝나는 벡터 **c**가 된다.

b에서 시작하여 **a**에서 끝나면 어떻게 달라질까? 그래도 달라지지 않는다. **a** + **b**를 그려 보자. **c**의 가운뎃점을 중심으로 180° 회전하면 우리는 〈그림 2-3〉과 같이 **b** + **a** = **c**가 됨을 알 수 있다(이 경우 화살표 방향이 바뀌어 모든 벡터에 '-' 부호가 붙지만 양변에서 상쇄된다). **b** + **a** = **a** + **b**와

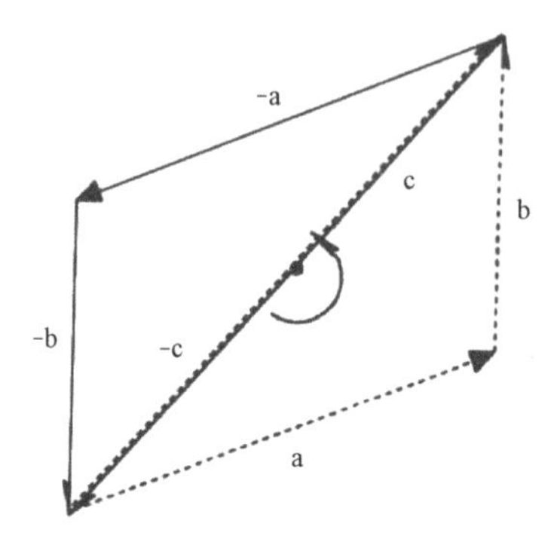

그림 2-3 | c = a + b = b + a의 법칙을 '평행사변형 법칙'이라고 부르는데, a, b와 -a, -b의 네 변위가 평행사변형을 이루기 때문이다

같은 변위의 덧셈 법칙을 평행사변형 법칙이라 하는데, 그 이유는 **b** + **a**와 **a** + **b**가 평행사변형을 이루기 때문이다.

벡터는 변위의 개념을 일반화한 것이다(일반화는 물리학자들이 수학자들을 따라간 나쁜 버릇이다). 물리학자들은 힘이 벡터라고 말하는데 그때는 (다른 여러 성질 중에서도) 힘이 변위와 같은 방식으로 더해진다는 것을 뜻한다.

힘이란 어떤 정도의 세기로 어떤 방향으로 끌거나 미는 것이다. 이러한 정의는 변위의 정의와 비슷하므로, 힘이 변위와 같은 방식으로 더해진다는 것은 이상한 일이 아니다. 그렇지만 그러한 덧셈이 앞에서와 같은 방식으로 된다는 것을 어떤 방법으로든 증명하는 것이 좋겠다.

나는 힘이 변위처럼 더해진다는 것을 증명하지는 않겠지만, 단지 (변위나 힘처럼) 어떤 간단한 성질을 공유하는 것들은 같은 방식으로 더해져야 함을 지적하고 넘어가겠다.

이를 위해 매우 지저분한 방법을 이용하고자 한다. 즉 가정(假定)이 필요할 때마다 그러한 가정을 추가할 것이다. 그렇지만 합리적이지 않은 가정은 끌어들이지 않을 테니 너무 걱정하지 말기 바란다. 이는 요리사가 만찬을 준비하기로 결정하고 나서[3] 필요한 것이 생각날 때마다 그것을 사러 상점으로 달려가는 것과 같다. 이러한 방법은 저녁을 만들 때와 마찬가지로 정리를 증명할 때도 별로 효율적이지 못하지만, 최소한 그 요리사가 왜 그 재료가 필요한지를 알 것이고, 우리도 왜 그런 가정들이 필요한지를 알 수 있게 되기 바란다.

나는 첫 번째 공리(이것은 요리사가 선반 위에서 구할 수 있는 것이다)를 소개하는 것으로 시작하겠다.

1. 같은 방향을 향하는 두 개의 같은 힘을 더하면 방향은 같고 크기는 두 배가 된다(이와 비슷하게 1인 힘과 이와 같은 방향을 향하는 1/2인 힘을 합하면 방향은 같고 크기가 1인 힘의 1 + 1/2배가 된다. 어떤 크기를 합해도 이와 같은 방식이 된다).

합한 힘의 방향은 대칭에 의해 같은 방향이 되어야만 한다. 다른 방향이 될 수는 없다. 우리는 단순히 힘의 크기가 두 배가 된다고 가정했는데, 이는 합리적이다.

---

3) WT: ET는 종종 남자들도 요리를 할 수 있고, 여자들도 수학자가 될 수 있다는 것을 잊는다. 그러나 그가 고의로 그러는 것은 아니다.

2. 두 개의 같은 힘이 방향이 반대로 놓여 있으면 서로 상쇄된다.

두 힘의 배열을 180° 돌려놓을 수 있다. 이렇게 하더라도 배열은 똑같다. 180° 돌려놓더라도 원래 것과 같은 경우는 0의 힘뿐이다. 대칭에 의해 힘들이 상쇄된다. 이것은 마치 어리석은 나귀가 두 건초더미 사이 꼭 중간에 있는 것과 같다. 나귀는 어느 건초더미를 먹으러 가야 할지 몰라 제자리에 서 있다가 굶어 죽는다.

3. 모든 것을 한꺼번에 회전시키면 힘의 배열이나 합은 변하지 않는다.
4. 힘은 더하는 순서에 관계없다. 실제로는 그들이 동시에 작용한다고 가정한다.

이제 다음과 같은 질문을 생각하자. 단위길이를 가진 네 개의 힘이 있는데(〈그림 2-4〉), 두 개는 위를 향하고, 하나는 오른쪽, 하나는 왼쪽으로 향할 때 이 네 힘을 합하면 어떻게 되는가? 그 답은 공리에서 즉시 나온다.

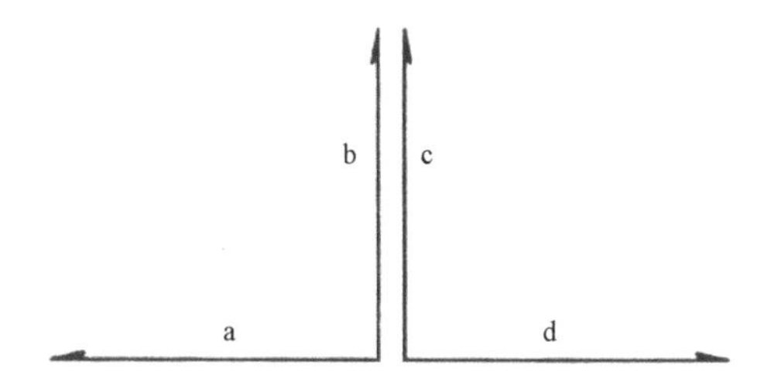

그림 2-4 | 네 개의 단위 힘이 있다. a와 d는 각각 왼쪽과 오른쪽을 향하고, b와 c는 위로 향한다. 이 네 개의 힘에 해당하는 한 개의 힘을 구하고자 한다.

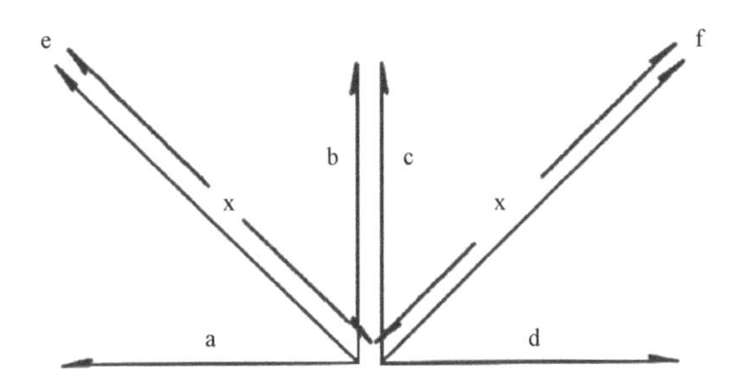

그림 2-5 I 두 힘 a와 b를 합하면 e가 되는데, e는 두 힘과 45°를 이룬다. c와 d를 합하면 e와 직각을 이루는 다른 힘 f가 된다.

수평 방향의 힘은 상쇄되고, 수직 방향의 힘은 합해져서 길이는 두 배가 된다. 이 문제에서 재미있는 점은 무엇일까?

힘을 다른 순서로 더해 보면 재미있는 점을 알 수 있다. 내가 필요로 할 때마다, 공리를 끌어대는 것이 마치 허둥대는 요리사처럼 보일지 모르겠다. 먼저 크기가 같은 두 힘 **a**와 **b**를 더하기로 한다. 합한 힘의 방향은 어떻게 될까?

> 5. 두 개의 같은 힘을 합하면 합한 힘의 방향은 더해지는 두 힘 사이의 가운데[4] 방향이다.

이 가정은 이미 우리의 친구가 된 대칭성에 의해 합리적임을 알 수 있다. 그래서 우리는 〈그림 2-5〉에서와 같이 서로 직각인 **a**와 **b**를 합한 힘의

---

4) 여기서 사이의 '가운데' 방향이 뜻하는 것은 상식적 방향이지 그 반대 방향은 아니다.

방향은 45°를 이루며 크기는 x라는 어떤 값을 가진다고 하자. 마찬가지로 **c**와 **d**를 합하면 크기가 같은 x이고 45°를 이루는 힘을 얻는다. 크기 x를 어떻게 구할 것인가? 이 값을 구하기 위해 서로 90°를 이루며 크기가 x인 두 힘을 합하기로 한다. 이를 위해 또 다른 공리가 필요하다.

> 6. 두 힘 **a**와 **b**를 합하면 **c**가 된다는 것으로부터 **a**와 **b**에 어떤 상수 x를 곱하여 나온 힘 x**a**와 x**b**의 합은 **c**에 같은 상수를 곱한 x**c**가 된다.[5)]

첫 번째 단계에서 우리는 모두 단위길이를 가진 **a**와 **b**를 합하여 길이가 x인 벡터 **e**를 얻었다. (서로 직각을 이루며 크기가 모두 x인) **e**와 **f**를 합하면 그 합한 힘의 크기는 $x \cdot x$, 즉 x^2이 되며, 방향은 **e**와 **f**의 가운데인 '위'를 향한다. 우리는 **a**, **b**, **c**, **d**, 네 개의 힘을 모두 합한 힘은 크기가 2이므로 $x^2 = 2$가 된다는 것을 안다. 이는 $x = \sqrt{2}$임을 의미하며 이것은 제곱하면 2가 되는 수이다.

지금까지의 이 모든 연습으로부터 우리가 증명한 것은 서로 직각을 이루고 크기가 같은 두 힘을 합하면 원래 크기의 $\sqrt{2}$배가 되는 힘을 얻는다는 것이다. 이는 힘이 벡터이며 변위와 같은 성질(피타고라스 정리 $a^2 + b^2 = c^2$이 적용되는)을 가졌다는 것으로부터 예견된 것이다. 이것은 힘이 벡터라는 것을 증명하는 것과는 거리가 멀다. 여러분이 아직 만족을 못 한다면,

5) 현명한 요리사는 이 '공리'를 벡터는 순서에 관계없이 합해도 된다는 것으로부터 유도할 수도 있다.

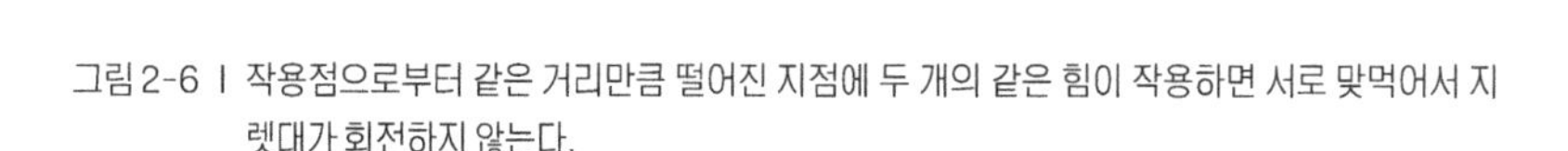

그림 2-6 | 작용점으로부터 같은 거리만큼 떨어진 지점에 두 개의 같은 힘이 작용하면 서로 맞먹어서 지렛대가 회전하지 않는다.

(모두 그럴듯한) 충분한 수의 공리와 인내를 가지면 여러분도 힘에 대한 평행사변형 법칙을 증명할 수 있다는 것을 보증한다. 그런데 여러분이 실제로 그렇게 해 보지 않고는 못 배긴다면 여러분은 수학자와 같이 아마도 구제 불능인 사람이 되고 말리라는 것을 경고하지 않을 수 없다.

옆길로 빠졌지만 아르키메데스와 그의 지렛대로 다시 돌아오자. 지렛대는 근본적으로 막대와 지렛대 받침이라 부르는 고정점을 통틀어 일컫는 말이다. 아르키메데스는 지렛대를 매우 자랑스러워해서 고정점만 있다면 자신이 지구를 움직일 수 있다고 공언했다. 지렛대에 대한 그의 긍지를 조금은 인정할 수 없는데, 왜냐하면 원숭이들도 물건을 들어 올리기 위해 수백만 년 동안 막대를 사용해 왔기 때문이다. 그러나 원숭이들이 그들이 하는 짓을 완전히 이해했다는 점은 증명이 되지 않았다.[6]

물리를 간단히 하기 위하여, 마찰이 없고 지렛대도 무게가 없다고 가정하자. 〈그림 2-6〉과 같이 고정점에서 같은 거리에 두 개의 같은 힘을 작용시킨다.

---

6) WT: 고릴라 코코에게 설명을 부탁해 볼 만하다.

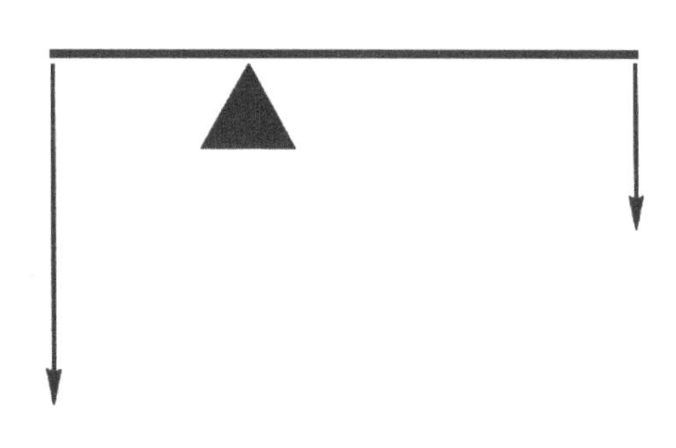

그림 2-7 | 팔의 길이와 가해진 무게가 같지 않더라도 지렛대가 움직이지 않는 평형 상태를 만들 수 있다.

대칭에 의해 지렛대는 움직이지 않을 것이다. 이제 한쪽 팔의 길이를 다른 팔에 비해 두 배로 하고 짧은 팔에다 긴 팔에 가하는 무게의 두 배를 매달면 어떻게 될까? 〈그림 2-7〉을 보기로 한다.

이 경우에도 지렛대는 평형을 이루는데, 이를 증명하기 위해 〈그림 2-8〉과 같이 점선 화살표로 나타낸 '가상적' 힘을 더하자.

두 단위의 힘이 B로부터의 거리가 A와 같은 점 D에서 아래로 작용한다고 상상하자. 이 새로운 힘과 맞먹기 위해 B와 C에 각각 단위 힘을 가한다. 대칭에 의해 이 힘들은 지렛대를 회전시키지 못하며 또한 힘의 합이 0이므로 지렛대를 위나 아래로 움직이게 하지 못한다. 결과적으로 C에서 아래로 향하는 힘은 평형이 잡히며, A와 D에 작용하는 힘은 대칭에 의해 막대를 돌게 만들지 못하며, 점 B는 고정점이므로 움직이지 않는다. 가상적인 힘끼리 평형이 되고, 가상적인 힘에 원래의 힘을 더해도 평형이 되므로, 원래의 힘끼리도 평형을 이루지 않을 수 없다. 결과적으로 단위길이만큼 떨어진 지점에 작용하는 두 단위의 힘은 두 단위길이 떨어진 지점에 작용

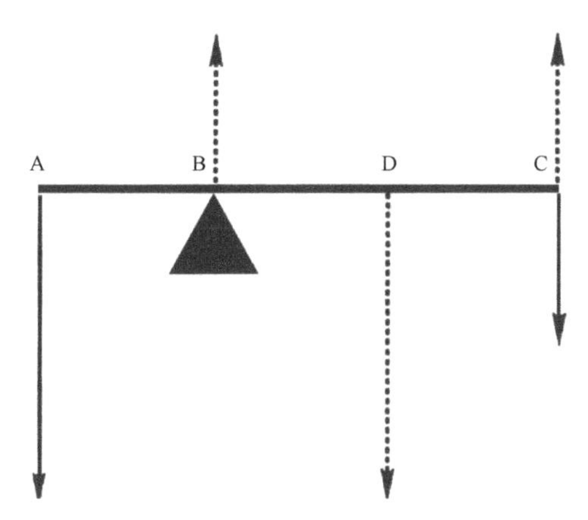

그림 2-8 I AB, BD, DC의 길이가 모두 같다. 벡터 합이 0이 되고 토크가 0이 되도록 B, D, C점에 가상적인 힘(점선화살표)을 더한다.

하는 한 단위 힘과 평형을 이룬다. 즉 팔의 길이의 비가 1:2이면 평형을 이루기 위한 힘의 비는 2:1이다.

이제 더 나아가 그 비가 어떠한 값이라도 비슷한 방법에 의해 같은 설명이 성립함을 증명할 수 있다(그러나 여러분은 그저 내 말을 믿는 것이 좋을 것이다). 아르키메데스가 커다란 배를 옮기기 위해서는 단지 긴 팔을 가진 지렛대를 쓰기만 하면 된다.

여러분은 아르키메데스가 작은 것(매우 긴 지렛대에 작용하는 힘)으로부터 큰 것(배를 움직이는 것)을 얻었으므로 그가 속임수를 썼다는 느낌이 들지도 모르겠다. 아르키메데스가 속임수를 쓰지 않았다는 것을 증명하기 위해서는 에너지라는 새로운 개념을 도입해야만 한다. 실제로 나는 당분간 특별한 종류의 에너지, 즉 지구의 중력장 속에 놓여 있는 물체의 위치에 따르는 위치 에너지만을 논의할 것이다. 위치 에너지가 보존된

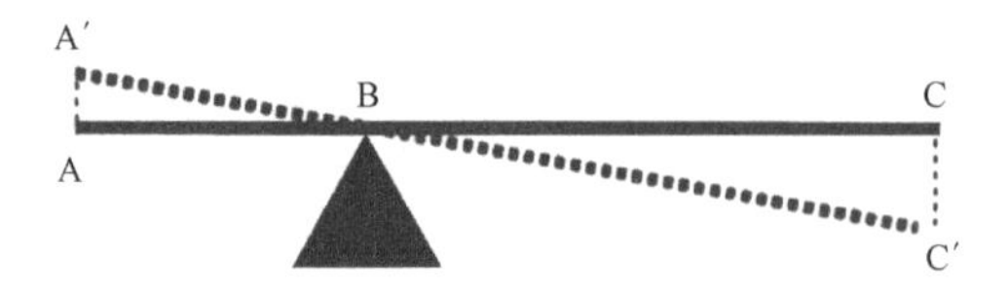

그림 2-9 | 팔의 길이가 두 배(BC = 2AB)이면 두 배로 무거운 것을 들 수 있다. 그러나 해야 하는 일은 물체가 A에서 A′로 올라갈 때 얻는 에너지와 같다.

다는 것을 보임으로써 우리는 아르키메데스가 속임수를 쓰지 않았고 정직한 사람이라는 것을 증명할 수 있다. 한 팔의 길이가 다른 팔의 두 배인 지렛대의 경우로 돌아가서 이것으로 물건을 들어 올린다고 하자. 지렛대가 회전하면 두 개의 닮은 삼각형이 생기는데 (실제로는 AA′과 CC′이 직선이 아니라 원호의 일부분이므로 삼각형이 아니지만 변위가 작으면 원호를 직선으로 근사시킬 수 있다) 오른쪽에 있는 것이 왼쪽에 있는 것보다 크기가 두 배이다(〈그림 2-9〉).

그런데 AA′의 거리는 CC′의 거리의 1/2이다. 단위 물체를 한 단위의 거리만큼 옮기기 위해서는 힘을 1/2로 하고 거리를 두 배만큼 옮겨야 한다. 여기서 보존되는 것은 힘과 거리를 곱한 값이다. 힘 × 거리는 일인데, 이는 위치 에너지의 변화와 같고 위치 에너지의 총 변화는 0이다. 에너지가 보존된다는 것은 물리학에서 매우 중요한 개념이다. 이런 의미에서 사람들은 아무것도 하지 않고는 그 무엇도 얻을 수 없다.[7] 힘과 거리가 (옳게 말하자면 힘과 변위가) 벡터라는 것을 기억하자. 방금 내가 한 것은 벡

7) 물리학에서는 보존되는 양을 찾는다. 그러한 것을 찾으면 훨씬 더 간단한 물리학으로 일보 전진한 셈이다.

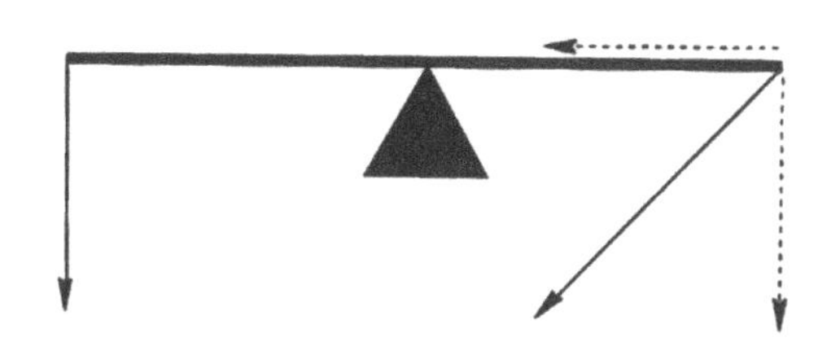

그림 2-10 | 지렛대에 수직으로 작용하지 않는 힘은 지렛대에 수평인 성분과 수직한 성분으로나눌 수 있다.

터의 곱셈인데 이를 **f** · **d**로 나타낸다. 여기서 **f**는 힘이고 **d**는 변위이며, 가운데의 점은 스칼라 곱을 나타낸다. 이 스칼라 곱은 참 이상하게도 벡터가 아니라 단순히 스칼라인데 지금의 경우에는 이 양이 에너지가 되며 에너지는 방향은 없고 크기만 있다.

내가 지금 한 곱셈은 힘과 변위가 평행한 경우에는 잘 적용되었다. 그런데 〈그림 2-10〉과 같이 힘이 수직 아래 방향뿐 아니라 고정점 쪽으로 왼쪽 아래 방향을 향한다고 하자.

이 새로운 힘은 그림에서 점선 화살표로 나타낸 것처럼 아래쪽으로 향하는 힘과 고정점을 향하는 두 힘의 합으로 나타낼 수 있다(수평 방향의 화살표는 지렛대와 겹친다). 지렛대는 아래쪽으로 향하는 힘 부분이 다른 쪽 팔에 작용하는 힘과 같아야만 평형을 이룬다. 물론 이때 두 팔의 길이가 같아야만 그렇게 될 것이다. 고정점을 향하는 힘 부분은 지렛대를 안쪽으로 밀겠지만 지렛대가 단단하고 고정점이 움직이지 않으므로 지렛대에 아무런 영향도 주지 못한다.

힘과 변위의 곱인 일을 구하기 위해 전체 힘의 길이를 이용해서는 안

되고 변위 쪽의 힘만을 이용해야 한다. 즉 **d** 쪽 **f**의 그림자에 **d**의 길이를 곱하면 된다. 삼각법을 안다면 이는 **f**와 **d**의 크기를 곱한 다음 거기에 **f**와 **d**가 이루는 각의 코사인을 곱한 것과 같음을 알게 된다. 결론적으로 스칼라 곱의 값은 두 벡터의 길이를 곱하고 여기에 그들 사잇각의 코사인을 곱하면 된다.

이제 벡터들이 어떻게 쓰이는가를 보이기 위해 예를 하나 더 들기로 한다. 이것이 토크의 개념이다. 이를 설명하기 위해 길이가 똑같은 두 개의 팔에 같은 무게가 매달린 지렛대를 생각하기로 한다. 각각의 무게가 지렛대를 회전시키려 한다. 오른쪽에 있는 무게는 지렛대를 시계 방향으로 돌리려 하고, 왼쪽에 있는 무게는 지렛대를 시계 반대 방향으로 돌리려 한다. 앞서 말한 지렛대의 원리를 쓰면 돌리려는 능력은 힘과 지렛대 팔의 길이에 비례한다. 이렇게 돌리려는 능력을 토크라 한다.

지렛대의 팔에 작용하고 아무 방향이나 향하는 힘을 생각하면 이 힘에서 유효한 부분은 팔에 수직한 면에 놓여 있는 성분이다. 팔과 같은 방향의 힘 성분은 지렛대를 어느 방향으로 움직이게 할지 모르기 때문에 효력이 없다. 여기서는 두 벡터를 곱할 때 먼저 힘을 팔 **d**에 수직한 평면으로 투영시키고 거기에 팔의 길이를 곱한다. 삼각법을 쓰면 이는 **f**와 **d**의 곱에다 **f**와 **d**의 사잇각의 사인값을 곱한 것이다. 이러한 곱을 **f** × **d**로 쓰며 벡터 곱이라고 한다. 벡터 곱 **f** × **d**는 크기만으로 정해지지 않는다. 회전이 어느 축 둘레로 일어나는가를 추가로 말해야 한다. 그래서 크기와 방향을 가진 양이 된다. 그 방향은 회전축 방향이 된다. 여러분은 아직 **f** × **d**, 즉 토크가 벡터라는 것에 의문을 가질지 모른다.

단순 지렛대를 생각하면 토크의 방향은 지면에 수직이다. 이때 토크의 방향은 지면에서 나오는 방향일까, 아니면 지면으로 들어가는 쪽일까? 우리는 오른쪽에 있는 무게가 왼쪽에 있는 무게를 상쇄시킨다는 것을 알고 있다. 이 두 개의 토크가 벡터처럼 더해지기 위해서는 서로 반대 방향이 되어야만 한다.

토크 **f** × **d**의 방향을 정하기 위한 간단한 약속이 있다. 오른쪽 엄지손가락이 **f**를 향하게 하고, **d**가 검지손가락을 향하게 하면 가운뎃손가락이 토크 방향이 된다. 이 약속을 쓰면 단순 지렛대에 작용하는 두 토크가 상쇄됨을 알 수 있다. 여러분 스스로 힘에 적용되는 공리들이 토크에 대해서도 성립함을 증명할 수 있을 것이다. 예를 들어 같은 방향의 두 토크를 합하면 방향이 같은 한 개의 토크가 되며, 이들을 함께 공간에서 아무렇게나 회전시키더라도 그 합의 방식은 같다. 또한 크기가 같고 서로 수직한 두 토크를 합하면 같은 면에서 두 토크 사이를 이등분하는 방향의 토크가 된다. 토크에 관한 이러한 사실을 믿게 되면 토크도 벡터처럼 합해지며 실제로 벡터라는 것을 확신할 것이다.

토크는 변위와 다른 종류의 벡터이다. 변위는 중심에 대해 반전시키면 그 변위에 -1을 곱한 것, 즉 반대 방향의 벡터가 된다.

토크의 성분을 중심에 대해 반전시키면 어떻게 될까? **F**는 -1이 곱해져서 반대 방향의 힘이 된다(〈그림 2-11〉). **r**을 반전시켜도 -1이 곱해져 반대쪽의 팔이 된다. 결과적으로 토크를 반전시키더라도 원래 토크와 같은 방

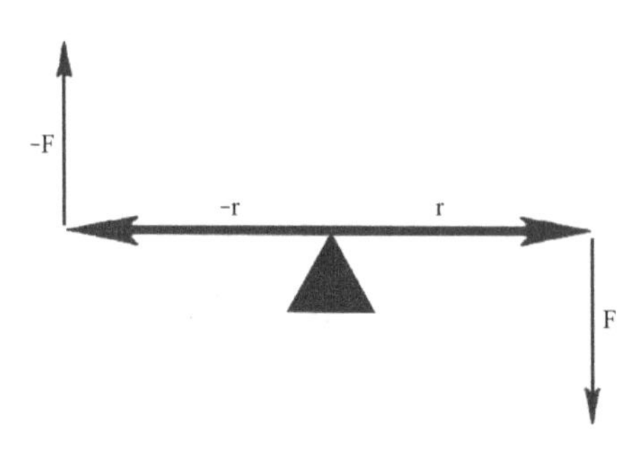

그림 2-11 | 토크는 '축성 벡터'의 한 예로서 토크를 이루는 모든 벡터의 역을 취해도 변하지 않는다. 힘은 역을 취하면 바뀌는데 이를 '극성 벡터'라 한다.

향으로 회전시키려 한다. 중심에 대해 반전시키는 것을 '역'이라고 한다. 변위처럼 역을 취하면 부호가 바뀌는 벡터를 극성 벡터라 하고, 역에 대해 부호가 바뀌지 않는 벡터를 축성 벡터라 부른다.

이 장에서 논의한 거의 모든 것을 아르키메데스도 알고 있었다. 그리스 사람들은 정역학은 알고 있었으나, 그들의 관심을 운동 법칙으로 돌리지는 않은 것 같다. 아르키메데스도 이러한 제약을 뛰어넘지 못했다.

한 가지 예외가 있다. 그리스인들은 천체들의 움직임에는 관심을 가졌다. 그리스인들은 천체들의 운동이 보여 주는 사실들을 설명하는 방법을 고안하긴 했으나 이를 옳게 설명하지는 못했다. 르네상스 시대에 지적 부흥이 일어나 운동 법칙에 관심이 모아졌다. 이러한 과정에서 태양계에 대한 설명이 그 근본적 역할을 맡았다.

여러분은 앞서 소개한 상대성 이론보다 정역학에 대한 논의를 더 쉽게 받아들일지도 모른다. 이것은 당연하다. 우리는 모두 물건을 들어 올릴 때 지렛대를 써 보았으며, 가끔 냄비의 물이 넘치는 것도 보았지만 불변량 때문에 염려해 본 사람은 드물다. 그러나 나는 아르키메데스를 이해하는 데 필요한 수학과 지적 훈련이 아인슈타인을 이해하기 위한 것보다도 실제로는 조금 더 어렵다는 것을 말하고자 한다. 우리는 익숙한 것에 대해서는 두려움이 없으므로 종종 이를 더 쉽게 이해할 뿐이다.

질문

1. 이 단원에서 배운 힘의 덧셈에 관한 공리를 써서 사잇각이 120°를 이루고 크기가 같은 두 힘을 합하시오.

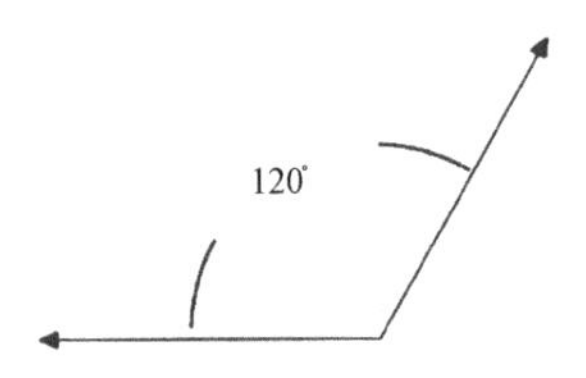

2. 컵 속에 온도가 얼음점인 물이 있고 여기에 얼음 조각이 떠 있다. 얼마 후 얼음이 녹으면 물의 높이가 올라갈 것인가, 내려갈 것인가, 아니면 변함이 없을까?

3. 다음과 같은 영구 기관이 고안되었다. 그림과 같이 각진 나무토막에 무거운 사슬이 둘러져 있다. 긴 쪽, 즉 AB에 있는 사슬의 무게가 AC 쪽에 있는 사슬보다 무겁다. 그러면 사슬이 움직이기 시작할 것이며, 이렇게 되면 아무것도 없이 에너지를 발생시킬 수 있을 것 같다. 그러나 이는 에너지 보존 법칙에 어긋난다. 이 기계의 결정적 결함은 무엇이겠는가?

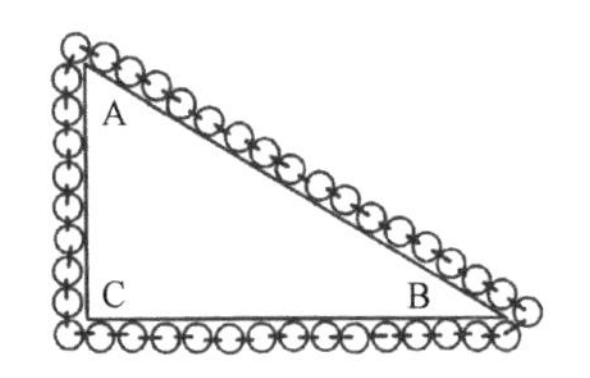

3장

혁명이 한 번은 무시되었고 한 번은 억압되었다

한 그리스인이 태양계에 대하여 올바른 말을 했으나,
다른 그리스 사람들은 들으려 하지 않았다.

잘못 쓰는 말이 있다면, 그것은 '정확한 과학'이란 말이다. 과학은 항상 잘못으로 가득 차 있었다. 현재도 예외는 아니다. 그러나 우리의 잘못은 좋은 잘못이다. 잘못은 그것을 고쳐 줄 천재를 부른다. 물론 우리는 우리 자신의 잘못을 보지는 못한다.

이 단원에서는 아리스토텔레스(Aristoteles, B.C. 384~322)의 잘못을 논의하고 그 잘못들이 2000년 후에 어떻게 고쳐지는가를 설명하겠다. 이 이야기는 모든 사람이 깨달아야 할 교훈인 것이다.[1)]

그리스 사람들은 지구가 우주의 중심이라고 생각했다. 아리스토텔레스 이전의 그리스 사람들도 천체의 움직임을 묘사했으나, 그 당시까지 알려진 모든 사실을 글로 남긴 사람이 바로 아리스토텔레스이다. 그의 생각은 지구와 하늘이 구별된다는 데 바탕을 둔다. 지구에는 지구를 다스리는 법칙이 있었다. 지구에 존재하는 것들은 모두 제각기 마땅한 위치가 정해져 있었다. 무거운 물체는 아래쪽에, 가벼운 매질은 위쪽에 있다. 지구에 존재하는 것들 또한 모두 알맞은 상태에 있었다. 그것이 정지 상태였다. 힘이 이 정지 상태를 방해할 수도 있으나 이것은 일시적이며 중요하지 않은 것이었다.

하늘에 대해서는 적용되는 법칙이 전혀 달랐다. 하늘에서는 그 법칙이 운동이었는데 그 운동은 특별히 가장 이상적인 운동, 즉 원운동이었다. 거의 모든 천체와 수천 개의 아름다운 별자리들은 이렇게 완전히 획일적인

1) 여러분은 아서 쾨슬러(Arthur Koestler, 1905~1983)의 『몽유병자(The Sleepwalkers)』에 나오는 이야기를 알게 될 것이다(경고! III장 5절은 읽지 말 것—쾨슬러는 뉴턴을 이해하지 못했다).

단순한 운동을 보인다. 획일적인 원운동에 예외가 존재한다는 점은 불완전성의 징조가 되지만, 이러한 운동조차도 언제나 획일적인 원운동의 조합으로 근사시켰으며 또한 근사시켜야만 했다. 해, 달, 그리고 행성이 예외였다. 이 예외적인 것들은 그 중심이 다른 원을 따라 움직이는 원의 둘레를 따라 움직인다. 즉 '주전원(周轉圓)'을 따라 움직인다. 그러나 이러한 근사도 충분하지 못했다. 이들이 움직이는 실제의 모습은 어떤 원둘레를 따라, 즉 그 중심이 움직이는 원의 둘레를 따라서 그 중심이 도는 또 다른 원의 둘레를 따라 돌아야만 했다. 적어도 이 정도로 복잡했다. 그리스 천문학자들은 이런 것을 연구하여 원들 위에 원들을 얹고 다시 여기에 원들을 계속 얹어 천체들의 어떠한 운동도 기술할 수 있었다. 서기 1세기경까지 이러한 계가 완성되어 천문학자 프톨레마이오스(Claudius Ptolemaeus, A.D. 85?~165?)가 쓴 유명한 책에 정리되자 그대로 굳어져 버렸다. 수백 년 후 아랍의 학자들이 그 책을 『알마게스트(Almagest)』라고 불렀는데 이는 장엄한 업적이란 뜻이다.

몇몇 사람들은 의견을 달리했는데 특히 사모스의 아리스타르코스(Aristarchos, B.C. 310~230)[2]라는 유명한 사람이 있었다. 그는 기원전 200년경에 알렉산드리아에 살았는데, 지구가 축 주위로 자전하며 정지해 있는 태양 주위를 공전한다고 주장했다. 이렇게 가정하면 원 위에 원이 있고 이 위에 다시 다른 원이 있다고 말하는 대신 아주 간단하게 설명할 수

2) 그의 이름의 뜻이 '최선의 출발'이라는 것은 기이한 인연이다. 라틴 사람은 '이름이 징조다'라고 말한다.

있다. 그 당시의 지식인들은 그의 주장을 받아들이지 않았다. 그는 무시당했으며 그의 비상한 제안은 묻혀 버렸다. 그의 업적 일부를 아르키메데스가 인용했는데, 아르키메데스는 친절하게도 그를 완전히 무시하는 대신 그를 비평했다(침묵보다 더 치명적인 것은 없다).

먼저 코페르니쿠스 학설의 발전에 필수적이지는 않은 이야기를 하겠다. 그러나 이 이야기는 주목할 만하며 약간 아이러니하기도 하고 조금 슬프기도 하다. 그리스 사람들은 달까지의 거리를 상당히 정확하게 알고 있었다. 그 거리를 아는 방법은 내가 어떤 사람까지의 거리를 알기 위해 그 사람의 머리를 먼저 한쪽 눈을 가리고 보고, 그다음에는 다른 눈을 가리고 보고서 알아내는 방법과 같다. 이 방법은 가까이 있는 물체의 거리를 시차를 이용해 측정하는 것인데 사람의 두 눈 사이의 거리가 충분히 떨어져 있지 않으므로 멀리 있는 물체에는 사용하기 곤란하다. 그리스인들은 지표상에서 서로 충분히 멀리 떨어져 있는 두 지점에서 관측하여 달의 시차를 알아낼 수 있었으며, 지구에서 달까지의 거리를 그럴듯하게 측정했다. 태양까지의 시차는 너무 작아 알아차리기 어렵다(게다가 태양 주위의 별을 보기는 어렵다).

아리스타르코스는 비상하면서도 원리적으로 올바른 제안을 했다. 그는 태양과 지구 사이의 거리를 알아내길 원했다. 반달일 때는 해, 달, 지구가 삼각형을 이루는데 지구와 달을 잇는 직선은 해와 달을 잇는 직선과 직각을 이룬다(〈그림 3-1〉). 아리스타르코스는 달이 상현일 때(달의 1/2만을 본다)의 시각(視角)과 하현일 때(역시 달의 1/2만을 본다)의 시각을 그가 할 수 있는 한 정확히 측정했다. 그래서 그는 달이 상현에서 하현까지 되는 데 걸리는 시간차를 알았으며, 또 하현에서 다시 상현까지 걸리는 시간을 알아냈다. 아리스타르코스는 〈그림 3-1〉에서 각 α를 계산했다. 이제 삼각법을 이용하면 해까지의 거리를 계산할 수 있게 되었다. 불행하게도 아리스타르코스는 달이 반달일 때의 위치를 정확히 결정할 수가 없었으므로 그의 결과는 실제와 열 배의 차이가 났다. 그리스 사람들은 이런 틀린 결과를 받아들였다. 틀린 결과이긴 했지만 이는 태양이 지구보다 훨씬 크며 그래서 그는 개 꼬리가 개를 흔들 수 없다는 결론을 내렸다. 그러나 앞에서도 얘기했듯이 플라톤(Platon, B.C. 427~347)과 아리스토텔레스의 추종자들이 모인 아카데미는 이 철학적이지 못한 기지를 받아들이지 않았다.

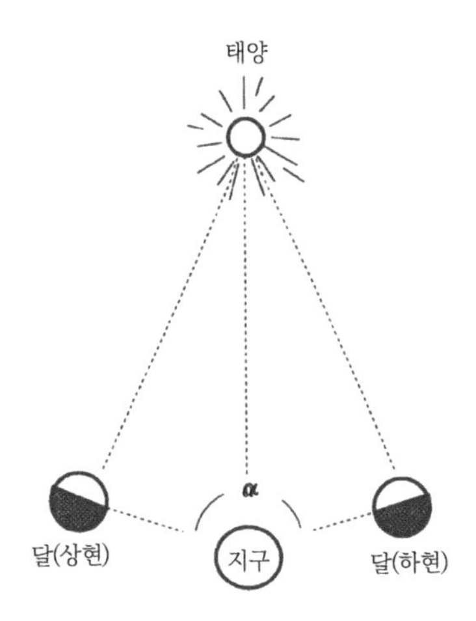

그림 3-1 | 시차에 의해 그리스 사람들은 달까지의 거리를 측정했다. 아리스타르코스는 달이 상현일 때와 하현일 때 사이의 각을 관측했으며 삼각법을 이용하여 지구와 해 사이의 거리를 계산했다. 그가 얻은 결과는 실제의 1/10이었다.

이제 코페르니쿠스(Nicolaus Copernicus, 1473~1543)로 건너뛰자. 코페르니쿠스는 전통적이면서 꽤 부지런하지만 그렇게 상상력이 풍부하지는 못한 성직자였다. 그는 교황으로부터 한 임무를 부여받았다. 그의 임무는 달력을 바로잡는 일이었는데, 프톨레마이오스가 만든 달력을 여러 번 베끼는 과정에서 (항상 정확히 베끼지는 못했다) 끼어든 잘못을 바로잡는 것이었다. 프톨레마이오스를 연구한 결과 코페르니쿠스는 아리스타르코스의 가설을 받아들이게 되었다. 코페르니쿠스는 겁이 났다. 그는 교회가 인정하지 않는 어떠한 행동도 하기를 원하지 않았기 때문이다. 성경에는 분명히 태양이 움직인다고 암시하고 있다. 그렇지 않다면 어떻게 조슈아(Joshua)가 해에게 멈추라고 명령할 수 있었겠는가? 그러한 문제와 타협할 수 없었기 때문에, 코페르니쿠스는 행성의 운동에 대해 자기 나름대로 이해한 것을 글로 썼으나 감히 출판할 수가 없었다. 결국 그의 제자들이 그의 생각을 인쇄하도록 했으며 코페르니쿠스는 임종 때 이를 보았다. 그러나 코페르니쿠스는 심지어 그 책의 서론에다 다음과 같은 말을 덧붙였다. "내가 쓴 것을 심각하게 받아들이지 말기 바란다. 이것은 단지 수학적일 뿐이며 수학은 수학자를 위한 것이다. 천체들이 이와 같은 방식으로 움직인다고 하면 우연히도 설명이 간단해진다. 그러나 나는 독자들이 이를 글자 그대로 믿지 말기를 바라며, 또한 내가 그것이 실제라고 제안하는 것은 더욱 아니다."[3] 그럼에도 불구하고 그는 로마가 아니라 매우 진보

3) 완전히 직역한 것은 아니다.

적이고 혁명적이지만 그들과 다른 어떠한 혁명도 싫어한 신교도들로부터 공격을 받았다. 신교도들은 성경을 있는 그대로 믿었으며 그들에게는 코페르니쿠스가 명백히 저주받은 사람이었다. 로마는 그를 옹호해 주었다. 물론 결국에는 코페르니쿠스의 이론이 로마와도 부딪쳤으나 이러한 충돌은 전통에 둘러싸인 교회와 언제나 오류가 있을 수 없는 과학자 사이의 이야기 중 하나에 불과했다.

이러한 무대에서 그다음으로 등장하는 배우는 덴마크의 천문학자인 브라헤(Tycho Brahe, 1546~1601)인데 그는 불같은 성격을 가진 사람이다. 그는 덴마크 왕으로부터 조그만 섬을 받았는데 거기서 그는 탁월한 천문학적 시설을 만들었다. 망원경 없이도 간단히 아주 정교하게 조준하는 방법을 써서 이전보다도 더욱 정확하고 조직적인 관찰을 했다. 그는 코페르니쿠스의 학설을 진지하게 받아들였다. 그는 태양의 둘레를 도는 지구 공전 궤도에 대하여 가장 가깝다고 생각되는 가장 밝은 별의 시차를 측정함으로써 코페르니쿠스의 학설을 검증하려 했다. 그는 여름이나 겨울(또는 봄과 가을)일 때 지구의 위치에 따른 시차를 발견할 수 없었다. 그래서 그는 지구가 태양 주위를 돌지 않거나 가장 가까이 있는 별일지라도 지구에서 엄청나게 멀리 떨어져 있다고 생각했다. 그는 천문학자로서 충분한 선견지명은 없었기 때문에 두 번째 가능성을 버렸다. 만일 이 작게 보이는 물체가 실제로는 태양만큼 밝고 어떤 것들은 태양보다 수천 배 밝을 수 있다는 가정을 기꺼이 받아들였다면, 튀코 브라헤는 올바른 길로 들어섰을 것이다.

그는 지구가 태양의 주위를 돈다는 가설을 부정하는 증명을 했다고 믿었다. 그는 코페르니쿠스의 이론을 수정하여, 달과 태양은 지구 주위를 돌지만 다른 행성들은 원운동을 하는 태양 주위를 공전한다고 주장했다. 실제로 가장 가까이 있는 별은 보통 사람들이 생각할 수 있는 것보다 훨씬 더 멀리, 즉 4광년만큼 떨어져 있다. 태양과 지구 사이의 거리는 빛이 8분 동안 가는 거리이므로 튀코 브라헤가 시차를 볼 수 없었던 것이 그리 이상한 것이 아니다. 1830년에 베셀(Friedrich Wilhelm Bessel, 1784~1846)이 시차를 측정했다.

브라헤를 도왔던 한 젊은이가 코페르니쿠스적 혁명에 가장 중요한 역할을 했다. 그가 바로 요하네스 케플러(Johannes Kepler, 1571~1630)이다. 그는 신의 창조 작업을 이해하고자 하는 열정을 가졌기 때문에 행성과 관련된 모든 것에 관심을 가졌다. 특히 그는 점성가였다. 그는 30년 전쟁 중에 발렌슈타인(Wallenstein) 장군을 위해 점성술 책을 썼다.[4)]

여러분은 점성술을 한다는 것이 비과학적이라고 생각할 것이다. 케플러에게는 천문학과 점성술이 연관되어 있었다. 사실은 케플러의 점성술이 과학에 유용하다는 것이 입증되었다. 그의 노트 덕택에 우리는 역사적으로 중요한 전쟁 직전과 같이 매우 특정한 시각에 달과 행성의 정확한 위치를 알 수 있다. 우리는 또한 지구의 자전이 느려진다는 것을 계산할 수도 있다. 이는 실제로 바닷물에 의한 마찰 때문이다. 게다가 케플러의 예

4) 30년 전쟁은 1618년부터 1648년까지 있었다. 당시 『뉴욕 타임스(New York Times)』는 없었고, 점성가가 대답해야 하는 수많은 질문이 있었다.

언이 종종 옳다는 것이 입증되었다. 아마도 이것은 별을 관찰함으로써 케플러가 그 당시의 선입견으로부터 무관할 수 있었기 때문이리라.

케플러는 여러 이론을 접했는데 그중 몇 가지는 매우 얼토당토않은 것도 있어서 모든 이론을 검증하고자 했다. 그는 실험 자료가 필요했기 때문에 그 당시 프라하에 있던 튀코 브라헤로부터 일자리를 얻었다. 그 후 곧 브라헤가 죽었다. 케플러는 브라헤의 상속자들로부터 브라헤의 자료들을 훔쳤다. 브라헤의 상속자들은 논문을 출판하는 영예를 원했으나 케플러는 그 논문을 이해하기 바랐다. 케플러가 법적으로 잘못했다는 것은 확실하다. 그러나 과학자인 나로서는 그가 도덕적으로는 옳다고 생각한다.

브라헤의 관찰 기록을 손에 넣게 되자 케플러는 많은 자료 더미에 부딪혔다. 그래서 그는 합리적인 과학자가 그렇듯이 특정한 문제를 골랐다. 더군다나 그는 왜 화성의 궤도가 원에서 가장 많이 벗어나는가 하는 제일 어려운 문제를 골랐다. 이 가장 어려운 문제를 설명할 수 있다면 다른 모든 것도 설명할 수 있을 것이다.[5] 케플러는 코페르니쿠스를 믿었다. 그의 이론은 간단하므로 매력적이었다. 지구는 자전하고 해가 지구 둘레를 공전할지도 모른다. 화성은 태양 주위를 돌고 그래서 화성은 제3차 주전원, 즉 원 위에 원이 있고, 그 원 위에 있는 또 다른 원둘레를 도는 것처럼 보인다. 그러나 그렇지 않다. 지구도 정확한 원둘레를 돌지 않고 화성 또한 정확한 원둘레를 돌지 않는다. 최소한 두 개 이상의 수정이 필요했다. 케플러는

---

5) 이것은 새를 잡는 옛 방식을 적용한 것이다. '새 꼬리에 소금을 쳐라.'

화성의 궤도에 대한 책을 썼다. 그가 책을 쓰면서 새 단원을 시작할 때 대부분의 경우 다음과 같이 썼다는 것이 재미있다. "내가 지난 마지막 단원을 썼을 때 나는 얼마나 어리석었나를 알았다. 나는 새로운 방법으로 궤도를 보아야 하는데……" 이 책은 과학적 정직성에 대한 귀감이며 따라서 과학적 방법론에 있어 가장 빛나고 있다. 반면에 위대한 가우스(Carl Friedrich Gauss, 1777~1855)는 그가 무엇을 잘못했는지 밝히지 않았기 때문에 다른 사람들이 그가 해 온 일을 이해할 수 없었다.

수년간의 연구 끝에 케플러는 화성의 궤도가 제5차 주전원이라고 설명했다. 그의 계산은 브라헤의 관측 오차의 2배 이내에서 맞았다. 그는 브라헤가 틀렸다고 하거나 아니면 모든 것을 설명하기 위해 제6차 주전원을 도입할 수도 있었다. 그러나 그는 그렇게 하지 않았다. 이 시점에서 그는 수년간의 연구를 던져 버리고 새로 시작했다. 오늘날일지라도 이와 같이 행동할 과학자는 거의 없다. 이 극적인 사건에서 가장 큰 불가사의는 그가 그렇게 열심히 좇았던 전통에 대해 왜 드디어 반기를 들었나 하는 점이다.

나는 이 반란의 이유가 케플러의 목적이라고 생각한다. 그는 신의 섭리를 이해하려 했다. 그는 자기가 발견한 풀이가 마음에 들지 않았다. 제6차 주전원을 이용하는 것은 너무도 쉽다. 그러나 이것이 이 문제에서 가능한 유일무이한 풀이는 아니었다. 당연히 신은 우주를 그와 같이 아무렇게나 만들 리 없었다. 그는 과학의 중심 원리, 즉 유일하고 납득할 수 있는 답은 간단하면서도 아름다워야 하리라는 것을 알아차린 듯싶다.

케플러는 원을 집어치우고 대신 타원을 택하기로 했다. 원을 옆에서

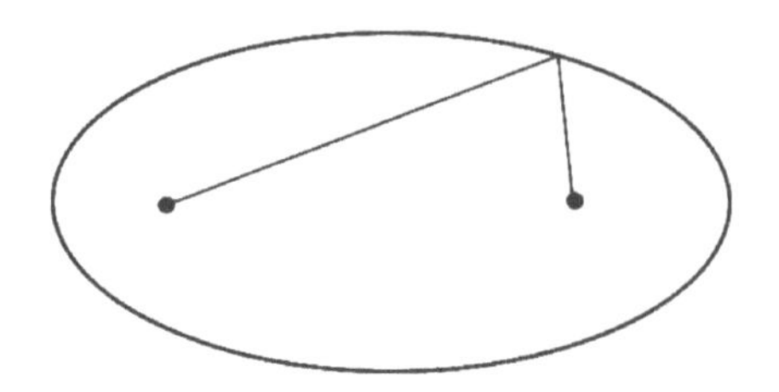

그림 3-2 | 타원 위의 어떠한 점들에서부터 두 초점까지의 거리를 더하면 값이 같다. 두 초점이 한 점으로 합쳐지면 타원은 원이 된다.

보면 타원이 된다.[6] 타원에는 초점이라 부르는 점 두 개가 있다. 타원 위의 모든 점에서 두 초점까지의 거리를 더하면 같다(〈그림 3-2〉). 케플러가 타원을 택하자 나머지는 쉬웠다.

결국 케플러는 행성의 운동에 관한 세 가지 법칙에 도달했다. 첫 번째 법칙은 행성은 태양을 한 초점으로 하는 타원 궤도를 돈다는 것이다.

두 번째 법칙을 이해하기 위해 어떤 시간 간격, 예를 들어 일주일을 택하기로 한다. 그래서 일주일을 시작할 때 태양의 위치와 행성의 위치를 잇는 선과 일주일이 끝날 때 태양과 행성을 잇는 선, 또 이 동안 행성의 궤도로 이루어진 도형을 보자. 일주일마다 이렇게 그린 도형의 넓이는 같다(〈그림 3-3〉). 이 법칙은 행성이 같은 시간 동안 같은 면적을 쓸며 지나간

6) 여러분에게서 서로 다른 거리만큼 떨어져 있는 원들이 있는데 한 눈으로 보면 크기가 똑같이 보인다고 하자. 그 원들은 원둘레로부터 나와 여러분의 눈으로 들어가는 빛살로 이루어진 원뿔에 놓여 있다. 이 원뿔을 원들이 놓여 있는 면에 평행하게 자르면 물론 원이 된다. 자르는 면이 비스듬하면 타원이 된다. 원뿔을 빛살에 평행하게 자르면 포물선이 된다. 이것은 무한대로부터 접근해 와서 다시 무한히 먼 곳으로 가서 속력을 잃어버리는 행성의 궤도이다. 자르는 면을 좀 더 비스듬하게 하면 쌍곡선을 얻는다. 이것도 무한대에서 와서 무한대로 돌아가는 행성의 궤도인데 항상 얼마만큼의 속도를 가지고 있다. 그리스 사람들은 이 모든 '원뿔 단면'을 알았으며, 그래서 케플러는 이를 문헌에서 찾을 수 있었다.

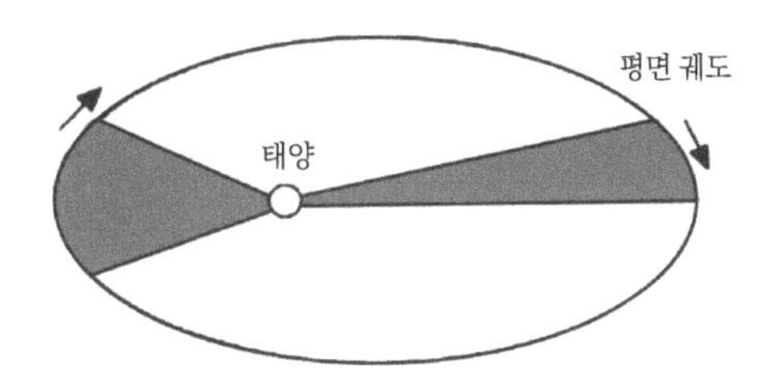

그림 3-3 I 행성은 태양 주위를 같은 속력으로 움직이지 않는다. 행성은 태양에 가까울수록 빠르다. 케플러는 행성의 위치가 어디건, 같은 시간 간격 동안 행성이 그리는 면적(어두운 부분)이 같아지도록 행성의 속도가 변하는 것을 알았다.

다는 것이다. 이 법칙으로부터 행성이 움직임에 따라 변하는 속력을 계산할 수 있다. 태양에서 멀리 있으면(원일점) 속력이 느리며, 태양에서 가까우면(근일점) 빠르다.

세 번째 법칙은 상수와 관계된다. *D*를 어떤 행성 궤도의 긴반지름이라 하고 *P*를 이 행성이 태양 주위를 완전히 한 바퀴 도는 데 걸리는 시간(주기)이라 하면, $D \times D \times D$를 $P \times P$로 나눈 것(즉 D^3/P^2)이 상수이다. 이 상숫값은 태양 주위를 회전하는 모든 행성에 대해 같다. 이는 *D*를 지구의 궤도 반지름, *P*를 지구가 태양을 도는 주기(1년)라 하면 지구의 경우에 D^3/P^2은 화성의 궤도 반지름 *D*와 화성의 주기 *P*를 대입할 때와 그 값이 같다는 것이다.

케플러는 이 결과들을 한 책에 모아 놓았다. 그는 겸손함과 대단한 긍지가 묘하게 어우러진 서문을 썼다. 서문은 다음과 같은 뜻을 담고 있다. '나는 앞으로 백 년간은 아무도 이 책을 읽지 않으리라 생각한다. 그러나 나는 개의치 않는다. 신은 자신의 업적을 누군가가 이해하여 주기를 6000년 동안 기다려 왔다.' 뉴턴(Isaac Newton, 1642~1727)이 케플러의 책을 읽은 것은 바로 약 1세기 후이다. 뉴턴은 그 법칙들을 저자보다도 더 잘 이해했다.

케플러는 신비로웠다. 그는 복잡한 사람이었다. 그는 확고부동한 목적을 가졌으며 이 목표에 도달하기 위해 놀랄 만큼 열심히 연구했다. 그의 법칙은 과학 발전에 커다란 영향을 미쳤다.

갈릴레오(Galilei Galileo, 1564~1642)는 좀 더 단순했다. 그는 전도사였으며 또한 훌륭한 과학자였지만 케플러처럼 한 가지 목적에 집착하지 않았다. 갈릴레오는 다음과 같은 의문과 마주친 최초의 사람이다. 지구는 자전하면서 공전도 하는데 왜 우리에게는 정지한 것처럼 보일까? 그는 교회 천장에 매달린 촛대가 흔들리는 것을 보았을 때 처음으로 물리학에 관한 관심이 솟아났다. 그는 촛대가 흔들리는 주기가 진폭에 무관하다는 것, 즉 촛대가 얼마나 높게 흔들리건 관계없이 완전히 한 번 흔들리는 데 같은 시간이 걸린다는 것에 주목했다. 갈릴레오는 또한 낙하하는 물체의 속도가 시간이 지남에 따라 어떻게 변하는지 조사했다. 전해 오는 이야기는 그가 자기의 결론을 확인하기 위해 피사의 사탑에서 물체를 떨어뜨렸다고 한다. 무거운 물체나 가벼운 물체나 떨어지는 데 걸린 시간이 똑같았다. 그러나 이 실험은 실제로 실시되지 않았으며 역사의 불행한 허구이다.

갈릴레오는 코페르니쿠스의 지지자였는데 그는 어느 네덜란드 사람이 망원경을 발명할 때까지 그의 생각을 드러내지 않았다. 갈릴레오는 이 새로운 발명품을 다시 만들었는데 아마도 그가 만든 망원경이 그 당시에는 가장 훌륭했으리라 생각된다. 그러고 나서 망원경으로 하늘을 관찰했다. 그는 『별로부터의 전령사(A Messenger from the Stars)』[7)]라는 책을 출판했다. 갈릴레오는 그의 책이 널리 읽히기를 원해서 학문적 언어인 라틴어를 쓰지 않고 이탈리아어로 썼다. 이 책은 그림도 완벽하고 또 선풍적인 인기를 끌었다. 갈릴레오는 자신의 이론은 단지 수학일 뿐이라는 코페르니쿠스의 경고를 무시했다. 갈릴레오는 코페르니쿠스의 공식을 따랐으나 그의 말에 순종하지는 않았다.

그의 책에서 갈릴레오는 자신이 망원경을 통해 본 것을 기술했다. 그는 달에 있는 산과 분화구를 묘사했다. 또 금성의 모양이 변하는 것, 즉 원판처럼 보이다가 어떤 때는 낫 모양으로 보이기도 하는 것을 설명해 놓았다. 또한 그는 목성 주위에 네 개의 위성이 있다는 것을 기술했는데 이는 코페르니쿠스 행성계의 좋은 모형이 된다. 갈릴레오는 맨눈으로 보기에는 너무 희미한 은하수와 별들을 관찰했다. 여기에 또 다른 논쟁거리가 있다. 어떤 성직자는 별들이 장식품일 뿐이라고 말했다. 그렇다면 신은 왜 보이지도 않는 장식품을 만들었을까?[8)]

예수 교단에 속해 있으면서 주교였던 마페오 바르베리니(Maffeo Barberini, 1568~1644)는 천문학에 흥미를 가졌다. 사실 바르베리니는 갈릴레오에게 경의를 표하여 시를 지은 적도 있었다. 교황은 불쾌하게 생각했

---

7) 실제 제목은 『Sidereus Nuncius』이다. 보통 '별처럼 빛나는 전령사'라고 번역한다. 그러나 이 번역은 과장된 점이 있어 내가 번역한 것보다 좋지 않다. 나는 그가 영어로 책을 썼다면 위와 같은 제목을 붙였으리라 믿는다.

8) WT: 그 답은 쉽다. 신은 천문학자를 좋아했다.

고 실제로 그렇게 생각할 만도 했다. 교회는 큰 조직이었으며, 융통성의 여지가 별로 없었다. 교회는 무엇이든 설명할 의무가 있었다. 코페르니쿠스가 옳다면 모든 것이 새로 설명되어야만 했다. 만약 후에 튀코 브라헤가 옳고 코페르니쿠스가 틀린 것으로 판명된다면 교회는 모든 것을 다시 철회해야만 할 것이다. 이것을 커다란 조직에서 기대한다는 것은 간단히 말해 너무 많이 요구하는 셈이다. 교회가 즉시 코페르니쿠스를 반대한 것이 무리였다. 갈릴레오는 교회로부터 코페르니쿠스의 이론을 다루기를 원한다면 양쪽의 논증을 전부 다룬다는 조건 아래서 그렇게 해도 좋다는 통고를 받았다.[9)] 확실히 갈릴레오는 아리스타르코스보다 더 나은 대접을 받았다. 갈릴레오는 그의 이론을 논의해도 좋다는 허락을 받았으며 무시되지도 않았다. 갈릴레오는 한동안 교회의 요구 사항에 순응했다.

갈릴레오의 친구였던 바르베리니 주교가 교황 우르바누스 8세(Urban VIII)로 즉위하게 되었다. 갈릴레오는 새로 교황이 된 친구에게 가서 코페르니쿠스의 이론이 옳다는 증거가 있다고 주장했다. 밀물과 썰물이 있는 것이 지구가 자전하며 움직이고 있는 증거라고 말했다. 물은 단순히 지구의 복잡한 운동을 쫓아가기가 어려웠던 것이다. 그래서 갈릴레오는 "나는 코페르니쿠스의 이론을 바탕으로 하여 밀물과 썰물을 설명했으며, 따라서 코페르니쿠스 이론이 옳음이 틀림없다"라고 주장했다.

---

9) 이러한 상황이 수세기 후에 캘리포니아 대학의 총장이었던 클라크 커르(Clark Kerr)가 대학에 보낸 다음과 같은 지침에 의해 되풀이되었다: '어떠한 정치 이론도 논의할 수 있으나 양쪽 이론을 모두 제시하라.' 극단주의자는 그들의 의견을 알릴 필요가 있을 때만 진리의 명분으로서가 아니라 '자유 토론'이라는 명분으로 반항한다.

불행하게도 갈릴레오는 그의 설명에서 두 개의 커다란 잘못을 범했다. 첫째로 갈릴레오의 이론은 밀물과 썰물이 하루에 한 번 일어난다고 설명하지만 실제로는 두 번 일어난다. 케플러는 수년간의 연구 끝에 관찰과 계산 사이의 아주 조그만 오차를 보정하기 위해 또 다른 주전원을 추가하는 것을 거부했다. 갈릴레오는 한 번과 두 번의 차를 기꺼이 무시했다!(지중해에서는 밀물과 썰물이 들어오고 나가는 것을 알아차리기 어렵다)

두 번째 잘못은 어떤 면에서 첫 번째보다 더욱 주목할 만하다. 그가 발견하여 자신의 이름이 붙은 원리를 기꺼이 무시한 점에서 그렇다. 갈릴레오의 원리란 일정한 속도로 움직이는 운동은 정지한 것과 같게 느껴진다는 것이다. 여러분이 배를 타고 여행할 때 창밖을 내다보지 않는다면, 배가 간간이 흔들리는 것을 제외하고는 배가 정지한 것처럼 느낄 것이다. 움직이는 배의 돛대 꼭대기에서 망치를 떨어뜨리면 망치는 곧장 돛대 아래로 떨어지지만 해안에 있는 관찰자는 망치가 포물선을 그리며 떨어진다고 말한다. 사람들이 코페르니쿠스를 믿는다면 이 원리는 매우 중요하다. 코페르니쿠스가 말하듯이 지구가 앞으로 움직여도 갈릴레오를 따르면 우리는 뒤로 처지지 않는 것이다. 실제로 앞으로 움직이는 운동은 관찰되지 않으며 밀물과 썰물에 영향을 주지 못한다. 그러나 갈릴레오는 자신에게 편리하다면 자기 자신의 이론도 무시했다.

갈릴레오는 그가 증명한 것을 '밀물과 썰물의 들고남(Flux and Reflux of the Tides)'이라는 제목의 책으로 출간할 계획을 세웠다. 그가 이러한 제목을 붙였다면 틀린 증명을 드러내 놓고 강조하는 것이 되어 그의 명성에 심각한 손상을 입힐 뻔했다. 이러한 면에서는 갈릴레오보다 더 훌륭한 과학자라고 할 만한 교황이 그런 제목을 붙이지 말라고 충고했다. 대신에 갈릴레오는 『위대한 두 세계관에 대한 대화(Dialogue on the Two Great Systems of the World)』라는 제목으로 코페르니쿠스와 아리스토텔레스의 세계관에 대한 책을 썼다. 이 책은 살비아티(Salviati)와 사그레도(Sagredo), 심프리시오(simplicio) 세 사람의 대화체로 되어 있다. 살비아티는 무엇이든 대답할 수 있으며, 사그레도는 항상 합리적인 질문을 하고, 심프리시오는 그 이름이 말해 주듯이 항상 어리석은 질문을 한다. 심프리시오 외의 다른 두 사람은 인내를 가지고 심프리시오에게 설명을 해 주고 나서 "신은 무엇이든지 할 수 있기 때문에 당신 말이 옳을 수도 있지"라고 덧붙인다.

교황의 주장은 모두 심프리시오의 입을 통해 나오는데 결코 우연히 그렇게 된 것은 아닐 것이다. 교황은 참을 수 없었다. 갈릴레오는 교황의 부름을 받았다. 처음에는 건강을 이유로 가지 않았다. 그가 나이가 들고 건강이 좋지 않은 것은 사실이었지만, 결국 그는 교황에게 가지 않을 수 없었다. 그는 위협을 받기는 했으나 거칠게 대접받지는 않았다. 그는 코페르니쿠스 이론을 포기하고 이를 또다시 논의하는 것을 금지당했다. 그리고 가택 연금을 당했다. 갈릴레오는 지루해서 그의 실험 결과를 기록하기도 했다. 갈릴레오는 교황에게 큰 신세를 진 셈이다. 그것은 첫째로 그를 순교자로 만들었으며 둘째로는 진정으로 과학적인 결과를 출판하도록 강권했기 때문이다. 그렇게 하지 않았다면 오늘날 갈릴레오의 이름은 이토

록 잘 알려져 있지 않았을 것이다.[10)]

과학은 취향의 문제이다. 내 취향으로는 케플러가 갈릴레오보다 더 훌륭한 과학자이다. 갈릴레오는 다른 사람이 할 수 있었거나 했음직한 실험을 했다. 케플러는 다른 사람들이 하지 않으려는 것을 했다. 케플러는 행성의 운동이 창조의 비밀을 담고 있다고 믿고 그 비밀을 발견하고자 마음먹었다. 그의 세 가지 법칙 외에도 케플러는 그리 쓸모가 있는 것은 아니지만 그가 똑같이 긍지를 가졌던 생각들을 제안했다. 이것이 그의 과학자로서의 명성을 깎아내리는 것은 아니다. 그는 간단하고도 우아한 풀이를 얻기 위하여 수년간의 작업을 기꺼이 내던졌다. 더 나아가 그의 법칙이 아니었다면 뉴턴이 자신의 연구를 발전시킬 수 있었을지 의심스럽다.

어쨌든 코페르니쿠스, 케플러, 갈릴레오, 그리고 교황 우르바누스 8세는 다음 수십 년간에 걸친 과학 혁명의 배경을 만들었다.

---

10) ET도 가택 연금이라는 합리적 판결을 내렸을 수 있다. 물론 오늘날에는 벨(Alexander Graham Bell, 1847~1922)의 전화 발명 덕택으로 그렇게 효과적이지 않을 것이다. ET는 심각한 전화 중독증으로 고통을 받을 것이다.

질문

1. 갈릴레오는 금성도 달처럼 모양이 변한다는 것으로부터 금성의 궤도가 지구보다 태양에 더 가깝다는 옳은 논의를 폈다. 갈릴레오의 논리는 무엇인가?

2. 우리에게 가장 가까운 별무리는 알파 센타우리(Alpha Centauri)이다. 이 별무리에서 가장 빛나는 별은 겉보기에 태양의 70만 분의 1만큼의 밝기로 보인다. 실제로는 이 별의 밝기는 태양보다 20% 정도 어둡다. 태양까지와 알파 센타우리까지의 거리를 어떻게 비교할 수 있는가(태양은 빛이 500초, 즉 약 8분 동안 가는 거리만큼 떨어져 있다. 이와 같이 표현하면 알파 센타우리는 얼마나 떨어져 있는가)?

3. 천문학자들은 거리를 광년 대신 파섹(pc)이라는 단위를 써서 나타낸다. 파섹은 물체의 시차가 각도로 1초 되는 거리이다. 알파 센타우리까지의 거리를 파섹으로 나타내면 얼마가 되는가?

4. 초승달과 보름달의 밝기의 비를 추정하자.

5. 갈릴레오는 두 산꼭대기 사이에서 빛의 속력을 측정하려 했으나 실패했다. 오늘날이라면 그는 성공할 수 있었을까?

4장

뉴턴

이 장에서 여러분은
하늘에서나 땅에서나 똑같이 적용되는
운동의 법칙에 대해 알게 된다.

그리스 사람들에 의하면 정지한 것이 지구 위에서의 자연적 상태이다.[1] 이렇게 하면 두 가지 이점이 있다. 즉 설명이 필요 없이 자명해 보이며, 지구 자체가 우주의 중심에 정지해 있다는 생각과 일치하기 때문이다. 그러나 갈릴레오는 코페르니쿠스의 이론을 믿었다. 그가 분명히 밝히지는 않았지만, 정지해 있거나 직선을 따르는 일정한 운동이 지상에서의 자연 상태라는 것을 시사했다. 물론 등속 원운동은 안쪽으로 향하는 힘이 없으면 일어날 수 없다. 그러나 갈릴레오도 하늘에서는 등속 원운동이 자연적이고 안으로 향하는 힘이 필요하지도 않다는 사람들의 생각과 다른 생각을 갖지 못했다. 현대의 학생은 어디에서나 등속 운동이 자연적이라고 가정하는 것이 '논리적'임을 안다. 학생들은 또 갈릴레오가 달과 지구의 겉모습이 비슷한 것을 강조했으므로 갈릴레오가 그다음 단계에서 이 비슷함을 그가 적용하고 있는 법칙으로까지 확장했어야만 했다고 말할지 모르겠다. 지나간 일을 잘 헤아릴 수 있는 사람은 많은 경우 과거에 깨닫지 못하리만큼 굳어 버린 신념 외에는 무엇이든 잘 볼 수 있다.

실에 물체를 매달아 돌려 보면 원운동과 관계되는 힘을 느낄 수 있다. 뉴턴이 논의를 시작한 곳이 바로 여기이다. 가장 중요한 점은 뉴턴이 원운동을 자세히 고찰했다는 것이다.

r을 (간단히 하기 위해) 원둘레를 따라 움직이는 행성의 위치라고 하자. 그러면 이 행성의 속도는 얼마인가? 속도는 위치의 변화(변위)를 시간

1) 이는 별이나 행성의 운동과는 대비된다. 천체들의 경우에는 운동이 '자연적'이다.

의 변화로 나눈 것이다. 이를 $\Delta \mathbf{r}/\Delta t$로 쓰기로 하자. 긴 시간을 잡아 행성이 움직인 거리를 걸린 시간으로 나누면 평균 속도를 얻는다. 행성들은 어떤 때는 평균 속도보다 빠르게 움직이기도 하고 느리게 움직이기도 한다. 여기서 뉴턴이 한 일은 Δt를 짧게 잡은 것이다[라이프니츠(Gottfried Wilhelm von Leibniz, 1646~1716)도 같은 일을 했다]. 그는 Δt를 작게 함으로써 $\Delta \mathbf{r}/\Delta t$의 극한값을 얻었다. 이 극한을 $d\mathbf{r}/dt = \mathbf{v}$라고 쓰는데 여기서 $\mathbf{v}$는 어떤 순간의 속도이다. $\Delta \mathbf{r}/\Delta t$의 극한을 취하는 것이 미분의 개념이다.

뉴턴의 출발점은 다음과 같다. 진실로 중요한 것은 속도가 아니라 속도의 변화, 즉 가속도이다. 새 차를 산 사람이 자랑삼아 가속도가 좋다고 할 때는 차가 속력을 금세 증가시킬 수 있다는 것이다(비상시에는 음의 가속도를 주는 브레이크가 더 중요하다. 실제로 물리학자들은 한쪽으로 치우치지 않는다. 그들은 속도가 증가할 때나 감소할 때 모두 가속도를 뜻한다. 우리는 이를 각기 양의 가속도와 음의 가속도라 한다). 물리학에서 가속도란 어떤 시간 동안의 속도의 변화이다. 속도의 경우와 같은 작업을 가속도에도 적용할 수 있다. 가속도는 $\Delta \mathbf{v}/\Delta t$인데 정확히 하려면 Δt가 매우 작아지도록 극한을 취해야 한다. 가속도는 $\mathbf{a}$로 쓰는데 이는 $d\mathbf{v}/dt$와 같다.

$\mathbf{v}$는 $d\mathbf{r}/dt$이고 따라서 가속도는 $d(d\mathbf{r}/dt)/dt$이며 흔히 $d^2\mathbf{r}/dt^2$으로 쓴다. 여기서 숫자 '2'는 미분을 두 번 하라는 뜻이다(2의 위치는 단지 관습적인 것이다). 여기서 여러분은 내가 주전원을 만든 그리스 사람들처럼 나쁘다고 말할지 모르겠다. 하지만 나는 앞으로의 논의에서는 세 번, 네 번

더 계속해 미분하는 짓은 하지 않을 것이다.

뉴턴은 (영국의) 케임브리지[2] 학생일 때부터 미분의 개념에 관심을 가졌다. 그 당시에 (오늘날 생태학자들의 상상을 넘어서는) 오염으로 인해 재앙이 닥쳤다. 비위생적인 상태로 인해 흑사병이 발생했으며, 이 무서운 재난 기간 동안 케임브리지가 문을 닫았다. 뉴턴은 고향인 울스소프로 돌아왔다. 그곳이 바로 21살이던 뉴턴이 위대한 발견을 이룬 장소이다(그가 사과나무 아래서 그런 발견을 하지 않았다는 증거는 없다). 뉴턴은 힘에 관심을 가졌다. 그는 힘이 가속도에 비례할 것이라 짐작했다.

내가 속도와 가속도를 말할 때 대충대충 넘어간 점이 있다. 여러분은 내가 별다른 언급 없이 속도와 가속도를 **굵은 글씨체**로 쓴 것을 이미 알고 있을 텐데, 이는 두 양이 모두 벡터라는 것을 뜻한다. 이것은 이상한 일이 아니다. 속도는 두 위치 사이의 차이를 숫자인 시간으로 나눈 것이다.[3] 따라서 속도는 벡터이다. 마찬가지로 가속도도 속도 벡터의 변화를 숫자인 시간으로 나눈 것이므로 벡터이다.

힘과 가속도가 비례한다는 생각은 자연스러운 것이다. 둘 다 벡터양이다. 힘은 등속 운동을 변화시키는 원인이다. 가속도는 등속 운동의 변화를 나타낸다. 뉴턴은 $\mathbf{F} = m\mathbf{a}$라고 주장했는데 여기서 m은 질량이다. 이 식의 뜻은 같은 질량을 가진 두 물체에 같은 힘이 가해지면 같은 가속도가 생긴

2) 매사추세츠주에도 케임브리지가 있으나 경쟁이 안 된다.

3) 우리는 시간이 공간-시간 4차원 벡터의 한 성분이라는 것을 알았다. 우리가 작은 속도를 다룰 경우에는 (뉴턴이 그랬듯이) 시간은 실질적으로 불변량이다. 그래서 시간을 단순한 숫자로 취급할 수 있다.

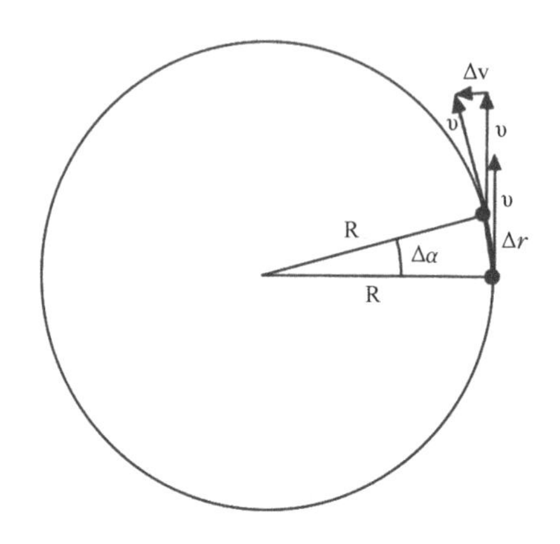

그림 4-1 | 등속 원운동에서 속도 υ와 각속도를 관계 지을 수 있다. 물체를 원운동 하게 하는 중심을 향하는 가속도 υ^2/R을 얻을 수 있다.

다는 것이다. 비슷하게 질량이 다른 물체의 반이면 반만큼의 힘을 가해도 같은 가속도가 생긴다. 실제로 쇠막대 1개와 쇠막대 반 개인 경우를 비교해 보면 그렇게 된다는 것을 알 수 있다. 만약 쇠막대를 나무토막의 경우와 비교한다면 덜 분명하다.

미분의 개념과 $\mathbf{F} = m\mathbf{a}$라는 법칙을 써서, 원둘레를 도는 등속 원운동을 논의할 수 있다. 행성이 원을 따라 Δr만큼 움직였다고 하자. 그러면 이 거리를 원둘레에 대한 비율로 나타낼 수 있다. 〈그림 4-1〉에서 각 $\Delta\alpha$는 Δr을 원의 반지름으로 나눈 것과 같다. 여기서는 $\Delta\alpha$를 도(°)로 나타내지 않고 '라디안'으로 나타냈다. 원둘레를 완전히 한 바퀴 돌면 $\Delta\alpha$는 원둘레/반지름$=2\pi$가 된다.

이제 α의 변화율을 알아보자. $\omega = \Delta\alpha/\Delta t$라 놓고 ω를 각이 변화하는 속도라는 의미로 각속도라 부르는데, 이는 그럴듯한 이름이다.

우리는 논의의 편리를 위해 ω를 도입했다. Δt시간 동안 행성이 원둘레를 따라 움직인 거리는 R을 원의 반지름이라 할 때 $\omega R\Delta t$가 된다. 여기서 Δt를 미분 규칙에 맞게 짧게 잡기로 한다. 행성이 등속 원운동을 하므로 속도의 크기는 항상 같다. 그러나 속도의 방향은 늘 변하는데, 이는 원의 중심과 행성의 위치를 잇는 직선의 방향이 바뀌는 빠르기로 변화할 것이다. 따라서 두 반지름과 $\Delta \mathbf{r}$이 이루는 삼각형과 두 개의 속도 $\mathbf{v}$와 $\Delta \mathbf{v}$가 이루는 삼각형은 닮은꼴이다. 그래서 $\Delta v/v = \Delta \mathbf{r}/R$을 얻는데 $\Delta \mathbf{r} = \omega R\Delta t$이므로 $\Delta v/v = \omega\Delta t$이고 $\Delta \mathbf{v}/\Delta t = \omega \mathbf{v}$이다. 이제 $\Delta \mathbf{r} = \omega R\Delta t$이므로 $\Delta \mathbf{r}/\Delta t = \omega R$, 즉 $v = \omega R$을 얻는다. 그러므로 가속도의 크기는 $\mathbf{a} = \Delta \mathbf{v}/\Delta t = \omega v = \omega\omega R = \omega^2 R$을 얻는다. 가속력이 $\omega^2 R$(또는 v^2/R)이고 $\mathbf{F} = m\mathbf{a}$이므로 힘은 $m\omega^2 R$이다.[4]

관찰 결과로부터 행성 운동의 정확한 법칙을 얻어 내기 위해서 케플러는 그 궤도가 원에서 가장 크게 벗어나는 화성의 궤도에 주목했다. 행성의 운동에 관한 법칙을 이해하기 위해 반대편부터 시작하는 게 가장 좋다. 등속 원운동은 행성의 운동 중 가장 간단한 경우인데 실제 행성의 운동과 크게 다르지 않다. 케플러의 세 번째 법칙은 이 경우에 R^3/T^2이 모든 행성에 대해 같다고 말할 수 있다. 전에도 논의했듯이 R은 행성의 중심과 태양의 중심 사이의 거리이다. 여기서 T는 행성이 원둘레를 따라 R만큼 가는 시간

---

4) 현명한 독자들은 dt 대신 Δt, dv 대신 Δv를 쓰려면 아주 작은 변화를 잡아야 하며, 우리가 계산에서 사인이나 코사인을 쓰는 것을 피했으며 서로 직각인 벡터를 이용했음을 알아차렸을 것이다.

으로 정의하기로 하겠다.[5] 시간 t 동안 가는 거리는 ωRt이므로 $\omega RT = R$, 즉 $\omega T = 1$이다.

케플러의 세 번째 법칙은 서로 다른 궤도에 있는 행성의 운동을 비교하고 있는데, 이로부터 행성의 궤도를 유지시켜 주는 힘과 태양과 행성 사이의 거리가 어떻게 관계되는지 알 수 있다. 케플러의 법칙(R^3/T^2 = 일정) 대신 우리는 $R^3\omega^2$이 모든 행성에 대해 같다고 말할 수 있다. 이 상수를 $K = R^3\omega^2$이라고 쓰자. 그러면 행성을 등속 원운동 하게 하는 힘은 $F = m\omega^2 R$ 또는 상수 K를 써서 $F = mK/R^2$이다. 이는 행성이 태양 쪽으로 끌리는 힘은 행성의 질량과 $1/R^2$에 비례해야만 함을 뜻한다.

갈릴레오는 목성에 4개의 달이 있음을 관찰했다. 목성의 달에도 같은 법칙이 적용될까? 그 답은 '예'와 '아니오' 모두이다. 목성의 위성의 경우에도 $R^3\omega^2$이 상수이지만 그 값이 행성의 경우와 다르다. 상숫값은 중심에 있는 물체와 관계가 있다. 그래서 K값은 태양을 도는 운동의 경우와 목성을 도는 운동의 경우가 다르다. 그렇지만 목성의 모든 달끼리는 같고, 태양을 도는 행성들끼리 같다.

지구에 달이 하나만 있다는 것은 애석한 일이다. 달이 두 개였다면 $1/r^2$ 법칙을 검증할 수 있었을 것이다. 상징적 의미밖에 없을지 모르지만, 뉴턴의 머리에 사과가 떨어졌다. 갈릴레오는 이미 지구 중력을 받는 사과의 가

5) 나는 이 초보적 공식(케플러의 유명한 초기 발견과 동등한)을 케플러의 첫 번째 법칙이라 부르기를 원한다. 그러나 알파벳의 순서나 유클리드(Euclid, B.C. 330~275)의 다섯 번째 공리처럼 관습에 의해 순서를 바꿀 수 없는 것들이 있다. 이 법칙은 뉴턴이 울스소프에서 이해한 첫 번째 법칙이었을 것이다(다른 법칙은 뉴턴의 위대한 업적이 출판되자 순식간에 이해되었다).

속도를 측정했다. 뉴턴은 앞의 공식을 써서 사과가 지구 둘레를 원운동 하기 위한 속도를 계산할 수 있었다. 그러고 나서 뉴턴은 사과(일종의 인공위성이다)와 달의 경우를 비교하여 $1/r^2$의 법칙이 성립함을 알아냈다. 물론 우주 시대에는 사과는 필요 없고 대신 (약간 비싸지만) 대기권 밖에서 공기 저항 없이 지구를 1.5시간 만에 한 바퀴 도는 인공위성을 이용한다.

중력이 끌어당기는 물체와 끌리는 물체의 질량에 비례한다는 것을 추가해야 뉴턴의 진술이 완전하고 견실해진다. 일반적인 공식은 $F = G(m_1m_2)/r^2$인데 여기서 G는 만유인력 상수이고 m_1과 m_2는 상호 작용하는 두 물체의 질량이다.

물체의 양이 두 배가 되면 이전보다 두 배만큼 강하게 끌거나 끌려야 한다는 것은 역시 그럴듯하다($F = ma$의 공식에서와 같이). 가속도를 생각하건 또는 [$F = G(m_1m_2)/r^2$과 같이] 중력을 고려하건 상관없이 '물체의 양'을 비교할 수 있음은 매우 놀라운 일이다. 질량이 두 배가 되면 가속시키는 중력이 두 배가 된다. 만약 어떤 양의 나무를 가속시키기 위한 힘이 다른 양의 쇠의 경우와 같다면 나무와 철이 미치는 중력이 같다. 이와 같이 중력 질량과 관성 질량이 같다는 것은 나중에 얘기하겠지만 아인슈타인 중력 이론의 출발점이 된다.

지금까지 말한 것은 중력의 법칙이 해, 목성, 지구뿐만 아니라 모든 사람, 모든 물체에 적용됨을 의미한다. 내가 여러분을 끌어당기고 있으며 여러분도 나를 끌어당기고 있다. 우리는 또한 간단한 기구를 이용하여 $1/r^2$의 법칙을 측정할 수도 있다. 빈방이나 차고 천장에 〈그림 4-2〉와 같이 양

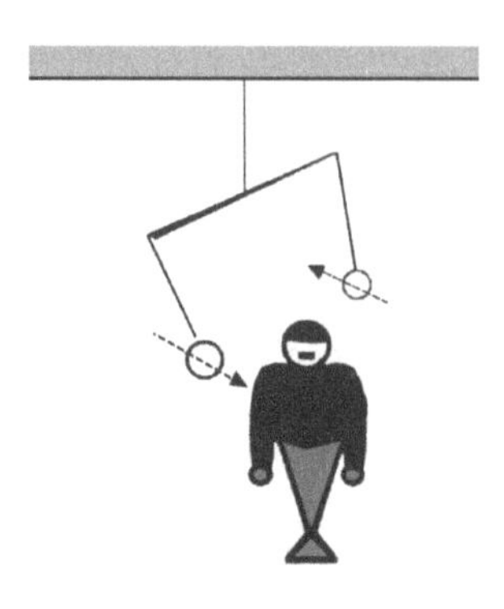

그림 4-2 | 같은 무게를 양쪽 끝에 매단 막대가 천장에 매달려 있다. 커다란 물체가 막대 한쪽에 매달린 무게에 가까이 있으면 충분한 중력을 미쳐 막대는 커다란 물체 쪽으로 회전한다.

끝에 같은 무게가 달려 있는 막대를 매단다. 모든 것이 균형을 잘 이루고 있어야 한다. 그러고 나서 매단 물체 중 하나의 근처로 커다란 물체(예를 들어 윌리엄 '냉장고' 페리[6], 역주: 시카고 베어스 팀의 미식축구 선수로 몸집이 우람함)를 가져다 놓으면 장치 전체가 회전한다(〈그림 4-2〉를 보자). 커다란 물체는 중력을 작용하며, 이 힘이 작더라도(여기서 커다란 물체라도 지구에 비해서는 크지 않으므로) 매달린 물체들이 회전하게 되는데, 이는 이 물체들이 작은 힘에도 민감하기 때문이다.

뉴턴에 의해 야기된 변화는 철저했다. 지상에서는 멈추어 있는 것이 법칙이고 하늘에서는 원운동 하는 것이 법칙이라는 것은 더 이상 옳지 않다. 지상이나 하늘에서나 $F = ma$가 옳다. 운동의 원인이나 그 변화까지도 두 곳에서 모두 같다. 예를 들어 $1/r^2$법칙은 행성이나 개미에게 모두 적

6) ET: '냉장고'라니.
WT: 아버지는 시카고에 사시지도 않고, 미식축구 경기를 시청할 시간도 없으시지요. 애석한 일입니다.

용된다. 철학적으로도 커다란 변화가 생겼는데 이는 '하나의 세상'이라는 개념이다. 나는 이를 '하나의 우주'라고 말하고 싶다. 우주에 대해 놀라운 것은 우주가 매우 크다는 것이 아니라 우주가 무척이나 균일하다는 것이다.

$F = G(m_1 m_2)/r^2$이라는 표현은 대칭적이다. 지구가 나를 잡아당기는 만큼 나도 지구를 잡아당긴다. 물론 내가 지구에 주는 효과는 미미한데 그것은 지구가 나보다 훨씬 더 큰 관성을 가졌기 때문이다.

여러분이 나를 끄는 만큼 나도 여러분을 끈다. 뉴턴은 이러한 생각을 일반화시켰다. 그는 "상호 작용하는 두 물체는 크기가 같고 서로 방향이 반대인 힘을 작용하며 이 힘들은 두 물체를 잇는 직선 위에 있다"라고 말했다. 나는 이 물체들이 서로 상대방에게만 작용한다고 가정하겠다. 이 가정의 결과로부터 '운동량(곧 이 양을 정의하겠다) 보존'의 법칙이 나온다. 어떤 양이 보존되면, 즉 변하지 않으면, 우리는 분명히 간단한 법칙을 갖게 된다. 간단한 법칙을 찾는 것이 과학의 목적이다.

첫 번째 물체에 작용하는 힘을 $\mathbf{F}_1 = m_1 d\mathbf{v}_1/dt$라고 하자. 여기서 m_1은 첫 번째 물체의 질량이며 $d\mathbf{v}_1/dt$는 그 물체의 가속도이다. 마찬가지로 $\mathbf{F}_2 = m_2 d\mathbf{v}_2/dt$는 두 번째 물체에 작용하는 힘이다. 그러면 뉴턴의 '작용-반작용' 법칙은 간단히 $\mathbf{F}_1 + \mathbf{F}_2 = 0$, 즉 $0 = m_1 d\mathbf{v}_1/dt + m_2 d\mathbf{v}_2/dt$라고 말한다.

이제 희한한 일을 해 보기로 한다. $m_1 d\mathbf{v}_1/dt$로 쓰는 대신 $d(m_1\mathbf{v}_1)/dt$로 쓰자. 이것이 아주 형편없는 짓은 아니다. 왜냐하면 미분은 변화율이고 m_1은 변하지 않기 때문이다. 따라서 m_1에 $d\mathbf{v}_1/dt$를 곱하거나 m_1에 $\mathbf{v}_1$을 먼저 곱하고 극한 과정을 취해도 그 차이가 없다. 따라서 위 식을 $d(m_1\mathbf{v}_1)/dt + d(m_2\mathbf{v}_2)/dt = 0$이라고 쓸 수 있다.

위 식의 모양을 한 번 더 바꾸자. 이번에는 $m_1\mathbf{v}_1$과 $m_2\mathbf{v}_2$를 합한 후 극한 과정을 취하기로 한다. 그렇게 하면 $d(m_1\mathbf{v}_1 + m_2\mathbf{v}_2)/dt = 0$이 된다. $m_1\mathbf{v}_1$을 운동량 또는 운동의 양이라고 부른다. 얼마나 많은가 하는 m과 얼마나 빠른가 하는 $\mathbf{v}$를 곱한 이 양을 흔히 (그 이유는 모르지만) p로 나타낸다.

위 식이 뜻하는 것은 m_1과 m_2가 상호 작용할 때 총 운동량 $m_1\mathbf{v}_1 + m_2\mathbf{v}_2$가 시간에 따라 변하지 않는다는 것이다. 또 $\mathbf{v}_1$이 변하면 $\mathbf{v}_2$가 변해야 하고 $\mathbf{v}_2$는 $m_1\mathbf{v}_1 + m_2\mathbf{v}_2$가 같은 값을 유지하도록 변해야 함을 뜻한다. 이것이 운동량 보존 법칙이다. 이 법칙은 실제로 매우 일반적으로 성립한다. 또한 이 법칙은 물체의 수에 관계없이 성립한다. 만약 100개의 입자가 상호 작용한다면 특정한 한 입자의 운동량은 변한다. 그러나 100개 입자의 운동량 총합은 같은 값을 유지한다. 이 법칙은 앞에서 말한 것을 일반화하면 어렵지 않게 나온다. 이 법칙은 굉장히 정확하게 성립한다고 증명되었다.

그리스 사람들에게는 지상의 물체의 가장 자연스러운 상태가 정지해 있는 것이었다. 뉴턴에게는 자연스러운 상태가 정지해 있거나 등속 운동하는 것이다. 그러면 왜 우리 모두는 항상 빠른 속도로 움직이고 있지 않을까? 이에 대한 해답은 또 다른 보존 법칙인 에너지 보존과 관계가 있다. 앞에서 위치 에너지를 논의했다. 높이가 h인 지점에 있는 질량 m인 구슬은 위치 에너지가 mgh인데 여기서 g는 구슬이 있는 위치에서의 중력가속도이다. 이제 구슬을 떨어뜨려 땅바닥에 부딪히기 직전의 상태를 살펴보자. 위치 에너지는 없어졌는데 이 에너지에 무슨 일이 일어났을까? 구슬은 위치 에너지는 갖고 있지 않으나 움직임의 에너지, 즉 운동 에너지를 갖고 있다. 구슬이 어떤 속력 v로 진행하다가 완전 탄성 충돌에 의하여 속도의 방향을 바꾼다면 원래의 높이 h까지 다시 올라갈 수 있다. 흔들리는 진자의 경우에도 이 같은 현상을 볼 수 있다. 매 진동마다 위치 에너지와 운동 에너지가 서로 바뀐다.

운동 에너지는 (나중에 실증하겠지만) $mv^2/2$이다. 구슬이 높이 h에서 떨어졌다면 보존 법칙은 $mv^2/2 = mgh$ 또는 $v^2/2 = gh$가 될 것을 요구한다.

위의 진술이 h에 대해 옳다고 가정하자.[7] 그러면 이는 조금 더 높은 위치 $(h + dh)$에 대해서도 옳다. 이때 두 높이의 위치 에너지 차는 dhg이다. 첫 번째 경우는 $v^2/2$이고 두 번째 경우는 $(v + dv)^2/2$인데 왜냐하면 높이가 dh만큼 높아져 구슬이 약간의 속도 dv를 더 얻었기 때문이다. 이제 그 차이,

$$\frac{(v+dv)^2}{2} - \frac{v^2}{2} = \frac{v^2}{2} + \frac{2vdv^2}{2} + \frac{(dv)^2}{2} - \frac{v^2}{2}$$

을 알아보자.

두 개의 $v^2/2$항은 서로 상쇄되고, dv가 작아 이를 제곱한 $(dv)^2$도 매우 작으므로 $(dv)^2/2$항은 무시한다. 그래서 $2vdv/2$만 남는다. 내가 한 가정은 $d(hg) = vdv$일 때만 모순 없이 합당하다. 이 양쪽을 dt로 나누면 $d(hg)/$

---

7) WT: 이같이 명백히 파렴치한 방법으로 명제를 증명하는 것은 반대할 가치도 없습니다. 슬픈 경험이지만 나는 이로부터 ET가 늘 결론으로 뛰어올랐다가 후에 어디에 떨어졌는지를 살펴보는 것을 알게 되었습니다. 여러분은 고집스러운 달팽이와 가끔 후회하는 메뚜기 중 어느 것이 더 좋습니까?

$dt = v dv/dt$를 얻는다. 그런데 $d(hg)/dt$는 g가 상수이므로 $g dh/dt$와 같다. dh/dt는 속력 v이므로 왼편은 gv가 된다. 한편 dv/dt는 가속력 a인데 이 경우에는 중력에 의한 것이므로 g와 같다. 결과적으로 우리는 등식 $vg = vg$를 얻었다.

우리는 위 논의를 Δh만큼 떨어진 경우에서 출발했는데 그 결과는 자명하게 $gh = v^2/2$였다. 계속 Δh만큼 더해도 결과는 유효하다. 그래서 우리는 모든 h에 대해서 $gh = v^2/2$라는 것을 받아들일 수 있다.

여러분은 구슬이 땅에 부딪힐 때 탄성 충돌이 아니라면 그 에너지가 어떻게 될까 궁금할 것이다. 내가 구슬 대신 분필을 떨어뜨린다면 그 에너지는 열 또는 분필이 부서지면서 소산되고 만다. 우리는 이를 6장에서 논의할 것이다. 당분간 이것을 그대로 받아들이기로 하자. 왜 우리는 계속해서 움직일 수 없을까? 우리는 일정량의 역학적 에너지를 갖고 있고 이는 보존된다. 다른 에너지가 제멋대로 만들어질 수 없다. 또한 마찰 같은 것이 이 에너지를 써 버린다.

최초의 보존 법칙을 알아차린 것은 케플러였지만 그는 이를 다른 이름으로 불렀다. 현재 우리는 이것을 케플러의 두 번째 법칙 또는 각운동량 보존의 법칙이라 부른다.

케플러의 두 번째 법칙은 태양과 행성을 잇는 직선은 같은 시간 동안 같은 넓이를 쓸며 지나간다고 말한다. 균일한 원운동의 경우는 이것이 자명하다. 타원의 경우에는 이 법칙이 자명하지 않다. 행성이 직선을 따라 일정한 속도로 움직이고 있다고 가정하자. 이 경우는 태양이 행성에 어떤

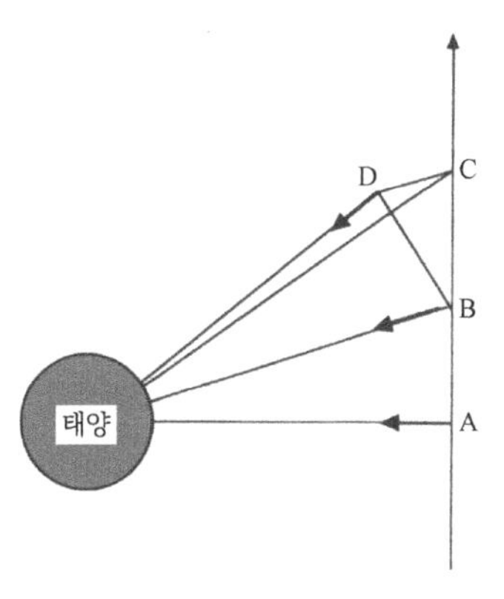

그림 4-3 | 행성에 작용하는 힘이 태양 쪽으로 향하기만 하면 케플러의 면적 속도 일정의 법칙은 옳다.

힘도 작용하지 않는 경우이다. 그러면 같은 시간 동안 그 밑변이 직선 위에 놓여 있고 그 밑변의 길이가 같은 두 삼각형을 고려하게 된다. 이 두 삼각형의 높이도 같다. 따라서 두 삼각형의 넓이는 같을 수밖에 없다.

그러나 행성은 직선을 따라 움직이지 않는다. 〈그림 4-3〉에 행성이 A에서 B를 거쳐 C로 가는 대신 A에서 B를 거쳐 D로 가는 길을 그렸다. 굵은 화살표로 표시했듯이 속도의 변화를 나타내는 방향이 태양 쪽으로 향한다. 이때 삼각형 SBC와 삼각형 SBD가 공통의 밑변, 즉 SB를 가지는 것을 볼 수 있다. 또한 DC와 SB가 평행하기 때문에 두 삼각형에서 높이의 길이가 같다. 따라서 두 삼각형의 넓이가 같다. 그런데 삼각형 SCB의 넓이가 삼각형 SDB와 삼각형 SBA의 넓이와 같으므로 이들 삼각형의 넓이가 모두 같다. 이렇게 해서 케플러의 두 번째 법칙이 증명되었다[사실은 여기서 슬쩍 속인 것이 있다. 변 CD는 SB에 평행한 것이 아니라 실은 태양 쪽을 향하고 있다. 그러나 아주 작은 시간 간격 동안에는 이에 의한 오차가 매우 작은

$(dv)^2$ 정도라서 무시할 수 있다].

증명 과정에서 태양이 끄는 힘의 세기, 다시 말해 힘이 거리에 어떻게 의존하는가는 들어오지 않았다. 단지 힘이 태양 쪽으로 향한다는 사실만 이용했다. 힘이 태양 쪽으로 향하기 때문에 태양이 행성에 토크를 미치지 못한다. 토크는 힘 벡터와 태양에서 행성까지의 변위 벡터를 벡터 곱한 것이다. 그런데 이들 벡터의 방향이 같기 때문에 (따라서 사잇각이 0이다) 토크가 없는 것이다.

각운동량은 운동량과 고정점(이 경우에는 거의 점과 같고 거의 위치가 변하지 않는 태양)으로부터의 변위를 벡터 곱한 것이다. 시간에 따른 각운동량의 변화가 토크와 같음을 보일 수 있고, 고정된 중심을 향하는 힘의 경우에는 바로 각운동량 보존과 케플러의 두 번째 법칙이 성립함을 쉽게 알 수 있다.

각운동량 보존 법칙을, 외부에서 작용하는 힘이 없고 서로를 잇는 선을 따라 작용하는 힘(중심력)을 통해 상호 작용하는 임의의 개수의 입자들이 있는 경우로 일반화하기는 약간 어렵다. 각운동량 보존 법칙은 태양계의 형성 과정을 논의하는 데 중요한 역할을 했다.

우리는 케플러의 두 번째 법칙을 좁은 삼각형의 경우에만 증명했는데, 당연히 이 좁은 삼각형을 더하거나 '적분'해야 한다. 적분이란 많은 수의 아주 작은 양을 더하는 것이다. 항들의 개수를 늘리면 각 항의 크기는 작아진다. 이러한 방법에 의해 케플러의 두 번째 법칙에 나오는 것과 같은 넓이를 계산할 수 있다.

미분이나 적분에서 극한을 취하는 과정은 비슷하다. 미적분은 영국의 뉴턴과 독일의 라이프니츠에 의해 각기 독립적으로 발전되었다. 미분과 적분은 서로 '역의 연산 작용'이다. 다시 말해 3을 곱한 것을 원래대로 하려면 3으로 나누어 주면 되는 것과 똑같이 미분은 적분한 것을 원래대로 돌려놓고 적분은 미분한 것을 원래대로 돌려놓는다.

뉴턴은 계산에서 처음에는 태양과 행성들의 질량이 그 중심점에 집중되어 있다고 가정했다. 물론 실제로는 지구의 질량이 공 모양(정확히 공 모양은 아니다) 전체에 퍼져 있다. 뉴턴은 모든 질량이 물체의 중심에 모여 있다고 가정한 것이 그가 해 온 일을 망쳐 버리지 않는다는 것을 증명해 보이고 싶었다.[8] 뉴턴은 마침내 이것을 증명했는데, 그러기 위해 그는 복잡한 계산을 거쳐야만 했다. 우리는 지금 이 어려운 계산을 피하는 간단한 방법을 알고 있는데, 이 방법은 뉴턴이 죽은 지 꽤 오랜 후에 고안되었다. 이 간단한 방법이란 패러데이의 힘선을 이용하는 것이다.

패러데이(Michael Faraday, 1791~1867)[9]는 힘선들이 무한대에서 시작하여 질량이 있는 곳에서만 끝날 수 있다고 가정했다. 또한 힘선의 수는 잡아당기는 물체의 질량에 비례한다고 가정했다. 이를 쓰면 뉴턴의 문제가 간단해진다. 행성은 (거의) 공 모양이라 대칭적이기 때문에, 힘선들은 중심 주위로 대칭적이다. 질량이 점이라고 생각하건 아니면 대칭적인

8) 울스소프에서 초기의 개념을 발견한 시점과 이 결과를 유명한 케임브리지 교수 시절에 책으로 펴낸 시점이 오랜 차이가 나는 것은 부분적으로는 이러한 우려 때문이었다.

9) 실은 패러데이가 이러한 개념을 중력과 관련하여 이용한 것은 아니고 이와 비슷한 전기와 자기 문제에 이용했다.

공 모양에 분포되어 있다고 하건 차이가 없다.

인력의 중심이 있다고 하자. 그러면 $1/r^2$의 법칙을 따라 중심이 끄는 힘을, 중심에서 퍼져 나오는 선들을 이용해 나타낼 수 있다. 이 선들의 각 밀도(단위 각에 있는 선의 수)는 균일한데, 이는 어느 방향으로나 힘의 크기가 같기 때문이다. 어떤 위치에서든 힘의 크기를 알려면 단지 단위넓이를 지나는 선의 수를 알기만 하면 된다. 예를 들어 〈그림 4-4〉와 같이 중심점 주위에 반지름이 1인 구와 반지름이 2인 구를 그렸다. 이때 선의 수는 같으나 구의 표면적(구의 표면적은 $4\pi r^2$이다)은 4π에서 16π로 늘어났다. 따라서 힘은 $1/4\pi$와 $1/16\pi$에 비례하므로 $1/r^2$의 법칙이 성립한다.

케플러의 법칙 중 첫 번째 것이 발견하기도 어려웠지만 증명하기도 어렵다. 뉴턴조차도 어려움을 느꼈다. 이것과 관련해 한 가지 이야기가 전해오는데 대부분의 이야기는 진실이 아니지만 이 이야기는 진실이다.

별들 중에서 화려한 방문자로서 가끔 나타나는 혜성은 우리가 모르는 곳에서 와서 무한히 먼 곳으로 돌아가는 것처럼 보인다. 뉴턴 시대에는 혜성들이 포물선(긴 축이 무한대인 타원이라고 생각할 수 있다)을 따라 움직이는 것으로 생각했다. 영국의 천문학자 핼리(Edmund Halley, 1656~1742)는 혜성 운동에 주기가 있음에 주목했다. 혜성들이 아주 길지만 무한대는 아닌 축을 가진 타원을 따라 움직이고 있을지도 몰랐다. 케플러의 세 번째 법칙을 따르면 그 주기가 실제로 매우 길어야 한다.

그래서 핼리는 최고의 권위자인 뉴턴에게 가서 다음과 같이 (알기 쉽게 말을 바꾸어 표현하면) 물어보았다. "타원 궤도는 중력의 역제곱법칙에서 나온다고 하는데, 이를 증명할 수 있습니까?" 뉴턴은 대답했다. "그렇소. 내가 울스소프에 있을 때 증명을 했었소." 뉴턴은 그다음 날까지 증명해 보이겠다고 말했다. 그다음 날 그는 증명한 것을 가지고 올 수 없었다. 뉴턴은 증명을 다시 할 수 없었던 것이다. 결국 그는 두 주일이 지나서야 다시 한 증명을 핼리에게 주었다.

이 이야기에는 두 개의 후편이 딸려 있다. 하나는 시간이 많이 걸리는 이야기이고 다른 하나는 짧다. 긴 이야기는 핼리가 중요한 혜성 하나가 다시 돌아온다고 예측한 것이다. 그 혜성은 핼리가 죽은 후 예측대로 나타났다. 이 혜성은 지금 '핼리혜성'이라는 아주 걸맞은 이름으로 불린다.

짧은 이야기는 더욱 중요하다. 핼리와의 경험이 뉴턴의 마음을 바꾸었다고 한다. 그 후 뉴턴은 모든 것을 기록했다. 이렇게 하여 유클리드 이후 과학에 관한 가장 중요한 출판이 이루어졌다. 그 제목은 『자연철학의 수학적 원리(Philosophiae Naturalis Principia Mathematica)』인데 줄여서 『원리(Principia)』라고도 한다. 이 책은 (항상은 아니지만) 대부분 과학을 발전시키는 쪽으로 혁명을 일으켰다.

이 책은 우주에는 한 가지 법칙이 있다는 것을 증명했다.

이 책은 물리학과 수학 사이의 견고한 연결 고리를 만들었다.

이 책은 공간을 통해 전파되는 작용의 개념을 배제시키고
원격 작용으로 대치했다.

이 책은 공간과 시간에 대한 견고한 뼈대를 세웠다.

이 책은 물리적 현상의 설명을 위하여 입자들을

생각해야만 된다는 것을 제시했다.

우리는 위 진술 중 처음 둘은 아직도 믿는다. 마지막 세 진술은 1, 2세기가 지나면서 수정되었다.

『원리』는 가련한 뉴턴을 대과학자로 변모시켰다. 위대한 업적을 이룩한 뒤에도 그의 추진력은 만족되지 않았다. 그는 조폐 국장이 되었다. 또한 연금술도 연구했다. 또한 그는 신학 논문도 썼다(나는 실제로 뉴턴을 물리학자가 아니라 신학자로 알고 있는 젊은 사람이 있다는 것을 들은 적이 있다).

뉴턴이 없었다면 오늘날 물리학은 달라졌을까? 내 추측으로 그 대답은 '아니오'이다. 그가 이룩한 업적은 천재성에 의해 이루어졌다. 그러나 그가 완성하고 만족스러운 형태로 제기한 개념들은 실제로 이미 다 나와 있었던 것이었다.

나의 의견으로는 진실한 변혁을 만든 사람은 케플러이다. 그가 생각한 타원이 아니었다면 인류는 더 긴 기간 동안 하늘에 대해 제대로 알지 못한 채로 있었을 것이다.

뉴턴은 그 당시 몇몇 사람이 평한 것보다 그가 한 역할을 더 잘 이해한 것처럼 보인다. 그는 자신을 미지의 거대한 지식의 바닷가에서 몇 개의 아름다운 조개껍질을 주운 어린이라고 평했다. 그는 그에게 처음 나타난 것보다 더 아름다운 조개껍질을 남겨 두었다.

질문

1. 아르키메데스–갈릴레오 문제:
   반지름과 무게가 같은 두 구가 있는데 하나는 알루미늄으로 만들어졌고 하나는 금으로 만들어졌는데 속이 비어 있다. 어느 것이 어떤 것인지 구별할 수 있는가?

2. 뉴턴이 그런 것처럼 지구 주위를 도는 사과를 생각하자. 사과가 지구를 한 바퀴 도는 데 걸리는 시간은 지구로부터의 거리에 어떻게 의존하는가? 특히 24시간 만에 한 바퀴 돌려면 사과가 얼마나 높이 올라가야 하는가(이 경우에 사과가 적도 위에 있다면 항상 지구 위의 같은 지점에 있는 것처럼 보인다. 이와 같은 위성은 라디오나 텔레비전 신호를 전달하는 데 이용된다. 이런 위성을 정지위성이라고 한다)?

   재미있는 여담으로, 지구 질량이 이 정도의 반지름까지 균일하게 분포한다고 하고 그래도 지구가 24시간 만에 한 번 회전한다면, 지구 중력장은 원심력에 대항해 간신히 지표층을 지탱할 수 있을 정도이기 때문에 밀물과 썰물은 큰 재난이 될 것이다.

5장

가설을 만들지 않는다

HYPOTHESIS NON FINGO

여기서 여러분은 아인슈타인의 상상이
어떻게 하여 중력에 대한 뉴턴의 단순한 주장을
대치했는지 배우게 될 것이다.

「나는 가설을 만들지 않는다」라는 이 장의 제목이 뉴턴의 긍지이다. 『원리』가 출판된 지 2세기도 더 지난 후에 아인슈타인은 이 꿈쩍 않는 건축물을 흔들어 놓았다. 아인슈타인이 몇 가지 가설을 만들었다는 것은 의심할 여지가 없다. 그러나 그 가설들은 믿을 수 없을 만큼 유용했음이 드러났다.

내가 $(ct)^2 - r^2$이 불변이라고 한 것을 기억하고 있는지? 이 진술은 시간과 공간의 기하에 대한 현대적 기반이다. 이 진술은 뉴턴의 주장, 즉 시간은 공간과 관계없고 공간의 영향을 받지 않아서 어느 곳에서나 같은 식으로 흘러간다는 것에 근거하는 뉴턴의 '사실'에 위배되는 것이다.[1)]

우리는 아인슈타인이 도입한 새로운 불변량을 가지고 앞에서와 같은 놀이를 할 수 있다. 이 불변량은 세 가지 보존 법칙, 즉 질량 보존, 에너지 보존, 운동량 보존 법칙을 하나로 합친 것인데, 이 새 불변량이란 $E^2 - (cp)^2$이다. E는 고립된 계의 에너지이고 p는 운동량으로서 속도 × 질량이며 c는 빛의 속력이다. 이제 이 불변량이 무엇인가를 이야기하겠다.

$E^2 - (cp)^2 = (m_0c^2)^2$으로, m_0는 계의 질량이다. m_0에서 아래 첨자 '0'에 대해 곧 설명하기로 하겠다.

우선 방정식에 나오는 항들은 모두 같은 종류, 즉 같은 단위로 나타낸 것인지 확인하자. 입자의 운동 에너지가 $(mv^2)/2$임은 이미 말했다. 그래서 에너지는 (질량) × (속도) × (속도)의 '차원'을 갖고 있다. 그리고 c는 속

---

1) 사실이란 모든 사람이 믿고 있는 단순한 진술이다. 사실에서 잘못이 발견되지 않는 한 사실은 결백하다. 가설이란 아무도 믿고 싶어 하지 않는 희한한 가정이다. 가설은 유용성이 없는 한 유죄이다.

도의 '차원'을, p는 (질량) × (속도)의 '차원'을 갖고 있어 cp는 에너지와 같은 종류의 양이다. 물론 m_0c^2도 같은 종류의 양이다.

앞서 말한 처음 불변량 $(ct)^2 - r^2$에서 우리는 r이 관찰자에 따라 달라진다는 것을 알았다. 이것은 별로 놀랍지 않다. 놀라운 것은 시간 또한 관찰자에 따라 달라진다는 것이다. 시간이 달라지는 것은 속도가 매우 클 때만 감지할 수 있다. 새 불변량에서도 사정은 같다. r 대신 p가 있다. r은 세 성분을 가진 벡터이고 p는 p_x, p_y, p_z, 즉 mv_x, mv_y, mv_z의 세 성분을 가진 벡터이다. 또한 시간 대신 에너지가 있다. 사건은 모두 네 개의 숫자, x, y, z, t로 규정된다. 따라서 모든 사건은 4차원 벡터이다. 관찰자가 달라지면 사건 벡터에서 x, y, z 부분은 t 부분과 얽히게 된다. 역시 4차원 벡터의 성분인 E와 p에 대해서도 같은 일이 일어난다. 이 벡터의 얼마만큼이 E가 되고 얼마만큼이 p가 되는지는 관찰자에 의존한다. 예를 들어 내가 펜을 하나 갖고 비행기를 타고 가고 있다고 하자. 이때 나에게 펜의 운동량은 0이다. 내가 펜을 잘못하여 창밖으로 떨어뜨렸다면 낙하산을 타고 있는 어떤 관찰자(공기와 같은 속도를 갖고 있다)에게는 펜이 매우 큰 운동량을 가진 것으로 보인다. 낙하산을 타고 있는 사람은 펜을 피하지 않으면 큰 상처를 입을 것이다. 따라서 운동량이 관찰자에 따라 다르다는 것이 확실하다.

E에 대해서는 어떠한가? 다른 관찰자에게도 이 값이 바뀔까? 운동량이 0이면 우리는 정지한, 즉 $v = 0$인 좌표계에 있다. 이 경우 식은 $E^2 = (m_0c^2)^2$ 또는 $E = m_0c^2$이 된다. 이것은 잘 알려진 식이다. 여기서 m_0는 정지해 있을 때의 질량(정지 질량)이라서 아래 첨자 '0'을 덧붙였다.

이제 내가 좌표계에 대해 v의 속력으로 움직이고 있다고 하자. 그러면 운동량은 $p = m_0 v$이고 에너지 E는 정지해 있을 때의 에너지 $m_0 c^2$에 운동 에너지 $m_0 v^2/2$를 더한 것과 같다. 즉 $E = m_0 c^2 + m_0 v^2/2$이다. 따라서 불변량에 대한 식은

$$(m_0 c^2 + m_0 v^2/2)^2 - (cvm_0)^2 = (m_0 c^2)^2$$

이 된다. 이 등식이 옳을까? 이를 확인하기 위해 $(m_0 c^2 + m_0 v^2/2)^2$을 계산하면 $(m_0 c^2)^2 + m_0^2 v^4/4 + 2(m_0^2 c^2 v^2/2)$가 된다. $(m_0 c^2)^2$항은 왼편, 오른편에서 서로 상쇄된다. $m_0^2 c^2 v^2$항은 운동량에서 계산된 항과 상쇄된다. 결국 $m_0^2 v^4/4$가 남는다. 이 식은 맞아떨어지지 않는다.

우리가 어디에서 틀렸을까? 에너지를 운동 $m_0 v^2/2$라고 한 것이 틀렸다. 또한 $p = m_0 v$로 놓은 것도 틀렸다. 아인슈타인에 의하면 이는 옳지 않다. 아인슈타인은 움직이는 관찰자에게는 E와 p도 t와 x가 바뀌듯이 바뀐다고 제안했다. 이것은 m_0와는 다른 $m = E/c^2$인 '질량'을 도입하는 간단한 방법으로 이루어진다. 그러면 운동량은 $p = mv$가 되고 여기서 m은 m_0보다 큰

$$m = \frac{m_0}{\sqrt{1 - (v/c)^2}}$$

라는 것이 밝혀졌다. 이때 v가 c에 비해 매우 작을 때는 뉴턴의 모든 진술이 근사적으로 옳다는 것을 알 수 있다. v가 c에 비해 매우 작으면 $m_0^2 v^4/4$가 다른 항들에 비해 아주 작다는 것은 뻔한 일이다. 일상생활에서 속도는 이

정도이며, 그러니 운동 에너지를 $m_0v^2/2$라고 하더라도 이때의 오차는 너무 작아 감지할 수 없을 정도이다. 보통의 조건에서 관찰되는 t값에 대해서도 비슷한 상황이다. 물론 속도가 매우 크면 (c값과 거의 같아지면) E는 m_0c^2에 비해 매우 커져 근사적으로 cp가 된다.

나는 에너지와 운동량에 대한 위와 같은 설명이 간단하기 때문에 마음에 든다. 이것은 세 가지 보존 법칙을 통합했다는 점에서 간단하다.

모든 속도가 작다고($v \ll c$) 하자. 이럴 때는 에너지와 정지 질량의 비는 단지 c^2 정도이다. 그래서 질량 보존과 에너지 보존이 같은 것이 된다.

이제 에너지 보존과 운동량 보존이 어떤 관찰자에게나 모두 성립한다고 가정하자. 이때 불변성이란 이러한 보존 법칙들이 다른 모든 관찰자에게도 성립함을 뜻한다. 4차원 벡터의 각 성분이 따로따로 보존된다. 새로운 좌표계(즉 다른 관찰자)에서는 각 벡터 성분들이 옛 벡터 성분들의 혼합으로 나타나며 그래서 보존되는 것이다. 보존 법칙은 벡터 자체에 대해 성립한다. 이 말은 운동량이 보존되지 않으면 일반적으로 에너지 보존도 유효하지 않다는 것으로 표현할 수 있으며 그 역도 성립한다.

지금까지 우리는 공간과 시간을 기술하는 것이 목적이었던 아인슈타인의 상대성 이론을 운동량과 에너지를 기술하는 새로운 목적으로까지 확장했다. 그러나 아인슈타인은 더 많은 일을 했다. 그는 뉴턴으로 귀착되는 간단한 개념을 단지 새로 정의한 것이 아니라, 일반 중력에 대한 뉴턴의 위대한 생각에 새롭고 합리적인 (그의 표현을 빌리면) '기하학적' 기반을 제공한 것이다. 뉴턴이 알아낸 실험적인 $1/r^2$법칙 대신, 아인슈타인은 진실로 오묘한 정신적 모험에 몰입했다. 그는 4차원 시공간의 기하학에서는 중력이란 4차원 시공간의 굴곡에 의한 당연한 결과라고 설명했다.

우리는 지금 우리 논의에서 가장 어려운 부분에 도달했음이 분명하다. 여러분이 이 부분을 빼고 그냥 뛰어넘어 가기로 작정하기 전에, 이 부분에서 얻을 이점을 얘기하겠다. 먼저 이 부분은 그리 길지 않다. 나는 여러분이 내가 설명하려는 것을 이해하리라고 진정으로 기대하는 것은 아니다. 나는 여러분이 내가 설명하는 것에 대해 직감을 갖도록 노력해야 된다고 생각한다. 또 다른 장점은 이것이 (나에게) 간단하다는 것이다. 내가 '나에게는'이란 말을 쓸 때 여러분이 소외감을 느끼지 않기 바란다. 이는 다른 것도 이해하기 쉽게 해 준다는 점에서 간단한 것이다. 희한한 것이 어려움을 주게 된다. (중력 이론에 대해 아인슈타인이 붙인 이름인) 일반 상대성 이론을 이해하기 전에는 여러분은 세상이 평평하다고 생각하는 사람과 같다. 여하튼 세상이 평평하게 보이지만 실제로는 둥글다면 도대체 아래쪽에 있는 사람들은 왜 떨어지지 않을까? 세상이 평평하다는 것이 자명한 것처럼 보이는 생각에서 세상이 둥글다는 이상한 생각에 적응하기가 어렵지만 그럴 만한 가치는 있다. 일반 상대성 이론에도 똑같은 말이 성립한다. 일반 상대성 이론은 희한하기 때문에 어렵지만 이것이 주는 보상은 이 이론이 결국은 모든 것들을 훨씬 더 간단하게 만든다는 것이다.

앞서 중력을 설명할 때, 중력에 의한 힘은 질량에 비례하고 중력가속도는 중력을 그 질량으로 나누면 된다는 것을 배웠다. 따라서 중력가속도는 모든 물체에 대해 동일하다. 이 말은 놀라울 정도로 정확히 성립하는

데, 그 이유는 무엇일까?

여러분은 의자에 앉아 이 책을 읽고 있다. 지금 여러분의 몸이 의자를 누르고 있는 것이 지구의 중력 때문이 아니라 로켓 엔진이 여러분을 가속시키기 때문이라고 해보자. 이 말은 물체가 떨어질 때 받는 가속도가 엔진에 의해 생성되는 가속도와 맞먹는다는 것을 뜻한다. 실제로 창밖을 내다보고 여러분이 지구 위에 정지해 있다는 것을 확인하기 전에는 여러분은 가속되고 있는지 중력장을 받고 있는지 구별할 수 없다. 가속도의 효과와 중력장의 효과가 같다는 것을 '동등의 원리'라고 부른다. 이 동등의 원리가 일반 상대성 이론의 핵심인 것이다.

불행하게도 가속도는 제한되고 좁은 영역에서만 간단하게 보인다. 낙하하고 있는 엘리베이터 안에서 나는 중력이 없는 자유 공간에 있다고 상상할 수 있다. 이러한 자유로운 상태는 수초 후에 끝나고 나는 충격을 받을 것이다. 내가 공전하고 있는 우주비행사라면(우주선과 나는 같은 궤도에 있기 때문에) 가속도를 느끼지 못한다. 나는 가만히 정지해 있거나 직선을 따라 움직인다고 생각할 것이다. 창밖을 내다보면 이것이 모두 틀렸다는 것을 확인하게 된다. 지구가 대폭발을 하고 있지 않다면 미국에 있는 나와 지구 반대편에 위치한 호주에 있는 내 친구는 같은 시각에 발밑에 있는 두 위치의 땅이 모두 위쪽으로 가속된다고 생각할 수는 없다. 그래서 '좁은 영역'에서 아주 유용한 동등의 원리가 조화로운 우주관과 부합하여 '넓은 영역'에서도 성립하도록 만드는 것이 문제인 것이다.

지구 표면을 단지 2차원에서 기술하려는 구면 기하학에서도 비슷한 일이 생긴다. 좁은 영역에서 여러분은 평면, 즉 구면에 접하는 평면에서 움직인다고 말할 수 있다. 그러나 전체적으로 지구 표면은 평면과는 아주 다른 성질을 가지고 있다. 구면 위에서 직선에 해당하는 것은 무엇일까? 그것은 방향을 바꾸지 않고 움직였을 때 얻는 선이어야만 할 것이다. 그것은 또한 두 점 사이에서 가장 가까운 선이어야 할 것이다. 지구 표면에서는 이것이 대원이다. 또한 지구 표면에서는 이 '직선들'은 항상 교차한다. 이러한 기하에서는 평행선이 없다(예를 들면 여러분이 같은 위도를 따라 이동하면 한 점에서 다른 점까지 가장 가까운 거리를 따라 이동하는 것이 아니다).

위대한 수학자인 가우스는 이러한 문제에 깊은 관심을 가졌다. 그는 모든 종류의 곡면에 대해 기하적 논리를 적용해 보았다. 19세기 초였던 이때, 괴팅겐 대학의 교수 지망생이었던 젊은 수학자 리만(Georg Friedrich Bernhard Riemann, 1826~1866)은 임의의 차원을 가진 공간에서의 곡면에 관한 강의를 자청했다. 가우스는 기꺼이 받아들였다. 리만의 강의는 고전이 되었으며, 또한 아인슈타인이 중력을 '기하적으로' 설명하는 기본이 되었다.

우선 2차원 곡면 기하학에 대한 이해를 더 깊게 해보자. 〈그림 5-1〉을 보자. 북극에서 남쪽으로 향하는 벡터들을 생각하자. 북극에 놓여 있는 벡터를 항상 원래 자신과 평행하도록 유지하면서, 즉 남쪽을 향하도록 하면서 옮겨 가기로 한다. 이렇게 해서 적도에 도달한 후에는 이 벡터를 역시 원래 자신과 평행을 유지하도록 하면서, 즉 항상 남쪽을 향하게 하면서

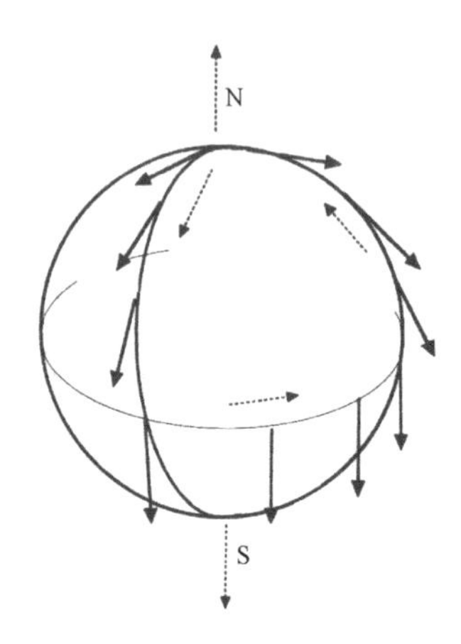

그림 5-1 | 남쪽을 향하는 벡터를 북극에서 출발시켰다. 이 벡터를 점선 화살표를 따라, 즉 적도 쪽을 향하여 아래로 움직인 다음 적도를 따라 움직이고, 다시 북쪽으로 여행시킨다. 벡터를 움직이는 동안 벡터가 지구 표면에서 항상 남극을 향하도록 조심해야 한다.

적도를 따라 100,000km를 옮긴다. 그런 다음 이 벡터를 북극으로 옮긴다(물론 움직이는 동안 벡터가 항상 자신과 평행하게 남쪽을 향하도록 유지해야 한다).

이상한 일이 생겼다. 벡터를 여행시키는 동안 항상 벡터의 방향이 평행하도록 유지했음에도 불구하고, 벡터의 방향이 바뀐 것이다. 벡터가 회전한 각도는 벡터가 여행하는 동안 둘러싼 면적에 비례한다. 벡터가 회전한 각도를 여행 중 둘러싼 면적으로 나누면 면이 '얼마나 많이' 휘어 있는가를 나타낸다. 만약 면이 예리하게 휘어 있다면 벡터는 많이 회전하게 되고 '곡률'은 크다. 면이 완만하게 굽었다면 벡터는 조금 회전하고 곡률도 작다.

구면 위에서는 어디에서나 곡률이 같다. 다른 2차원 면에서는 곡률이 상수가 아닐 수도 있다. 곡률을 알려면 우리는 언제나 조그만 삼각형 둘레를 따라 벡터를 여행시켜 벡터가 얼마나 회전했는가를 보면 된다. 그래서 개개의 조그만 삼각형에 대해 벡터가 회전한 값을 하나의 숫자로 나타낼 수 있다.

이제 상대성 이론을 설명하기 위해 2차원 대신 4차원을 생각하자. 4차원에서는 곡률이 아주 복잡하다. 4차원에서는 벡터가 어떤 면적의 둘레를 따라 여행을 하게 되면 벡터는 한 방향으로가 아니라 어떠한 방향으로든지 회전이 가능하다. 그래서 4차원에서는 곡률을 한 개의 숫자로 나타낼 수 없다. 4차원에서는 곡률을 나타내기 위해 20개의 숫자가 필요하다. 여러분은 이것이 복잡하다고 생각하겠지만 당황할 필요는 없다. 복잡한 것을 모두 다 이해할 필요는 없고 단지 곡률의 개념만 알면 된다. 곧 이러한 개념에 대해 이야기하겠다.

4차원에서 위와 비슷한 개념으로부터 나오는 신기한 결과를 설명하기 위해 시간이 포함되는 예를 들기로 한다. 1장에 나오는 안드로메다까지의 여행을 기억할 것이다. 여행 동안 나는 나이를 한 살밖에 먹지 않은 반면 지구에 남아 있는 사람은 나이가 4백만 년이나 더 들었다. 이 시간차가 일어날 수 있는 유일한 경우는 내가 안드로메다를 도는 사건뿐임을 알았다. 안드로메다를 돌 때 나는 큰 가속도를 받는데, 그것은 동등 원리에 의해 내 아래쪽에 강한 중력을 일으키는 물체가 존재하는 것과 같은 효과를 낸다. 이 시점에서 지구의 시간은 나의 경우에 비해 아주 빨리 가게 된다. 지구에서는 (내 발밑에 커다란 인력 물체가 있다는 나의 상상에 의하면)

중력 퍼텐셜이 매우 높다. 높은 중력 퍼텐셜 하에서는 시간이 빨리 가고 낮은 중력 퍼텐셜에서는 시간이 느리게 가는 것처럼 여겨진다. 아인슈타인은 시간-공간 곡률의 수수께끼를 풀려고 할 때 이러한 생각들을 해결해야만 했다. 이로부터 일반 상대성 이론이 완성될 때까지 10년이 더 걸렸다.

위에서 논의한 것과 같은 현상에 대한 특별한 이름이 '중력 적색 이동'이다. 시간이 느리게 가면 원자 내에 있는 전자는 낮은 진동수로 진동할 것이며 따라서 스펙트럼선은 빨간빛 쪽으로 이동하게 된다. 스펙트럼선이 이동하는 이유로 다른 것이 있을 수 있다. 그러나 두 개의 별이 같이 움직이는 쌍둥이별의 경우에는 스펙트럼선의 이동에 차이가 나지 말아야 한다. 만일 쌍둥이별 중 하나가 다른 것보다 밀도가 크면 그 표면에서의 중력 퍼텐셜이 더 낮아 상대방 별과 비교하여 적색 이동을 관찰할 수 있다.

지표상에서 적색 이동에 대한 아주 정확한 측정이 매사추세츠주의 케임브리지에서 이루어졌다는 사실은 놀라운 일이다. 이로써 하버드 탑의 꼭대기와 밑바닥에서 시간이 다르게 가는 정량적 증거를 갖게 된 것이다.[2)]

이제 동등 원리를 곡률의 개념과 연결해야겠다. 같은 시각에 일어나지만 서로 다른 위치에 있어서 조금 다른 중력 퍼텐셜의 영향을 받는 사건을 생각하기로 하자. 두 사건 사이의 거리 r과 두 사건 사이의 시간 t로 이루어진 벡터를 닫힌 길 둘레를 따라 움직이기로 한다. 실제로는 벡터를 닫힌 길을 따라 움직이게 하는 대신, 시작점과 끝점이 같은 두 개의 길을 따라

---

2) 그 차는 너무 짧아 학년도의 기간을 조절할 정도는 되지 못한다.

움직이게 할 것이다. 이는 닫힌 길을 따라 한 바퀴 도는 것과 같다. 첫 번째 길은 '조금 기다렸다' 벡터를 1m 아래로 움직이는 것이고, 두 번째 길은 먼저 벡터를 1m 아래로 변위시키고 '조금 기다리는' 것이다. 적색 이동으로 인해 두 길에서 '조금 기다리는' 것이 같은 효과를 주지 않을 것이다. 두 개의 다른 길을 따라 이동한 벡터들은 서로 다른 방향을 향할 것이다. 실제로 두 벡터의 끝점에서의 (처음에 두 벡터가 같은 시각에 출발했기 때문에 값이 0이었던) 시간 간격은 같지 않다. 4차원 공간은 구부러져 있는 것이다.

우리는 중력 현상을 힘선으로 표시할 수 있음을 알았다. 우리는 또한 이 선들이 질량이 있는 영역이 없으면 끝나지 않는다고 했다. 이는 빈 공간에서는 들어가는 선의 수와 나오는 선의 수가 같아야 한다는 것을 뜻한다.[3] 우리는 이러한 생각들이 공간의 곡률과 어떻게 연관되는가에 대해 더 이상 이해하기 어려우나 그 결과를 대략 그려 볼 수는 있다.

공간은 균일하지 않은 중력장이 존재하면 언제나 휘게 된다. 다시 말해, (곡률을 만드는) 질량이 있는 바로 그 지점뿐만 아니라 그 주위까지도 곡률이 있게 된다. 자유 공간에서 들어오고 나가는 선의 수가 같다는 법칙은 앞에서 적색 이동을 논의한 것과 같이 그리 어렵지 않게 증명할 수 있다. 여기서 $1/r^2$법칙이 나오며, 아인슈타인은 (가속도와 중력의) 동등 가설을 이용하여 과감하게 세상이 4차원일 뿐만 아니라 구부러져 있다는 생

3) 우리는 4장에서 $1/r^2$ 법칙을 유도하기 위해 이러한 사실을 이용했다.

각을 하게 되었다. 아인슈타인은 곡률과 질량(그리고 이와 관계되는 물리량들) 사이의 관계를 그럴듯하면서도 산뜻한 방법으로 추정했다. 아직 아무도 그의 학설을 개선하는 길을 찾지 못했다.

위와 같은 추정이 옳다는 것을 보여 주는 하나의 예는 케플러의 법칙이 이상하게도 정확히 맞지 않는 것이다. 실제로 수성이 타원을 따라 움직이지 않고, '장미꽃 모양의 매듭' 궤도를 따라 움직인다. 방금 나는 공간의 곡률에서 $1/r^2$법칙을 얻어 낼 수 있다고 말했다. 이 법칙은 태양에서 어느 정도 거리만큼 떨어져 있어야 근사적으로 성립한다. 수성은 태양에 가장 가까운 행성이며 따라서 태양에서 이 정도 거리에서는 수성의 궤도를 설명하기 위해서 공간의 곡률을 고려하여 케플러의 법칙을 약간 수정해야 한다.

또한 공간의 곡률은 빛이 무거운 물체 주위를 지나칠 때 어떻게 되는가를 설명해 준다. 실제로 빛은 일반 상대성 이론에 따라 태양 주위를 지나갈 때 휘게 된다.

이와 같은 미세한 효과 외에, 우리는 참으로 대단한 현상을 이해할 수 있게 되었다. 초신성이 그것이다. 초신성이란 확 타올라서 태양보다 1000억 배 더 강한 빛을 내는 별이다. 우리는 이 별의 내부가 무너지면서 방출되는 중력 에너지가 바깥으로 나와 빛으로 바뀐다고 믿고 있다. 최초로 기록된 초신성은 중국 황실 천문학자에 의해 서기 1054년에 관찰된 것이다. 그는 밝기와 위치를 정확히 기록했기 때문에 우리는 그 초신성의 위치를 알고 있다. 이미 '끝나 버린' 이 초신성을 보고자 한다면 매우 거대한 별 구름인 게(Crab)성운 쪽을 보면 된다. 게성운 중간에 아주 희미한 별이 있는

데 이것이 원래 초신성이었던 것으로 믿고 있다. 이 별은 물의 밀도의 10^{14} 배만큼 진하며, 매초 30번씩 회전하는 펄서이다. 이 별에 대해 공부해 보자. 이 별의 밀도가 높기 때문에 약한 장에만 잘 들어맞는 근사 법칙인 뉴턴의 중력 이론으로는 충분하지 않다. 아인슈타인 이론이 여기서 제 역할을 하게 된다.

우리는 초신성이 블랙홀을 만들 수 있을 정도로 격렬하게 무너진다고 본다. 별들의 종류 중 블랙홀을 부줌(Boojum)[4]이라고 부를 만하다. 여러분이 거기 빨려 들어가면 여러분을 '다시는 못 만날 것이다.'

아마 여러분은 이 모든 것이 간단하다는 것에 동의하지 않을지 모르겠다. 상대성 이론 중 많은 부분을 나는 감히 설명하려고도 하지 않았다. 그러나 이 이론은 자연의 일부인 중력을 개념적인 것, 그래서 근본적으로는 간단한 것, 즉 기하학으로 바꾸어 놓았다.[5]

어리둥절한가? 이 분야를 한 번, 두 번 아니 스무 번을 생각해 보더라도 여전히 어리둥절한 상태일 것이다. 어리둥절한 것이 나쁜 것은 아니다. 이는 이해하는 첫 번째 발걸음이다. 이러한 주제가 어리둥절하지 않다면, 여러분이 이를 이해하고 있다고 상상하고 있을 뿐이라는 것을 뜻한다. 그러면 여러분은 이 주제를 더 이상 생각하지 않게 될 것이다. 여러분이 정신을 차릴 수가 없다면, 여러분은 이 이론을 이해하지 못했음을 알고 있는

4) 루이스 캐럴(Lewis Carroll, 1832~1898)의 『괴물 스나크 잡이(The Hunting of the Snark)』를 보자.

5) ET는 이것이 엄청나게 어지러운 기하라는 것을 완전히 받아들이지 않는다. 물리학자는 수학을 도구라고 생각하기 때문에 어려울 이유가 없다고 생각한다.

것이다. 이 이론이 재미있지만 복잡하다는 것을 깨닫기 전에는 이해하기 시작한 것이 아니다.

여러분의 혼란스러움에 위안을 줄 수 있는 예를 들어볼까? 아인슈타인이 노벨상을 받은 것은 상대성 이론으로써가 아니라 그가 1905년(상대성 이론에 관한 논문을 발표하기 시작한 해)에 제안한 다른 논문 때문이다. 그는 파동 운동이라고 생각되어 왔던 빛이 알갱이처럼 행동한다고 주장했다. 역시 이상하지만 이 간단한 이론으로 그는 물리학자가 받을 수 있는 최고의 상을 받았다.

질문

1. 1054년에 중국 황실 천문학자에게는 오늘날 천문학자들이 별의 밝기를 알기 위해 사용하는 사진 건판이나 다른 기구가 없었다. 오늘날 우리는 그가 초신성에서 관찰했던 밝기가 감소했는지 어떻게 알 수 있을까?

2. 빛이 속도 c로 움직이는 입자라 하고, 가속도가 $1/r2$ 법칙을 따른다고 가정할 때 태양에 의해 빛이 얼마나 휘는지 추정해보자(실제 휘는 정도와 공간 곡률을 고려해 계산하여 얻은 휘는 정도는 이보다 거의 2배 이상이다).

6장

통계역학

: 무질서 또한 법칙이다

여기서 여러분은 열과 분자의 영구 운동에 대하여 배운다.
그러나 원자의 영구 운동을 영구 기판을 움직이는 동력으로는
결코 사용할 수 없다는 사실도 알게 된다.

원자설(또는 원자들이 결합하여 만들어진 분자라고 부르는 것에 대한 분자설)의 중요한 용도 중 하나는 열(熱) 현상을 분자의 운동으로 설명한 것이었다. 여기서 중요한 점은 분자 하나하나의 운동을 자세히 살필 필요가 없다는 것이다. 통계적인 설명으로 충분하다. 그래서 '통계역학'이라는 명칭이 나왔다.

가장 잘 알려진 예 중 하나가 기체의 압력을 벽에 부딪히는 분자의 운동으로 설명하는 것이다. 분자의 수가 증가할수록 압력이 커질 것이라는 점은 명백하다. 개개의 분자가 각기 독립적으로 마음대로 움직이는 기체의 경우에는 압력이 밀도에 비례한다는 점이 전혀 놀랍지 않다.

압력이 온도에 비례한다는 두 번째 설명은 그렇게 자명하지 않다. 그것은 아직 온도가 무엇인지 말하지 않았기 때문이다. 우선, 열은 분자의 운동으로 인해 비롯된다고 말해 두자. 분자가 더 빨리 쏘다닐수록 더 뜨거워진다. 실제로 온도는 기체를 이루는 분자의 운동이 지닌 운동 에너지에 비례한다.[1] 분자의 질량을 m, 그리고 그 속도의 크기를 v라고 하면, 분자의 운동 에너지는 $mv^2/2$이다. 압력이란 벽에 부딪힘으로써 벽에 운동량을 전달해 주는 분자 때문에 생긴다고 말했다. 운동량은 mv이다. 또한 압력은 분자가 벽에 부딪히는 횟수에 비례해야만 된다. 분자가 더 빨리 돌아

---

1) WT: 온도가 원래 그렇게 정의된 것은 아니잖아요!
ET: 그렇지. 기체의 부피를 이용한 측정에 의해 정의되었지. 그렇지만 시간을 측정하는 경우에도, 시간이 원래는 모래시계와 사제(司祭) 천문학자들에 의해서 정의되었다는 말을 하지 않았던가?
WT: 그렇더라도 사실은 사실이지요.
ET: 이론의 장점이란 단지 몇 가지 사실만 기억하고서도 우리가 말하는 것이 무엇인지 안다고 주장할 수 있는 것이지.

다닐수록 더 자주 벽에 부딪힐 것이다. 그러므로 압력은 분자의 속도와 분자의 운동량을 곱한 것에 비례하지 않으면 안 된다. 즉 $(mv) \times (v) = mv^2$에 비례한다. 그래서 압력과 운동 에너지가 비례해야만 된다는 것은 그럴듯하다. 그러면 온도는 압력에 비례한다고 정의되며, 따라서 온도는 분자의 운동 에너지, 다시 말해 병진 운동의 운동 에너지의 평균값에 비례한다.

온도가 기체를 이루는 원자의 평균 운동 에너지에 비례 상수를 곱한 것과 같다고 한다면 흥미로운 의문이 떠오른다. 그 비례 상수가 모든 종류의 분자에 대해 다 같을 것인가? 예를 들면, 산소 분자는 수소 분자보다 질량이 16배나 더 크다. 주어진 온도에서, 산소 분자의 빠르기는 (평균해서) 수소 분자 빠르기의 1/4밖에 안 될까? 그래야만 (실질적으로 운동 에너지 그리고 또한 압력을 말해 주는) mv^2값이 산소 분자나 수소 분자의 경우에 다 같게 된다. 정말 그렇다!

이것은 통계역학에서 간단하면서도 기본이 되는 법칙, 즉 에너지는 더해지고 확률은 곱해진다는 것과 연관되어 있다. 이 말을 이해하기 위해, 두 분자가 충돌하는 경우를 보자. 충돌 전후에 두 분자의 운동 에너지 합은 같아야만 된다. 이는 에너지가 보존되기 때문이다. 이 기체에 충돌을 일으킨 특정한 두 분자가 포함될 확률 또한 충돌 전후에 변하면 안 된다. 그것은 하나가 다른 하나의 인과 관계로 따라오기 때문이다. 그러나 두 분자가 포함될 확률은 두 분자가 각기 자신의 에너지 상태에 존재할 확률을 곱한 것과 같다.

에너지는 더해지고 그 합은 보존된다. 확률은 곱해지고 그 곱은 변하지 않는다. 이러한 일은 에너지와 확률 사이에 어떤 연관성이 존재해야만 이루어질 수 있다. 그리고 주어진 온도에서, 이 연관성은 질량이 다른 모든 분자에 대해 똑같아야만 성립한다. 만일 이것이 성립하지 않는다면, 질량이 다른 분자가 충돌했을 때 에너지와 확률이 모두 함께 보존될 수는 없다. 물론 온도가 충돌과 함께 변하지는 않는다. 정말이지 온도란 실제로 많은 무작위적인 충돌의 결과로 생긴 것이다.[2)]

잠깐 다른 얘기를 해보자. 정말 잠깐이면 된다. 온도를 무한히 낮게 만들 수는 없다는 사실은 마음에 드는 일이다. 그렇지만 온도를 높게 만드는 데는 한계가 없다. 분자에다 원하는 만큼 얼마든지 많은 에너지를 줄 수 있다. 그러나 분자가 움직이지 않는 경우는 특별히 생각해야 한다. 이때 운동 에너지는 0이며, 따라서 우리는 이때의 온도를 '절대영도'라고 부르는 것이다. 더 이상 차게 만들 수는 없다. (얼음은 0℃에서 녹고 물은 100℃에서 끓는) 섭씨로 절대영도는 -273.15℃이며, 따라서 보통 실내 온도는

---

2) WT: 애리조나에 큰 운석 구멍을 만들었던 지구와 운석이 충돌한 경우에는 어떤가요? 그때도 온도가 증가했나요?
ET: 굉장히 많이 증가했지.
WT: 정말인가요?
ET: (방어적으로) 나는 '온도'가 정해진 다음에 일어나는 열적 평형에서의 충돌에 대해서만 이야기하고 있지.
WT: 아버지께서는 유론법(역주: 문제점을 증명하지 않은 채 그것을 사실로 가정하여 논하는 방법)을 쓰고 계십니까?
ET: 그래. 내가 말하고자 하는 것은 나는 일관되게 유론법을 쓸 수 있다는 것이다. 통계역학이란 복잡한 세상을 자체적인 모순 없이 간단한 방법으로 말하는 것이지.
WT: 굉장한 단순함이군요.
ET: 이제 기브스(Josiah Willard Gibbs, 1839~1903)의 단순성에 대해 더 말할 기회가 있을 거야. 통계역학 분야에서 유일하게 정직한 사람이지.

약 300K이다.[3)]

요약하자면, P를 압력, κ는 상수, 그리고 n을 1cm^3(또는 1cc)에 포함된 분자의 수라 하면 $P = \kappa T n$으로 쓸 수 있다. 이 식은 기체의 압력은 '절대영도'와 실제 온도의 차이, 그리고 1cm^{3}에 들어 있는 분자수의 단위로 측정된 밀도에 비례한다는 것을 말해 주는 데 불과하다.

이제 어떤 특정한 에너지값 E를 지닌 분자를 발견할 확률이 그 에너지에 어떻게 의존하는지에 대한 방법을 말해야 할 때가 되었다. 확률은 $P \sim e^{-E/kT}$에 비례한다. 여기서 온도 T는 절대영도를 기준으로 측정되었다. 절대영도에서는 지수가 음으로 무한대이며 따라서 확률은 어떤 유한한 에너지에서도 모두 0이 된다. 절대영도에서는 고려하고 있는 계가 가능한 가장 낮은 에너지를 갖는다. 실제로 여기서 도입된 지수 함수가 바로 지수들은 곱해지고 (실험에서와 같이) 에너지는 더해지는 유일한 함수인 것이다. 지수 함수의 성질에 대해서는 대기의 밀도가 고도(高度)에 의존하는 방법과 연관 지어 더 논의하게 될 것이다.

확률이 에너지와 온도에 이렇게 의존하는 것을 볼츠만 인자라고 부르며, 비례 상수 k는 볼츠만 상수이다. 통계역학이 간단하고 효과적인 이유는 바로 어떤 분자에서나 그리고 물질의 어떤 상태에서나 k가 같다는 사실 때문이다.

예를 들어 설명하면 이 모든 것이 더 분명해진다. 대기의 밀도가 높이

---

3) 이때 대문자 K는 켈빈(William Thomson Kelvin, 1824~1907) 경의 첫 글자를 땄다. 그가 온도 측정에서 이러한 '절대' 온도 척도를 도입했다.

에 따라 어떻게 분포되는지 살펴보자. 비록 그렇게 옳지는 않지만 높이 올라가더라도 온도는 일정하다고 가정하자(실제로는 위로 올라가면 처음에는 온도가 내려가다가, 아주 높은 고도에서는 훨씬 더 더워진다. 사실 대기 전체로 보아서 온도가 변하는 폭은, 온도를 제대로 측정한다면, 즉 절대영도부터 측정한다면, 그리 크지 않다).

이제 두 고도, z와 $z + dz$ 사이의 (〈그림 6-1〉을 보자) 공기 기둥을 생각하자. 고도 $z + dz$에서보다 고도 z에서 떠받쳐야 할 공기가 더 많기 때문에, 고도 z에서의 압력이 고도 $z + dz$에서보다 더 크다. 압력이 고도에 따라 변하는 비율은 두 고도 사이의 대기 밀도에 비례한다. 그런데 온도는 변하지 않는다고 가정했으므로, 압력과 밀도는 비례한다. 그래서 $dP/dz = aP$가 성립하며, 여기서 a는 상수이다.

이 식을 두 가지 방법으로 바꿔 보자. 첫째, 고도가 높아지면 압력이 작

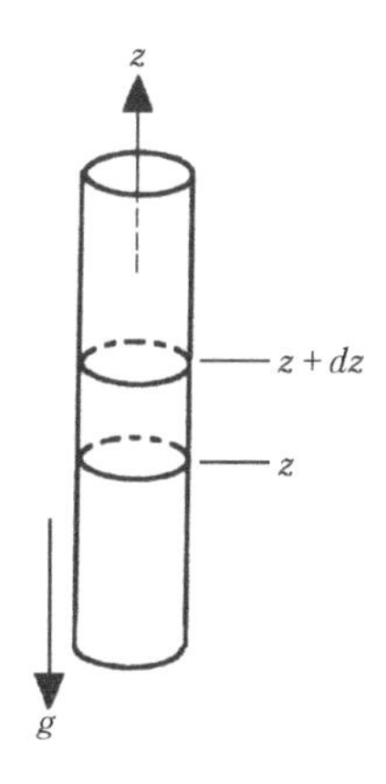

그림 6-1 | 공기 기둥. 중력이 아래 방향을 향하기 때문에 z에서의 압력이 $z + dz$에서보다 더 큼을 유의하자.

아지는 것을 알고 있으므로 $dP/dz = -aP$라고 써야만 한다. 둘째, $dP/dz = -aP$라는 공식을 좀 더 정확하게 만들 수 있다. 압력의 변화는 실제로 단위 면적마다 두 고도 사이에 포함된 공기의 무게이다. 이 무게는 $gnmdz$인데, 여기서 g는 중력가속도이고 m은 입자의 질량이다. 그래서 위의 공식은 $dP = -gnmdz$ 또는 $d(n\kappa T) = -gnmdz$라고 다시 쓸 수 있다.

앞에서 κT는 변하지 않는다고 가정했다. 그러므로 $d(n\kappa T) = \kappa Tdn$이다. 고도 z가 변함에 따라 입자의 밀도 n이 어떻게 변하는지에 대한 명확한 방법을 얻음으로써 우리의 논의를 좀 더 발전시키자. $dn/dz = -(gm/\kappa T)n$이다. 그런데 n과 P는 오직 상수 인자만큼만 차이가 나므로, $dP/dz = -(gm/\kappa T)P$인 것도 똑같이 옳다. 이 식은 압력이 변하는 비율은 압력에 비례한다고 말한다.

만일 이 식에서 마이너스 부호가 없다면, 인구 증가와 같은 문제를 다루는 경우가 된다. 인구가 변하는 비율은 현재 인구에 비례한다. 식에 마이너스 부호가 있으면, 인구 감소의 경우가 될 것이다. 감소하는 비율은 남아 있는 것에 비례한다. 이런 종류의 공식은 압력이 '지수 함수'로 나타나도록 만든다. 지수 함수가 무엇을 의미하는지는 다음과 같이 설명할 수 있다. 적당한 고도 z_0까지 올라간다면, 압력이 10배 감소한다. 만일 같은 고도 z_0만큼 더 올라간다면, 압력은 다시 10배 더, 즉 100배가 감소하게 되며, 계속 이런 식으로 된다. 그러면 압력을 $P = 상수 \times 10^{-(z/z_0)}$라고 쓸 수 있다(이 식으로 계산하면, 실제로 z가 0에서 $z = z_0$까지 변하면 압력이 10배 줄어들고, 만일 $z = 2z_0$이면 P는 100배나 줄어든다). 여기서 지수의 규칙,

$10^x \times 10^y = 10^{(x+y)}$를 잊으면 안 된다.

지수 함수로 증가하거나 감소하면 일들이 예상한 것보다 훨씬 더 빠르게 일어난다는 사실을 경고하지 않을 수 없다. 이 경고는 다음과 같은 전설적인 페르시아 왕에 대한 이야기를 들으면 실감이 난다. 그는 똑똑한 한 신하에게 장기 놀이를 발명한 공로로 상을 주려고 마음먹었다. 왕은 그 놀이가 너무 재미있어서 신하에게 원하는 것은 무엇이든 들어주겠다고 제의했다. 그 신하는 금이나 보석을 원하는 대신에 다음과 같이 지나치지 않은 듯한 것을 원했다. "판 위의 첫 번째 네모 칸에는 낱알 한 개, 두 번째 네모 칸에는 낱알 두 개, 세 번째 네모 칸에는 낱알 네 개, 이런 식으로 놓아 주세요. 즉 다음 네모 칸으로 갈 때마다 낱알의 수를 두 배로 놓아 주세요." 이것이 지수적인 증가이다. 임금은 "그래, 고작 그것이 네가 원하는 전부냐?"라고 물었다. 그러나 r번째 네모 칸까지 왕은 신하에게 모두 합해서 2^{r-1}개에 달하는 밀알을 주어야만 했다. 이 신하가 요구한 것은 낱알 수로 약 10^{21}개, 그리고 무게로는 약 10^{14}톤에 달했으며, 왕궁의 거대한 창고에 든 밀을 모두 합하여도 신하의 요구를 다 들어줄 수가 없었다. 재미있는 이야기가 흔히 그렇게 끝나듯이, 이 이야기도 그 똑똑한 신하가 처형을 당했는지, 아니면 무한한 권력을 얻었는지 마지막이 어떻게 끝나는지 전해 내려오지 않는다. 그러나 왕이나 우리가 명심할 것은, 지수 함수를 주의할 것!

압력에 대한 공식을 쓰면서, 수학자는 10 대신에 숫자 e를 사용한다.[4)]

4) 숫자 e를 사용하면 $dx/dz = x$와 같은 식의 풀이가 간단히 $x = e^z$로 주어지는 이점이 있다.

이 수는 3보다 약간 작다(더 정확히 말하면, $e = 2.7184$[5]이다). 이제 마지막 결과는 압력이 $e^{-gmz/\kappa T}$에 비례한다는 것이다. mg는 분자에 작용하는 중력이며 gmz는 분자의 위치 에너지임을 기억하자. 그래서 E_p를 위치 에너지라 하면 압력이 실제로 $\exp(-E_p/\kappa T)$에 비례한다. 이 비례 관계는 모든 종류의 조건에서 다 성립한다. 우리는 실제로 온도 T가 중요한 역할을 하는 공식을 발견했다. 이 공식을 일반화시킨 것이 바로 초보적인 논의에 의해 앞에서 이미 추측을 통해 얻은 것이다. 또한 이를 비교하여 가상적인 상수 κ가 볼츠만 상수와 같음을, 즉 $\kappa = k$임을 알았다.

이제 위치 에너지를 갖는 분자를 가정하자. 이 분자는 낙하하면서 위치 에너지를 운동 에너지로 바꾼다. 이 과정에서 분자의 수, 다시 말해 그런 분자를 발견할 확률은 변하지 않는다. 이때 $e^{-E/kT}$로 주어지는 양을 생각해야만 한다. 여기서 E는 총 에너지이다. 이 $e^{-E/kT}$는 분자가 상대 분자와 충돌하지 않는 이상 변하지 않는다. $e^{-E/kT}$는 그 분자를 발견할 확률을 측정하는 척도이다. E가 클수록, $e^{-E/kT}$는 작다. 이것은 분자가 에너지를 더 많이 가질수록 그런 종류의 분자를 발견하기가 더 어려워짐을 의미한다.

실제로, 볼츠만 인자 $e^{-E/kT}$는 통계역학의 내용에서 실질적으로 중요하고 진정으로 흥미로운 부분이다. 계의 일부가 어떤 특정한 성질을 가질 확률에 대한 완전한 표현은 두 인자의 곱으로 되어 있다. 그중 한 인자는 흥

---

5) e라는 수는 소수점 아래 무한히 많은 숫자를 갖는다. 미국 역사를 잘 아는 사람은 소수점 아래 아홉 자리를 $e = 2.7$(앤드루 잭슨)^2 또는 $e = 2.718281828\cdots$이라고 외울 수 있다. 앤드루 잭슨(Andrew Jackson, 1767~1845)은 1828년에 미국 대통령으로 당선되었기 때문이다. 반면에 수학을 잘 아는 사람은, 이것이 미국 역사를 기억하는 좋은 방법이 된다.

미롭고 다른 한 인자는 흥미롭지 못하다. 앞에서 방금 설명한 볼츠만 인자는 흥미로운 것이다. 한 원자의 경우에, 선험적(先驗的) 확률이라 부르는 흥미롭지 못한 인자는, 원자를 찾는 공간을 넓게 잡을수록 원자를 더 찾기 쉽다고 말한다. 또한 가능한 운동량(또는 속도) 값에 대해 더 넓은 범위를 허용할수록, 더 찾기가 수월해진다고 말한다. 계의 일부가 특정한 성질을 가질 확률에 대한 완전한 공식은 $dxdydzdp_xdp_ydp_ze^{-E/kT}$에 의존한다. 여기서 마지막 인자를 제외한 나머지는 모두 자명하고, 별로 흥미롭지 못하지만 여전히 없어서는 안 된다.[6)]

이 모든 것이 볼츠만(Ludwig Boltzmann, 1844~1906)에 의해 지난 세기말에 분명하게 밝혀졌다. 그렇지만 가장 명확한 설명을 해준 과학자는 별난 과학 선생인 조사이어 윌러드 기브스였다. 그는 그의 생각이 나타내는 구체적 현실에 대해 놀랄 만한 존중심을 갖고 있었다. 예를 들면, 그는 칠판에 글씨를 써서 액체의 압력이 그 밀도에 어떻게 의존하는지 보여 주는 데는 아무런 어려움도 없었다. 그러나 밀도와 압력 그리고 온도가 변할 때 액체가 어떻게 행동하는지 보여 주기 위해서는 3차원 모형이 필요

---

6) WT: 왜 $dxdydzdp_xdp_ydp_z$로 주어지는 인자를 선험적 확률이라고 부르지요? 왜 '이미 알고 있는 확률'이라고 부르지 않지요?

ET: 내가 젊었을 때 라틴어를 너무 많이 배웠기 때문이지(역주: '선험적'은 라틴어에서 유래한 apriori를 번역한 것임). 그 밖에 중요한 이유가 윌러드 기브스의 유명한 책 『통계역학의 기초 원리 Elementary Principles in Statistical Mechanics(1902)』의 처음 몇 쪽에 지적되어 있지. 만일 에너지가 보존되고 위치와 운동량이 x에서 $x+dx$, y에서 $y+dy$, z에서 $z+dz$, p_x에서 p_x+dp_x, p_y에서 p_y+dp_y, p_z에서 p_z+dp_z 범위로 한정된다는 조건 아래서 독립적으로 움직이는 한 보따리의 입자들을(즉 분자들을) 생각하면, 위치 x, y, z도 변하고 운동량 p_x, p_y, p_z도 변할 것이야. 그러나 그 곱인 $dxdydzdp_xdp_ydp_z$는 변하지 않고 그대로 남아 있지.

했다. 그는 손으로 그 모형을 허공에다 그리곤 했다. 강의를 계속하면서, 그는 허공에 그린 (눈에 보이지 않는) 이 모형을 인용하곤 했는데, 그 현실성을 깨뜨리지나 않을까 염려하여 그것을 밟고 지나가지 않기 위해, 또 조심스럽지 못하게 손으로 구멍을 내지 않기 위해 몹시 조심했다. 오늘날 컴퓨터의 기적을 활용한다면, 기브스는 자신의 손의 움직임을 컴퓨터 화면에다 자동으로 투영시킬 수 있는 컴퓨터 주변기기를 사용하여 장갑을 그릴 수도 있었을 것이며, 적당한 안경을 사용하여 학생들이 이를 삼차원적 모형으로 볼 수도 있었을 것이다.[7)]

통계역학을 알기 쉽게 설명하기 위해, 기브스는 이 장의 시작 부분에서 흥미로운 볼츠만 인자가 왜 나와야만 되는지를 보여 준 것과 같은 방법을 사용했는데, 다만 그는 이를 간단하면서도 추상적으로 사용했다. 기브스가 제시한 주요 논점은 이렇다. 두 개의 계, 즉 에너지가 E_1과 E_2인 두 분자가 존재한다고 가정할 때 이 두 분자는 서로 상호 작용을 하지만 그 밖에 다른 모든 것으로부터는 고립되어 있다면, 이 계의 총 에너지 E_1+E_2는 보존되어야만 한다. 반면에 두 계가 동시에 존재할 확률은 두 고립된 확률을 곱하여 얻어진다(두 주사위가 모두 '1'이 나올 확률은 1/36이다. 이는 각각의 주사위가 '1'이 나올 확률인 1/6을 제곱한 것이다). 그러면 두 계가 동시에 존재할 확률에 대한 볼츠만 인자는 $e^{-(E_1+E_2)/kT}=e^{-(E_1)/kT}e^{-(E_2)/kT}$이어야만 한다.

---

7) 기브스는 자신의 시대보다 한 세기 정도 앞서기 때문에 단지 약간 미쳤다고 할 수 있다. 확실히 그는 8장에 나올 신사인 데모크리토스(Democritos, B.C. 460~370) 다음 두 번째로 불쌍한 신세였다.

$E_1 + E_2$는 두 분자의 총 에너지임을 유의하자. 만일 두 분자가 충돌한다면, 충돌 후에는 새로운 에너지 E_1'과 E_2'을 갖게 될 것이다. 그러나 총 에너지는 보존되어야만 하기 때문에, $E_1' + E_2'$은 $E_1 + E_2$와 같다. 충돌 전후에 두 분자를 함께 발견할 확률이 같아야만 되므로 이와 같이 에너지가 보존되는 것은 매우 편리하다. 그래서 기브스는 확률이 에너지에 의존하는 방법이 확률은 곱하고 에너지는 더하는 방식으로 의존해야 한다고 주장했다. 그렇게 할 수 있는 유일한 방법은 확률이 지수 함수를 통해 에너지에 의존하는 경우뿐이다. 이와 같은 것은 두 분자에서뿐만 아니라 상호 작용하는 서로 다른 두 계에서도 똑같이 성립한다. 기브스의 이러한 논의가 바로 **통계역학**의 기초인 것이다.

통계역학을 기반으로 설명할 수 있는 세 가지 변화하는 계의 예를 살펴보자. 이는 빠른 변화, 느린 변화, 그리고 매우 느린 변화이다.

빠른 변화의 예로, 물질이 농축된 정도가 갑자기 증가(또는 감소)하는 경우를 생각하자. 변화가 일어나는 영역은 팽창(또는 수축)하여 그 행동을 이웃 영역에 알려 주고, 그다음 이웃 영역도 연이어 팽창하거나 수축하는 것이 계속된다. 이 교란이 움직이는 속도를 음속(音速)이라 부른다. 공기 중에서의 음속은 공기에서 분자의 평균 속도라고 짐작하기는 어렵지 않다(고체나 액체에서는 그렇지 않은데, 공기에서는 원자나 분자의 성질이 더 특별한 역할을 하기 때문이다). 절대온도가 300K인 실온은 공기 분자의 평균 에너지가 $kT/2 = mv^2/2$임을 의미한다. 여기서 $k = 1.37 \times 10^{-16}$erg/K이고 공기의 평균 분자량을 $m = 28.8/6.02 \times 10^{23}$이라 하면, 공기 분자의 평균 속도는 약 v_{rms}[8] = 290m/sec 정도가 될 것이다. 그런데 보통 온도와 보통 압력인 공기 중에서 음속은 331m/sec이다. 이 계산에서 중요한 부분은 상수의 조합인 k/m이다. 그것은 분자의 지름을 모르더라도 음속을 안다면 k/m을 구할 수 있기 때문이다. 느린 과정의 예로서, 움직이지 않고 얌전히 숨어 있는 스컹크의 존재를 (또는 한껏 멋부린 숙녀의 향수 내음을) 알아내는 데 얼마나 오래 걸릴지 생각해 보자. 냄새를 지닌 분자들이 진원지를 떠나 공기 분자와 반복되는 수많은 충돌을 거친 뒤에야 우리 코까지 도달한다. 매번 충돌할 때마다, 냄새를 띤 분자는 방향 감각을 잃어버린다. 분자들은 천천히 확산하는데, 매번 길이가 λ인 발걸음을 내딛지만 n번 충돌한 후에도 처음 나온 곳으로부터 단지 $\sqrt{n}\lambda$까지밖에는 더 멀리 움직이지 못한다.[9] 공기에서는, $\lambda = 10^{-5}$cm이며(분자 크기의 약 천 배)[10] 냄새가 고약한 분자는 약 2×10^4cm/sec의 속도로 움직인다. 만일 그것이 옳다면, 분자들은 1초에 $2 \times 10^4/10^{-5} = 2 \times 10^9$번 충돌하며 한 시간 동안

---

8) ET: 아래 첨자 rms는 속도의 제곱을 평균한 것의 제곱근을 취한 것이므로 평균 제곱근(root-mean-squa)를 의미하지. 미안하네.
WT: 괜찮습니다.

9) 만일 N번 충돌한 후에 분자가 거리 L_N만큼 움직였다면, 그리고 직각으로 튕겨 나갔다면, 다음 충돌 후에 도달할 거리는 $L_{N+1} = L_N + \lambda^2$이 될 것이다. 튕겨 나가는 방향을 평균하면, 직각이 된다. L_{N+1}이 더 크든지 더 작을 확률은 같다. 그래서 L^2은 한 번 충돌할 때마다 평균하여 λ^2씩 증가한다. 그래서 n번 충돌한 후에는 그 결과가 $L^2 = n\lambda^2$이 된다.

10) 19세기 말에 로슈미트(Joseph Loschmidt, 1821~1895)는 공기가 액체 상태에서는 기체 상태보다 밀도가 천 배나 더 크다는 사실에 주목하고, 앞에서 언급한 음속과 확산에 관한 결과를 이용하여 실질적으로 정확한 분자의 크기를 얻었다. 실제로 밀도가 천 배 더 크면, 충돌할 확률도 천 배나 더 증가하지 않을 수 없다. 그래서 평균 자유 거리는 10^{-8}까지 감소하는데, 이는 분자 정도의 크기이다. 마흐(Ernest Mach, 1838~1916)와 같이 의심 많은 사람을 설득하기 위해 로슈미트가 그와 같은 일을 한 것은 아니라는 것이 역사적 사실이다.

굉장히 많은 수의 분자들이 단지 $(\sqrt{7.2\times10^{12}})\times10^{-5}$cm = 27cm밖에 움직이지 않는다. 물론 통풍 장치나 부채 등의 도움을 받으면, 몇몇 분자는 훨씬 짧은 시간에 훨씬 먼 거리를 똑바로 진행하여 우리의 코까지 도달하기도 한다. 만일 그렇지 않다면, 스컹크는 자신을 보호할 수 있는 다른 방법을 모색했어야만 했을 것이다.

세 번째로서, 매우 느린 과정의 예는 화학 반응이다(이것은 폭발과 같이 제어할 수 없는 빠른 반응의 속도와 비교한 화학 반응의 속도를 말한다). 왜 정상적인 화학 반응은 음속보다 훨씬 더 느리게 퍼지는 것일까? 그것은 안정된 분자는 활성화 에너지 E_a라고 부르는 미는 힘을 극복한 경우 외에는 분자들끼리 서로 충분할 정도로 가까이 접근하지 못하기 때문이다. 그러므로 볼츠만 인자 $e^{-E/kT}$를 사용하면, 그런 반응은 천천히 진행할 것이다. 화학자들은 만일 온도를 10℃ 올리면, 화학 반응은 절반밖에 안 되는 시간 안에 일어나리라는 주먹구구식 규칙을 가지고 있다. 실제로 E_a/kT가 약 20이라면, e^{20}은 5억이고 e^{-20}은 5억 분의 1이다. 이런 경우에 공기와 비슷한 밀도를 지닌 기체 사이의 반응은 1초 조금 못 되는 동안에 한 번씩 발생할 것이다. kT를 실온에서 계산했다고 가정하자. 즉 T = 300K였다고 치고 310K로 가 보자. 그러면 E_a/kT = 19.4이며 반응 비율은 $e^{0.7}$, 즉 대략 두 배 정도 증가하며, 이것은 화학자들의 주먹구구식 규칙과 같다. 만일 E_a/kT가 약 40이라면, $\exp(-E_a/kT)$는 5억 분의 1의 5억 분의 1이며, 그런 반응이 한 번 일어나려면 여러 해를 기다려야 할 것이다. 화학자들이 다루는 대부분의 반응은 E_a/kT값이 20에서 40 사이이다.

마지막으로 한마디만 더하자. 분필 한 조각을 떨어뜨리면 어떻게 될지 생각해 보자. 분필의 위치 에너지는 운동 에너지로 바뀌고 분필이 땅에 떨어지는 순간에는 그 운동 에너지가 부서진 조각들의 위치 에너지와 조각들이 떠는 진동 에너지로 바뀐다. 마지막에는 이 진동들이 무질서한 '열(熱)적 운동'의 원인이 된다. 이제, 이 과정을 거꾸로 진행할 수 있을까? 즉 분필 조각들이 언젠가는 스스로 조립되어 내 손으로 뛰어오를 수 있을까?

그 대답은 어렵다. 아니, 참, 참, 참으로 어렵다. 분필의 경우 그것이 낙하하는 동안에는 모든 분자가 다 같은 방향으로 떨어진다. 분필이 땅을 때리는 순간에는, 모든 에너지는 여러 방향의 진동 에너지로 가 버리며, 이것이 나중에는 결국 무질서한 온도 운동을 낳는 원인이 된다. 질서가 무질서로 바뀌었으며 그러한 변화는 거꾸로 진행될 수 없다.

이제 새로운 법칙이 나왔다. 무질서한 정도는 항상 증가하지 않으면 안 된다. 이러한 무질서는 언제든지 측정할 수 있지만, 보통 아주 익살스러운 방법으로 측정된다. 그 이유는 과학자들이 게을러서 곱하기보다는 단순히 덧셈을 하고자 하기 때문이다. 이것을 모면하기 위하여, 그들은 지수의 반대인 로그를 사용한다. 이제 무질서는 확률을 측정하는 척도이다. 확률은 곱해져야 한다. 무질서가 증가하는 것은 확률이 증가함을 의미한다. 그래서 '무질서'도 곱해지지 않을 수 없다. 과학자들은 무질서의 로그를 취해 '엔트로피'를 얻으며, 엔트로피는 곱해지는 대신 더해진다는 좋은 성질을 지닌다.

이제 처음으로 보존 법칙이 아닌 법칙을 갖게 되었다. 제2차 세계 대전

동안, 우리는 흔한 U^{238}동위 원소에서 U^{235}동위 원소를 분리해 내는 연구가 필요했다. 이런 분리 작업은 위험할 수도 있었는데, 어떻게 하면 이 임무를 가능한 한 안전하게 진행할 수 있는가를 연구해야 하는 임무가 내게 맡겨졌다. 또한 내가 발견한 것들을 레슬리 R. 그로브스(Leslie R. Groves) 장군이 이끌고 있는 군인들로 구성된 위원회에 보고하지 않으면 안 되었다. 나는 이 안전 문제를 논의했는데, 가끔 그로브스 장군이 "틀림없습니까, 박사님?"이라고 중간중간 말을 가로채며 묻기도 했다. 드디어는 엔트로피를 이해하지 못했음이 분명한 어떤 대령이, "모든 U^{235}가 우연히 한 방향으로 진행하고 모든 U^{238}은 다른 방향으로 진행하는 상황이 벌어진다면, 위험하지 않을까요?"라고 물었다.

"그런 상황은 위험할 수 있지요"라고 나는 설명했다. "그런데 그것은 마치 방 안의 산소 분자가 모두 책상 밑으로 기어들어 가면 우리가 숨이 막힐까 봐 걱정하는 것이나 마찬가지지요"라고 말을 이었다. 그랬더니 그로브스 장군이 "그런 일도 가능하다고 인정하시는군요!"라고 중얼거렸다. 나는 좀 퉁명스럽게 그 말에 대답했다. "만일 장군이 앞에서 물어본 질문들이 모두 그와 비슷한 의심 때문이었다면, 나는 조금도 걱정하지 않겠어요." 그때 매우 존경받는 과학자인 톨먼(Tolman) 박사가 들어와서 나를 구해 주고 설명했다. "텔러 박사가 의미하는 것은 실제로 그런 일이 일어나기란 불가능하다는 것입니다." 장군은 내 대답을 흔쾌히 받아들이고 그

다음부터는 내가 말하는 것을 다 믿었다.[11]

실제로 만일 그로브스 장군이 갑자기 우주가 질서 있게 움직이도록 만들 수 있다면, 그는 매우 부자가 되었을 것이다. 예를 들면, 그는 어떤 수자원(水資源) 부족도 해결할 수 있으며, 동시에 에너지 위기도 해결할 수 있다. 그는 단순히 뉴욕항 같은 곳에서 큰 물통에 물을 담아 오기만 하면 되었다. 그리고는 빨리 움직이는 입자는 모두 물통의 한쪽으로만 통과하게 만들고 천천히 움직이는 입자는 모두 다른 쪽으로 통과하게 만든다. 빨리 움직이는 입자가 있는 곳에서는 물이 끓을 것이므로 그로브스 장군은 이를 증기 기관에 사용할 수 있다. 천천히 움직이는 입자들은 얼음으로 바뀔 것이고, 만일 그로브스 장군이 충분히 조심한다면 어떠한 불순물도 제거할 수 있으므로 식수를 얻을 수 있다.

빨리 움직이는 입자와 천천히 움직이는 입자를 분리함으로써 영구히 움직이는 기관을 만들겠다는 생각은 맥스웰(James clerk Maxwell, 1831~1879)에 의해 처음으로 논의되었고, 분자들에 방향을 일러 주는 교통 경찰관을 그의 이름을 따 '맥스웰의 도깨비'라고 불렀다. 오랫동안 왜 그러한 기계가 작동하지 않는지에 대하여 (어떤 때는 비과학적으로) 논쟁이 이루어졌다. 그러나 그러한 기계는 무질서가 항상 증가한다는 법칙에 모순된다. 이 문제에 가장 멋진 해결책을 제공한 사람이 헝가리에서 물리를 공

---

11) 그로브스 장군은 과학을 이해하는 데 약간 느렸는지 몰라도, 사람들이 흔히 변덕을 부릴 수 있다는 것과 같은 인생살이 문제를 이해하는 데는 아주 재빨랐다. 나는 그로브스 장군에 대해 더한 존경심을 품고 그 회의에서 나왔다.

부하던 학생인 레오 실라르드(Leo Szilard, 1898~1964)였다. 그는 교통 경찰관이 엔트로피를 감소시킬 수 있다면, 경찰관 자신의 엔트로피가 증가하지 않으면 안 될 것이라는 점을 지적했다. 달리 말하면, 맥스웰의 도깨비가 빨리 움직이는 입자와 천천히 움직이는 입자를 분리할 수 있다고 하더라도, 그렇게 하면서 자신은 땀을 흘리지 않을 수 없을 것이다. 맥스웰의 도깨비에 의해서 얻은 정보는 통계역학의 계산에 정량적으로 포함되어야 한다. 실라르드의 논문은(이것이 그의 박사 학위 논문이었다) 오늘날 '정보 이론'이라고 불리는 과학 분야의 실질적 시작이었다.[12)]

통계역학은 한 입자의 행동을 논의하는 것이 아니라 입자들 모임의 행동을 논의하기 때문에 좀 기묘한 과제이다. 이 분야를 처음으로 공부하기 시작하는 사람들은 통계역학이 재미있기는 하지만 그것은 단지 통계에 지나지 않는다고, 즉 그것은 몇 개 되지 않는 입자에는 실제로 적용할 수 없다고 말하는 경향이 있다. 그래서 초보자는 다음과 같이 생각한다. 만일 10개의 입자가 있다면(통계학자는 믿을 만한 결과를 얻기 위한 자료로서는 이 숫자가 너무 작다고 생각할 것이 틀림없다) 초보자는 맥스웰의 도깨비의 도움을 받아 잔재주를 부릴 수 있다는 것이다. 이와 같은 주장의 치명적 결함은 이 입자들을 충분히 긴 시간 동안 고려하거나 입자들의 그러한 모임을 여러 개 생각하면, 통계역학의 법칙이 적용된다는 데 있다. 비록 통계역학이 평균에 기반을 두고 있다고는 하지만, 그 법칙을 사용하는

12) 정확히 말해(그 시점에서는 엄밀성이 필수적이었다) 실라르드는 교통 경찰관이 분자의 교통정리를 한다면 생기게 되는 최소의 엔트로피 증가를 정의해야 했다.

방법만 알면 보편적으로 적용할 수 있는 이론이다. 어떤 의미로는 통계역학이 확률과 평균을 가지고 좀 더 기본적인 방법을 사용하는 양자역학의 예고편이라고 볼 수도 있다.

질문

1. 만일 달걀을 내 입맛에 맞게 삶는 데 샌프란시스코에서 3분, 덴버에서는 6분 걸리고 이 두 장소에서 물이 끓는 온도는 각각 100℃와 90℃임을 알고 있다면, 샌프란시스코의 달걀에서 E_a/kT값은 얼마인가?(통계역학에서는 절대온도 눈금을 사용하며 절대영도는 −273℃임을 기억할 것)

2. 매우 더운 날, 방을 시원하게 하려고 냉장고 문을 활짝 열어 놓는다면 어떤 효과가 있을까?

7장

전기와 자기
즉 진공의 구조

여기서 전기와 자기가
공간과 시간보다
더 복잡하게 얽혀 있다는 것을
보이겠다.

지금까지 나는 '과학은 단순해야 한다'라는 나의 철학을 여러분에게 확신시키고자 했다. 이제부터는 일을 더 간단히 하는 대신 복잡하게 만들려고 한다. 이것이 실제로 과학이 진행하는 과정의 일부이다. 어떤 사람이 무엇인가를 이해하면 그것은 간단하다. 그리고 새로운 현상을 추가하면 상황이 더 복잡해진다. 이 새로운 현상을 조직화하면 상황이 다시 간단해진다.[1)]

다음 장에서 논의하겠지만 물질은 분자로 이루어졌고 분자는 다시 원자로 만들어졌다. 원자는 중심에 놓인 무거운 핵과 가벼운 전자들로 이루어졌다. 핵과 전자는 자연적으로 전기를 띠고 있고 그 전기적 성질로 인해 서로 묶여 원자를 이루게 된다. 분자들도 역시 전기적 힘에 의해 묶여 있다. 물질의 근본적 성질은 전기적이다. 폭발 시 방출되는 에너지는 전기적 힘이 재배열된 결과이다. 전기적 힘은 너무 강해 보통 때는 전하를 따로 떼어 놓기 힘들다. 전기적 힘의 효과는 쉽게 관찰되지 않았으며 아주 가끔만 알아차릴 수 있었다. 이러한 전기적 힘은 19세기에야 체계화되고 이해되었다.

중력은 뉴턴 시대까지 이해되지 않았는데 그 이유는 전기와 반대되는 이유, 즉 중력이 너무 약하기 때문이었다. 여러분이 이 책을 잡아당기는 힘은 매우 조심스러운 측정을 하지 않는 한 알아차릴 수 없을 만큼 작다. 중력이 알아차릴 수 있을 정도로 커지려면 물체의 크기가 한눈에 들어오지 않을 만큼 커져야 한다.

---

1) WT: 그럴듯하네요. 아버지께서는 여러분에게 여러분 자신이 간단한 상황으로 다시 돌아오려면 많은 노력과 (어떤 때는) 신통력이 끼어들어야 가능하다는 (3장을 참고하시오) 경고를 하는 것을 잊었습니다. 과학의 결과를 간단성이라 한다면, 그 추진력은 놀라움이라 할 수 있습니다.

전기적 힘이 상호 작용하는 방식은 중력 질량이 상호 작용하는 방식과 비슷하다. e_1과 e_2를 전하라 하고 그들 사이의 거리를 r이라 하면 이들 사이의 힘은 e_1e_2/r^2이다. 이를 쿨롱의 법칙이라 한다. 질량 m_1과 m_2가 있을 때 만유인력에 대한 뉴턴의 법칙은 $-G(m_1m_2/r^2)$인데 여기서 G는 중력 상수이고 마이너스 부호는(관습적으로) 서로 잡아당기는 힘을 나타낸다.

이 두 법칙은 두 가지 점에서 서로 다르다. 첫째, 쿨롱의 법칙에서는 G가 없다. 상수 G가 나오는 것은 질량을 정의할 때 중력 상호 작용을 기초로 한 것이 아니라 관성에 근거했기 때문이다. 이것이 중요한 차이점은 아니다. 사실 전하는 쿨롱 법칙에 아무런 상수도 필요하지 않도록 정의되었다.

또 다른 차이는 뉴턴의 법칙에 마이너스 부호가 있는 것이다. 전기적 힘은 그렇지 않은데, 그 이유는 전하에는 두 종류, 즉 양의 전하와 음의 전하가 있기 때문이다. 만약 e_1과 e_2가 모두 양이거나 음이면 이들의 곱은 양수가 되어 그들 사이의 힘은 쿨롱 법칙에 따라 미는 힘이 된다. 만약 한 전하가 양이고 다른 전하는 음이면 그 곱은 음수가 되어 끄는 힘이 된다.

한 개의 원자나 분자에는 같은 양의 양전하와 음전하가 들어 있다. 서로 반대되는 전하들이 상대를 단단히 붙들어 놓아 거의 떨어지지 않은 채로 있다. 실제로 그들은 떨어질 수 있으며 그러면 전기가 나타날 수 있다.

그렇게 서로 떨어지는 현상이 일어나서 물질이 '전기화'된 것으로 관찰되자 처음에는(두 번째나 세 번째도 마찬가지겠지만) 아주 이상한 일로 보였다. 그리스 사람들은 여기에 이름을 붙였지만 설명을 할 수 없었다. 설명은 2000년이 지난 뒤에야 나왔다.

그리스 사람들은 자기(磁氣)에 해당하는 단어도 갖고 있었지만, 전기와 자기가 연관된다는 것을 전혀 몰랐다. 실은 이 두 현상을 연관시킴으로써 뉴턴의 혁명을 뛰어넘는 현대 물리학을 향한 첫걸음이 시작되었다.

가장 흔히 관찰되는 현상은 건조한 날에 마른 빗으로 물기 없는 머리를 빗을 때 생기는 '정(靜)' 전기이다. 머리를 빗을 때 머리카락에서 빗으로 전하가 옮아간다. 이렇게 되면 머리카락이 전하를 갖게 되고 따라서 머리카락들이 옆에 있는 머리카락을 밀게 된다. 그 결과로 머리카락들이 서로 멀리 떨어지려 하고 머리카락이 서게 되는 것이다.

또 다른 전기 현상인 번개는 물론 원시인들도 알고 있었겠지만 이것이 근본적으로 전기적이라는 것은 알지 못했다. 번개가 전기적 현상임을 보인 사람은 미국의 신문기자이고, 정치가이자 발명가였던 벤저민 프랭클린(Benjamin Franklin, 1706~1790)이었는데 그는 이를 보이기 위해 무모할 정도의 (극도의 조심성을 가지고 행해졌지만) 실험을 했다. 다행스럽게도 그는 실험하기 전에도 그가 하고자 하는 일을 잘 알고 있었으며 그 후 아주 오랫동안 살았다.

무엇이 번개를 만드는가? 물방울이나 얼음 조각이 공기 중에서 떨어질 때 이들은 공기 중의 산소 분자나 다른 분자들에 전하를 준다. 비벼서 떨어져 나온 전하량이 충분히 많으면 이들은 먼 거리를 뛰어 옮아가서 '큰 불꽃'을 만든다. 방전 시에 실제로 일어나는 것은 전하, 즉 전자(電子)[2]가

2) 전자에 대해 후에 많은 이야기를 할 것이다.

아주 큰 속도로 가속되어 보통의 분자에 부딪혀 다른 전자를 튀쳐나오게 만드는 것이다. 이제 이 두 전자는 가속되어 다른 분자들에 부딪혀 네 개의 전자가 나오게 되는데 이러한 과정이 계속된다. 전자들의 수가 산사태처럼 기하급수적으로 증가한다. 이렇게 하여 많은 양의 전기가 한 방향으로 움직이게 되고 이 에너지는 빛, 열 또는 소리로 방출된다. 이것이 번개가 만들어질 때 일어나는 대략의 과정이다. 프랭클린은 이를 전혀 몰랐다. 그는 단지 짐작을 시작했을 뿐이며 결과적으로 제우스(Zeus)와 토르(Thor)가 실질적인 전기의 신이라는 것을 증명했다. 오늘날까지도 실제로 어떤 일이 일어나는지 자세히는 알지 못한다.

번개는 공기를 통해 이동한다. 공기는 전기가 통하지 않는 부도체이다. 전기가 잘 통하는 도체 물질도 있다. 부도체와 도체의 차이는 매우 크다. 전화선을 보면 이는 구리선과 같은 도체로서 바깥이 부도체로 둘러싸여 있다. 여러분이 전화를 쓰면 목소리가 전기적 신호로 바뀌어 전선을 타고 전달된다. 이 전기적 신호는 도체를 따라서는 수천 km를 갈 수 있지만 부도체를 따라서는 10분의 1cm도 못 간다.

프랭클린 시대에는 번개가 유일한 큰 전기적 현상이었다. 2세기 전에는 전기 발전이나 전자공학의 진보는 아무도 상상할 수 없었던 일이다. 벤저민 프랭클린조차 "물질이 전기적 힘에 의해 뭉쳐져 있습니까?"라는 말에 귀가 번쩍 뜨일 것이다.

이탈리아 물리학자 알레산드로 볼타(Alessandro Volta, 1745~1827)는 1800년에 다량의 전기 흐름에 대한 첫 증거를 찾아낸 사람이었다. 그

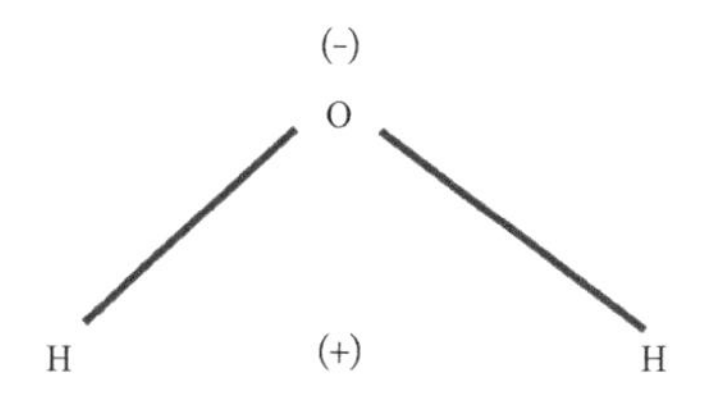

그림 7-1 | 물 분자에서 원자들은 직선상에 놓여 있지 않다.

의 발견은 화학과 전기 사이에 분명한 관계가 있다는 것을 알게 해 주었으며 물을 통해 전하가 움직이는 것을 이해할 수 있게 해 주었다.

물은 나쁜 도체이지만 좋은 부도체도 아니다. 물에 염류(예를 들어 화학 기호 NaCl로 쓰는 염화나트륨—여기서 'Na'는 나트륨이고 'Cl'은 염소이다)를 풀면 좋은 도체가 될 수 있다. 중요한 점은 물에 녹은 것은 원자나 분자가 아니라 '이온'이라는 것이다. 이온이란 전하를 띤 원자이다. 이 경우에 전자가 한 개 없어진 나트륨 원자인 Na^+(양이온[3]이라 부른다[4])와 전자를 한 개 더 가진 염소 원자인 Cl^-(음이온)이 있다. 이러한 것을 물에서는 할 수 있지만 공기나 벤젠과 같은 액체에서는 할 수 없는 것은 왜 그럴까?

물은 두 개의 수소 원자와 한 개의 산소 원자(화학자들은 H_2O로 쓴다)로 이루어졌다. 물 분자에서 원자들은 직선적으로 배열되어 있지 않고 〈그림 7-1〉에서와 같이 꺾여 있다. 수소에서 나온 전자가 수소보다는 산

---

3) 이온이란 말은 영국의 화학자 마이클 패러데이가 만든 그리스 말인데 '쉴 새 없이 움직이는'이란 뜻을 가지고 있다. 나중에 보겠지만 실제로 이온은 전극(용액 속으로 늘어뜨린 전선의 끝) 쪽으로 '쉴 새 없이 움직인다'(WT는 곧장 이온을 '고-고 원자'라고 부를 것을 제안할지 모르겠다).

4) 혼동하지 않기 위해 설명하면, 전자는 음전하를 갖고 있기 때문에 Na^+에 '+'가 있는 것은 전자가 한 개 줄어든 것을 나타낸다.

소 근처에 더 가까이 놓여 있어 물 분자의 한쪽은 음전하가 많고 한쪽은 양전하가 많다. (단순하게 모형으로 생각하면) 물 분자는 양극과 음극을 갖고 있어 이를 쌍극자(雙極子)라고 부른다.

주위에 아무것도 없으면 NaCl을 Na^+와 Cl^-로 분해하는 데 많은 에너지가 소요된다. 그러나 주위에 물이 있으면 Na^+주위에 있는 물 쌍극자들은 그 음극을 이온 쪽으로 향하고 Cl^- 주변의 물 분자는 양극을 이온 쪽으로 향한다. 이렇게 되면 충분한 에너지가 나와 NaCl은 용액 속에서 Na^+와 Cl^-로 분해된다. 소금이 녹아 있는 물에 양전하로 대전된 물체인 양전극을 넣으면 염소 이온은 전극 쪽으로 끌리고 나트륨 이온은 멀어지게 된다. 음전하로 대전된 물체를 용액 속에 넣으면 상황은 반대로 된다. 이제 양전하로 대전된 물체와 음전하로 대전된 물체를 함께 넣으면 한쪽에는 나트륨이 모이고 다른 쪽에는 염소가 모인다. 실제로 나는 나트륨이나 염소를 모아 본 적은 없지만, 몇몇 화합물은 이들로부터 만들어진다. 염화나트륨을 녹인 용액에 양전극과 음전극을 넣으면 나트륨과 염소를 분리할 수 있다. 이 방법을 쓰면 사해(死海)에 많이 있는 염화마그네슘을 분해할 수 있어서 유용한 마그네슘을 얻을 수 있다.

볼타는 이 모든 것을 알지 못했다. 그 대신 그가 발견한 것은 염화구리를 물에 녹일 수 있다는 것이었고, 이 용액에 구리 막대와 아연 막대를 넣었다. 아연은 물속에서 녹아 Zn^{++}(즉 두 개의 전자가 없어진 Zn원자) 이온이 되고 이들은 구리 이온(Cu^+)을 치환한다. 구리 이온은 용액에서 밀려나 구리 막대 주변에 모인다. 구리 이온은 양으로 대전되었기 때문에 구리 막대는 양전기를 띠게 되고 양으로 대전된 아연 이온이 아연 막대로부터 빠져나가기 때문에 아연 막대는 음으로 대전된다. 두 막대를 금속선으로 연결하면 전류가 흐른다. 실제로 금속선(전형적인 도체)에서는 전자들만이 움직인다. 금속에는 원자들이 있기 때문에 전자들은 약간의 방해, 즉 '저항'을 받으면서 움직인다. 프랭클린은 여러 가지 전기적인 양에 관심을 가졌으며, 볼타는 그러한 전기적 양들을 살아 있게 했다.

이러한 현상에 대한 이해의 실질적 진전은 마이클 패러데이에 의해 이루어졌다. 그는 분자의 본성은 전기적이라고 생각했으며 [덴마크의 외르스테드(Hans Christian Oersted, 1777~1851)의 발견 덕택으로] 전류(전기의 흐름)가 자석에 영향을 준다는 것을 알았다. 패러데이는 한쪽 극에 일정한 양의 구리를 침전시키고 이 과정에서 얼마만큼의 전기가 이동했는가를 알아냄으로써 여러 다른 물질에서의 전기적 등가량을 측정했다. 패러데이는 구리 원자의 크기나 전자의 전하량을 측정하는 대신 이 두 양의 비를 측정했다. 패러데이가 화학자라는 것을 기억하자. 그 당시의 화학자들은 원자를 볼 수 없었지만 원자의 개념을 갖고 연구했다. 그들은 개개 원자의 무게를 알 수 없었지만 서로 다른 종류의 원자들의 무게비는 알았다. 이와 같은 비를 패러데이가 전기에 적용한 것은 새로운 일이었다. 이는 단순성을 향한 결정적 발걸음이었다.

외르스테드가 전류 주위에 놓인 자석이 돌아가는 것을 커다란 놀라움과 함께 발견하기 전까지는 모든 사람은 힘이 인력(끄는 힘)이나 척력(미는 힘)의 중심 사이에만 작용하는 것으로 생각했다. 이제는 전류가 자기적 힘으로 둘러싸여 있다는 것을 알고 있다. 이로부터 패러데이는 힘선의 개념을 얻었다. 이러한 개념은 중력을 기술하는 데도 이용된다. 우리는 5장에서 이미 이런 일을 했다.[5] 우리는 이 선의 밀도로 어떤 지점에서의 힘의 세기를, 그리고 그 선의 방향으로 힘의 방향을 나타낸다는 것을 알았다. 이러한 개념은 패러데이가 창안했으나, 그 당시 물리학자와 수학자들에게 즉시 받아들여지지는 않았다. 패러데이는 화학자였던 것이다.

패러데이는 전기력을 나타내는 데도 힘선을 이용했다. 힘선은 양전하에서 나와 음전하로 들어간다. 물론 힘선이 '원래 출발한 곳으로 돌아와 연결되는' 경우도 생각해 볼 수 있다. 이런 경우의 예는 힘이 고리에 흐르는 전류에 작용할 때 일어난다. 힘선이 출발점으로 돌아와 연결되는 경우에는 순환하는 전류가 열의 형태로 에너지를 방출하기 때문에 에너지의 원천이 됨을 보여 준다.

패러데이는 이 힘선을 패러데이 새장이라고 부르는 장치를 고안하고 설명하는 데 이용했다. 패러데이 새장이란 금속판으로 만든 상자이다.[6] 그 상자 안에 전하가 없다면 상자 바깥에 어떠한 전류나 전하가 있더라도 상자 안에는 정전기적 힘이 없다. 왜 그럴까? 확실히 전기힘선이 상자에서 나오거나 끝날 수 없다. 상자 안에서는 어떤 힘선도 출발점으로 돌아와 연결되는 경우가 있을 수 없다. 만약 그러한 경우가 있을 수 있다면 이러

5) 패러데이보다 수학을 잘한 뉴턴은 힘선과 같은 간단한 기구를 생각하지 않았으나 결국 수학의 중요한 부분이 된 것을 발견했다.

6) 실제로는 이를 흔히 가는 철사 그물로 만든다. 이러한 그물을 통해서도 전기힘선은 짧은 거리밖에 '탈출'할 수 없다.

한 힘선은 에너지 원천이 되고 따라서 이는 상자 안에 에너지를 내는 원천이 없다는 가정에 모순된다. 또 다른 가능성은 힘선이 상자 밖에서 들어가서 다시 나오는 것이다. 이런 경우에는 전하를 새장 표면의 한 점에서 다른 점으로 움직이게 하여 일을 얻을 수 있다. 그러나 표면은 전기 도체이기 때문에 움직일 수 있는 전하는 이미 표면에 골고루 분포하고 있어 일을 할 수 있는 퍼텐셜의 차이가 있을 수 없다.

유일하게 남은 가능성은 상자 안에 전기힘선이 없어서 전기적 힘이 없다는 것이다. 이는 완벽하게 검증되었다.

패러데이 새장은 간단하고 실용적인 기구일 뿐만 아니라 힘선 개념의 유용성을 설명하는 좋은 실험이다.

외르스테드는 전류가 자석에 영향을 미친다는 것을 알았다. 패러데이는 자석이 전선에 전류를 만드는 것이 아니라 움직이는 자석이 전기를 흐르게 한다는 것을 알았다. 전선으로 만들어진 고리 속에서 자석을 왔다 갔다 움직이면 처음에는 전기가 한쪽으로 움직였다가 다음에는 다른 방향으로 움직이는 교류가 생긴다.[7] 반면에 고리에 교류가 흐르고 있으면 자석이 처음에는 한쪽 방향으로 밀렸다가 그다음에는 다른 쪽 방향으로 밀린다. 발명에 재주가 있다면 자석이 회전할 수 있도록 전선을 꾸밀 수 있다. 이러한 장치가 동력기인데 이것은 전기를 기계적 에너지로 바꾼다.

---

7) 자석에 대한 움직이는 전하의 효과에다 전기에 대한 움직이는 자석의 효과를 더함으로써 외르스테드의 발견이 완성되었으며 그것을 이해할 수 있게 되었다. 드디어 완전한 수학적 이해가 패러데이의 뒤를 이은 맥스웰에 의해 이루어졌다.

패러데이는 상자 한쪽 귀퉁이에서 자석을 움직임으로써 다른 쪽 귀퉁이에 있는 다른 자석을 움직이게 하는 장치를 만들었다. 이렇게 하여 패러데이는 원시적 형태의 발전기와 동력기를 만들었다. 패러데이는 이러한 장치를 그의 유명한 어린이 과학 교실 강의에 이용했다. 여기서 그는 매우 어려운 과학적 주제를 알기 쉽게 설명했는데 애석하게도 그러한 전통이 이어 내려오고 있지 않다.

패러데이가 원시적인 발전-동력기에 대한 시범 설명을 할 때 마침 당시 영국 수상이었던 글래드스턴(William Ewart Gladstone, 1809~1898)이 그 강의에 참석했다. 강의가 끝난 후 글래드스턴은 패러데이에게 "매우 재미있긴 한데 이것을 어디에 씁니까?" 하고 물었다.

패러데이는 "각하, 언젠가는 여기에 세금을 물릴 수 있을 것입니다"라고 답했다. 물론 패러데이가 공학에 관한 일은 아무것도 하지 않았지만 그가 한 일은 오늘날 우리가 쓰는 거대한 전기공학의 기초가 되었다. 모든 납세자는 글래드스턴에 대한 패러데이의 대답을 영국의 미풍적인 겸양지덕이라고 생각할 것이다.

이 모든 일에 교훈이 있다. 순수 과학이 응용과학으로서 어떻게 발전할 것인가에 대해서는 아무도 알 수 없다.[8] 또한 기술 과학의 진보가 순수 과학에 어떤 이익을 줄 것인가도 알 수 없다.

---

8) WT: 꼭 수상이 아니라 대통령이나 장군이라도 좋다. 아마 은행가는 해당되지 않을 것이다. 자본주의의 기본 원리란 '위에서 말한 근본적 사실로 미루어, 다른 부류의 사람들보다도 은행가에게 더 많은 예외가 있다'라는 것이다.

이제 전기가 어떻게 자기를 만들고, 자기가 어떻게 전기를 만드는가에 대해 말한 다음 전기와 자기의 근본적 차이를 지적하고자 한다. 전하를 띤 입자들은 잘 알려져 있다(예를 들어 핵은 양전하를 가지며 전자는 음전하를 갖고 있다). 전하들은 주위에 $1/r^2$의 법칙을 따르는 지름 방향의 전기장을 만든다. 따로 떨어진 자하(Magnetic Charge)는 존재할 수 없다. (아무튼 이를 생각할 수 있다면) 자하들은 항상 서로 상쇄되도록 짝을 짓기 때문에 합한 자하량은 항상 0이다. 자석은 전류 고리가 내는 효과로 나타낼 수 있다. 지구의 경우에도 그런 고리가 있다고 생각할 수 있어 남극은 자석의 양(+)극이고 북극은 자석의 음(-)극이다.[9)]

전하(예를 들어 전자)는 움직이지 않으면 자기장을 만들지 않는다. 이와 비슷하게 전하가 움직이지 않으면 자기장의 영향을 받지 않는다. 움직이는 전자에 의해 만들어진 자기장은 속도(v)에 비례하고 전자가 움직이는 방향과 전자의 위치와 자기장 값을 측정하려는 지점을 잇는 직선에 모두 수직하다. 이와 유사하게 자기장이 전자에 미치는 힘은 전자의 속도에 비례하고 자기장과 전자의 속도 방향에 모두 수직하다.

예를 들어 두 전하 e_1과 e_2가 각기 평행하게 $\mathbf{v}_1$과 $\mathbf{v}_2$의 속도로 달린다면, 두 전하 사이에 작용하는 자기적 힘의 크기는 $-(e_1e_2/r^2)(v_1v_2/c^2)\sin\theta$이다. 여기서 θ는 평행한 두 속도 방향과 두 전하를 잇는 직선이 이루는 사잇각이고, c는 빛의 속도이며 마이너스 부호는 서로 평행한 전류 사이의 자기

9) 그래서 북극은 나침반 자석의 양극을 잡아당긴다.

적 상호 작용이 인력(끄는 힘)이라는 것을 나타낸다. 실제로 이끄는 힘은 $\mathbf{v}_1$과 $\mathbf{v}_2$에 수직하며 두 속도가 있는 면에 놓여 있다. 이는 한 전하에서 다른 전하로 향하는 전기적 상호 작용 방향과 같은 방향을 갖지 않는다.[10)]

빛의 속력은 물리에 나오는 대부분의 기본 방정식에 포함되는 것 같다. 실제로 자기장의 세기를 이용해 빛의 속력을 측정할 수 있다. 이것이 빛과 전자기학이 연관된다는 직접적 증거이다.

전에도 말했듯이 패러데이가 이룩한 가장 중요한 업적 중 하나는 힘선의 개념이다. 자석 위에 종이를 놓고 종이 위에 쇳가루를 뿌리면 힘선을 직접 볼 수 있다. 쇳가루는 자석 주위에 선들을 만든다(〈그림 7-2〉를 보자). 패러데이의 추론을 확대하면 쇳가루가 없더라도 힘선은 여전히 거기에 있다는 것이다. 힘선은 자기장뿐 아니라 전기장, 중력장에도 이용할 수 있다.

이러한 장(場)은 모두 적절한 입자(전기장, 자기장의 경우는 전하이고 중력장의 경우는 질량)들에 작용하는 힘이다. 따라서 장은 공간, 즉 진공의 성질이다. 여러분은 진공이 아무것도 없는 순수한 것이 아니라 잠재적 힘으로 채워져 있다는 것을 알게 될 것이다. 즉 중력, 전기, 자기장으로 채워져 있다. 우리는 오늘날 이것이(진공에 가득 찬 잠재적 힘들이) 단지 긴

---

10) WT: 두 힘의 방향은 반대인가요?
ET: 그래. 그러나 일반적으로 전하들을 잇는 방향을 향하지 않지.
WT: 각운동량 보존은 어떻게 되나요?
ET: 빈 공간에 있는 운동량 때문이지. 이러한 점이 패러데이의 힘선이 갖는 특성이라 할 수 있지. 힘선은 에너지와 운동량을 나른다. 이에 대해서는 맥스웰에 의해 완벽하게 발전되었어. 많은 물리학자가 빈 공간과 힘선이 그러한 융통성이 있다는 것에 대해 언짢게 느끼지. 물리학자들은 전기와 자기를 설명하기 위해 보이지 않는 '바퀴와 기계'를 고안하려고 노력했지. 그러나 간단성으로 이끄는 길은 빈 공간과 힘선이 일을 하도록 만들었어.

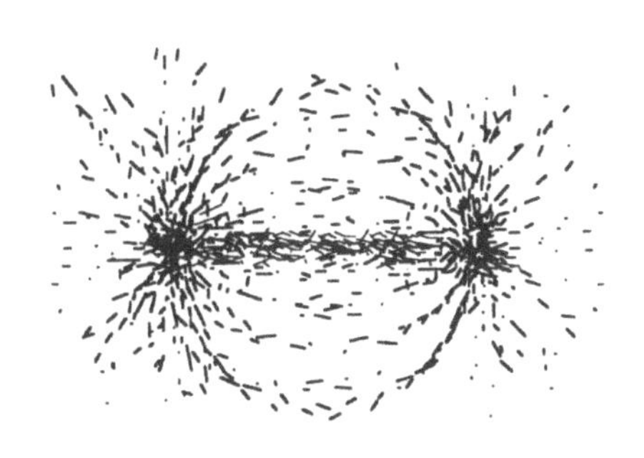

그림 7-2 | 이 그림은 막대자석을 덮고 있는 종이 위에 쇳가루를 흩뿌리면 볼 수 있다. 쇳가루는 자석의 한 쪽 극에서 나와 다른 쪽 극으로 가는 선을 따라 놓여 있다

목록의 시작일 뿐이라는 확실한 이유를 갖고 있다. 불행하게도 우리는 이 목록에 대한 논의를 마지막 장보다 더 뒤로 미루어야만 하겠다.

힘의 장을 이용하여 설명하는 방법의 중요성은 우리가 더 이상 '원격 작용설', 즉 한 지점에 있는 것이 다른 지점에 즉각적으로 힘을 미친다는 개념을 받아들이지 않아도 된다는 것이다. 그 대신 힘은 공간의 성질이며 공간의 각 부분은 공간에서 이웃한 영역에 영향을 미친다. 이러한 사고방식은 상대성 이론이 발견되고 나서야 완벽해졌다. 그 무엇도 빛보다 더 빠르게 움직일 수 없다는 법칙은 입자뿐 아니라 힘선에도 적용된다. 자석을 얼마간 움직였다면 1광년 이상 떨어진 지점에서의 힘선은 자석이 움직인 후 1년이 지나기 전까지는 변하지 않는다.

자기 힘선에 대해 지적할 점이 또 있다. 자기장 내에서 작은 상자를 그리면 상자로 들어가는 힘선의 수는 상자를 나오는 힘선의 수와 같다. 상자로 들어가는 모든 선은 상자를 나오거나 상자 속에서 끝나야 하는데, 상자 안에 분리된 자하가 있을 수 없기 때문에 힘선은 상자 안에서 끝나지 못한다. 이와 비슷하게 상자를 나오는 선은 상자 안으로 들어온 것이거나 상자 안에서 시작된 것일 텐데 두 번째 경우는 불가능하다. 이러한 경우를 어렵게 얘기하여 자기장은 '다이버전스[발산(發散)]'가 없다고 한다. 전기장은 다이버전스가 있음을 유의하자. 고립된 양전하가 있다면 이를 둘러싼 상자에 대해 들어가지 않고 나오는 힘선만 있다. 상자 내에 음전하가 있다면 힘선은 상자에서 나오지 않고 들어간다.

이제 수학적으로 조금 어렵게 만들어 보자. 이 모든 것을 이해하지 못했다고 해서 낙담하지 말기 바란다. 어떻게 되는가에 대한 일반적 개념을 얻는 것이 더 중요하다.

나는 패러데이의 자기장이 전기가 움직이는 영역에서 결코 시작하거나 끝나지 않고 단지 이를 둘러쌀 뿐이라는 것을 표현하는 법칙을 수식화하려고 한다. 이를 위해 자기장에 대한 편리한 기호를 써야만 하겠다.

나는 이를 H_x, H_y, H_z로 나타내기로 했는데 여기서 H_x는 자기장의 x 쪽 방향 성분이고, H_y와 H_z는 각기 자기장의 y, z방향 성분이다. 자기장의 성분이 위치에 따라 다름을 기억하기 바란다. 즉 H_x, H_y와 H_z는 위치에 따라 변한다.

정의에 의해 벡터 **H**의 방향은 힘선의 방향이고 **H**의 크기는 **H**의 방향에 수직한 면에서 단위면적을 지나는 힘선의 수이다. 이 단위면적을 각도 α만큼 회전시키면 이 면을 지나는 힘선의 수는 $\cos\alpha$배만큼 줄어든다. 이 면적에 수직인 선 또한 **H**의 방향과 같은 원래 면적에 수직인 선과 α의 각을 이룬다. 벡터의 성질에 의해 **H**의 방향과 각 α를 이루는 방향의 성분은

$H\cos\alpha$이다. 따라서 H를 어떤 수직한 면에서 단위면적을 지나는 힘선의 수라 하고, H와 x축이 이루는 각도를 α라 하면 $H_x = H\cos\alpha$는 x에 수직한 단위면적을 지나는 힘선의 수이고, H_y와 H_z는 각기 y와 z에 수직한 단위면적을 지나는 힘선의 수이다.

이제 우리는 어떤 부피에 들어가는 힘선의 수는 이를 나오는 힘선의 수와 같아야 한다는 말을 수학적으로 공식화할 준비가 되었다. 작은 부피 요소 $dxdydz$를 생각하자. 이는 x, y, z좌표를 갖는 점 주위의 작은 직육각형 상자, 즉 '벽돌'을 생각하는 것이다. 이 벽돌의 여섯 면 중 평행한 두 면은 면적이 $dxdy$이면서 z위치와 $z + dz$위치에 있고, 면적이 $dzdx$인 평행한 두 면은 y와 $y + dy$에 있으며, 면적이 $dydz$인 평행한 두 면은 x와 $x + dx$에 놓여 있다. 이때 첫 번째 짝지어진 면들을 지나는 선의 수는 각기 H_xdydz와 $[H_x + (\partial H_x/\partial x)dx]dydz$이다. 여기서 $\partial H_x/\partial x$는 x방향으로 진행할 때 H_x가 증가하는 비율이다. ∂(구부러진 델타)는 y와 z가 고정되고 x만 변할 때 dx 대신 ∂x로 쓴다. 이와 비슷하게 다른 짝지어진 면들을 지나는 선의 수는 H_ydzdx와 $[H_y + (\partial H_y/\partial y)dy]dzdx$이며 또 H_zdxdy와 $[H_z + (\partial H_z/\partial z)dz]dxdy$이다. 짝으로 이루어진 면을 지나는 선의 수의 차(나가는 선의 수-들어오는 수)는 각각 $(\partial H_x/\partial x)dxdydz$, $(\partial H_y/\partial y)dxdydz$와 $(\partial H_z/\partial z)dxdydz$가 된다. 총 나가는 선의 수-들어오는 선의 수는 다음과 같이 세 항의 합으로 주어진다.

$$\left(\frac{\partial H_x}{\partial x} + \frac{\partial H_y}{\partial y} + \frac{\partial H_z}{\partial z}\right)dxdydz$$

$dxdydz$는 작은 벽돌, 즉 부피 요소의 부피이다. 위 식에서 괄호 안에 있는 항을 **H**의 다이버전스라고 부른다. **H**의 다이버전스가 0이 되는 것, 즉

$$\frac{\partial H_x}{\partial x}+\frac{\partial H_y}{\partial y}+\frac{\partial H_z}{\partial z}=0$$

인 것은 **H**의 중요한 성질로서, 자기 힘선이 시작하거나 끝나지 않음을 말한다.

전기장은 다르게 행동한다. 전기장은 양전하에서 출발하여 음전하에서 끝난다. 이들의 성분을 E_x, E_y와 E_z로 표현하면 위 식에 해당하는 식은

$$\left(\frac{\partial H_x}{\partial x}+\frac{\partial H_y}{\partial y}+\frac{\partial H_z}{\partial z}\right)dxdydz=4\pi\rho dxdydz$$

와 같다. 기호 ρ는 전하밀도를 나타내므로 $\rho dxdydz$는 부피 요소에 들어 있는 총 전하이다(4π는 힘과 힘선을 기술하는 단위와 관계있다. 전하 e로부터 r만큼 떨어진 지점에서 이 전하에 의한 힘은 e/r^2이라서 e/r^2개의 선이 바깥을 향하여 단위면적을 통과한다. 따라서 반지름 r인 구 표면을 지나는 힘선의 수는 구 표면의 면적 $4\pi r^2$에다 e/r^2을 곱해서 $4\pi e$가 된다. 다이버전스를 포함하는 우리의 식은 이러한 형식을 따르도록 조정된다).

이들 식과 앞으로 나올 수식은 화학자로 일관했던 패러데이[11]가 아니

11) WT: ET는 화학에 소질이 있었다. 그의 아버지, 즉 나의 할아버지는 ET가 화학자가 되기를 원했기 때문에 ET는 화학 공부를 하고 있었지만 실은 물리학을 공부하기를 원했다. 걱정스러웠던 그의 아버지(그는 변호사였다)는 ET를 비엔나로 데리고 가서 친척이었던 유명한 교수 에렌페스트(Paul Ehrenfest, 1880~1933)를 만나 보게 했다. 에렌페스트는 젊은 ET에게 "curl(컬)이 무엇인지 아느냐?" 하고 물었다. ET는 눈을 반짝거리며 겸손하게 답했다. "예, 압니다, 선생님." ET가 curl이 무엇인지를 정말 안다는 것을 인정한 에렌페스트는 나의 할아버지를 향해 말했다. "내가 비엔나에

라 그의 계승자였던 제임스 클러크 맥스웰에 의해 만들어졌다. 맥스웰은 이론물리학자였으며 따라서 믿기 위하여 꼭 눈으로 볼 필요는 없었다.

자기장의 실질적인 원인은 전류이다. 자기 힘선은 전류를 둘러싸는 고리 모양이다.[12] 전류 i_z가 z 방향으로 흘러서 x와 y 쪽 방향의 자기장 H_x와 H_y를 주는 경우를 모형으로 택하자. 점 x, y 부근에서 두 평행선의 짝으로 만들어진 직사각형을 생각하기로 한다(z좌표는 일정하므로 생각할 필요가 없다). 길이가 dx인 선은 (x, y)점과 $(x+dx, y)$를 잇는다. 네 개의 선이 모두 〈그림 7-3〉에 나타나 있다. 자극의 크기가 단위 크기라 할 때 자석의 양(+)극을 이 선을 따라 움직이면 한 일(힘 × 거리)은 $H_x dx$이다. 이를 $(x+dx, y)$에서 $(x+dx, y+dy)$까지 계속하면 한 일은 $-[H_y+(\partial H_y/\partial x)dx]dy$인데 왜냐하면 변위가 x에서 $x+dx$로 변하면 자기장은 H_y에서 $H_y+(\partial H_y/\partial x)dx$로 변하기 때문이다. $(x+dx, y+dy)$에서 $(x, y+dy)$까지 움직이면 일의 양은 $-[H_x+(\partial H_x/\partial y)dy]$가 되며 끝으로 마지막 부분인 $(x, y+dy)$에서 (x, y)까지 움직이면 일의 양으로 $-H_y dy$를 얻는다. 첫 번째와 세 번째 결과를 합하면 공통항 $H_x dx$는 상쇄되고 $-(\partial H_x/\partial y)dxdy$가 남는다. 이와 비슷

왔을 때 나는 curl이 무엇인지를 알았으며 그래서 나는 교수가 되었습니다. 에드워드도 이미 알고 있으므로 이 아이에게 물리를 시키십시오." 그래서 ET는 물리학자가 되었으며 이제 우리는 curl이 무엇인지를 설명하려고 한다.

12) WT: 막대자석은 어떻게 된 겁니까?
ET: 막대자석은 정지해 있을 때라도 미세한 전류를 흐르게 하는 전자를 갖고 있지.
WT: 그렇다면 왜 모든 물질이 자석이 아닙니까?
ET: 왜냐하면 대부분의 물질에서 전자들은 그 전류가 상쇄되도록 짝을 이루고 있기 때문이지.
WT: 그걸 믿어도 되나요?
ET: 그렇고말고.

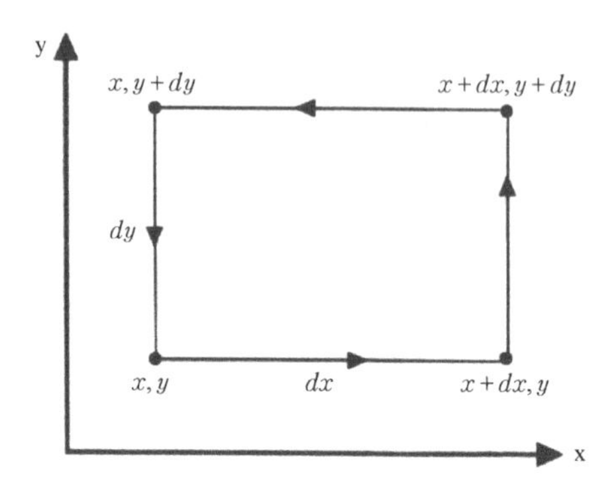

그림 7-3 I 자기 쌍극자의 한쪽 극을 그림에서 보인 길을 따라 움직이면, 자기장의 (위치에 대한) 변화와 전류, 그리고 전기장의 (시간적) 변화를 관계 지을 수 있다.

하게 두 번째와 네 번째 움직임의 결과를 합하면 $(\partial H_y/\partial x)dxdy$가 된다. 결과적으로 이들을 다 합하면 $[(\partial H_y/\partial x) - (\partial H_x/\partial y)]dxdy$가 된다. 여기서 $dxdy$는 직사각형의 면적이고 괄호 안에 든 처음 부분은 curl **H**라고 부르는 벡터의 한 성분이다.

더 완전하게는 curl **H**의 z성분은 앞에서 보았듯이 $(\partial H_y/\partial x) - (\partial H_x/\partial y)$이다. x성분은 이와 비슷하게 y-z평면에 놓여 있는 직사각형으로부터 얻을 수 있고, y성분은 z-x평면에 있는 직사각형으로부터 얻는다. 구체적으로

$$(\text{curl}\,\mathbf{H})_x = \left(\frac{\partial H_z}{\partial y} - \frac{\partial H_y}{\partial z}\right)$$

$$(\text{curl}\,\mathbf{H})_y = \left(\frac{\partial H_x}{\partial z} - \frac{\partial H_z}{\partial x}\right)$$

$$(\text{curl}\,\mathbf{H})_z = \left(\frac{\partial H_y}{\partial x} - \frac{\partial H_x}{\partial y}\right)$$

이다.

curl을 이용해서 쓰면 이는 $4\pi/c$[13]에다 그 성분이 i_x, i_y, i_z인 전류밀도 벡터를 곱한 것과 같다. 다시 말해

$$\left(\frac{\partial H_z}{\partial y} - \frac{\partial H_y}{\partial z}\right) = 4\pi i_x/c$$

이며, 이와 비슷하게

$$\left(\frac{\partial H_x}{\partial z} - \frac{\partial H_z}{\partial x}\right) = 4\pi i_y/c$$

$$\left(\frac{\partial H_y}{\partial x} - \frac{\partial H_x}{\partial y}\right) = 4\pi i_z/c$$

와 같다. 위 세 방정식에서 우변은 작은 세 직사각형을 통해 흐르는 총 전류이다.

방정식을 위와 같이 쓰고 나서 수학을 통해 이를 더욱 간단히(이 말은 항상 그 의미가 명확하지 않다[14]) 만들게 되자 맥스웰은 패러데이가 놓친 어떤 것을 발견했다. 패러데이는 변화하는 자기장이 고리에 전기장을 만든다는 것, 실제로는 전기장의 curl을 만든다는 것을 발견했다. 즉 curl **E** =

---

13) WT: 왜 4가 나옵니까?
ET: 이는 간단하지 않다. 2는 원형의 자기선을 따라 적분하여 나온 것이고 2는 전류가 흐르는 직선을 따라 적분하여 나온 것이다.

14) WT: 그러한 점을 인정하니 반갑네요. 그런데 적분이란 무엇인가요?
ET: 적분이란 점점 작아지는 양을 가진 많은 조각을 단순히 더한 것이야.
WT: 압니다. 미분을 설명하려고 할 때 아주 작은 양을 이용했었죠.
ET: 그렇다. 이것은 사람들이 처음부터 했던 일이지.

$-(1/c)\cdot(\partial H/\partial t)$이다. 이를 더 분명히 하기 위해 이 벡터식의 z성분을

$$\left(\frac{\partial E_y}{\partial x}-\frac{\partial E_x}{\partial y}\right)=-\frac{1}{c}\frac{\partial H_z}{\partial t}$$

와 같이 쓰기로 한다.

(오른쪽의 ∂는 물론 위치가 아니라 시간에 따라서 변화시킴을 뜻한다) 패러데이는 이를 짐작하긴 했으나 위 식에서 H와 E가 서로 바뀌는 관계식을 발견하진 못했다. 맥스웰은 부호가 바뀐 그러한 식이 존재해야만 됨을 보였다. 즉

$$\text{curl}\,\mathbf{H}=\frac{1}{c}\left(4\pi\mathbf{i}+\frac{\partial\mathbf{E}}{\partial t}\right)$$

이다. 위 식에서 괄호 안의 첫 번째 항은 우리가 이미 논의한 전류에 의한 영향이다. 두 번째 항은 변하는 전기장이 자기장에 주는 영향으로, 패러데이는 이를 발견할 수 없었는데 그 이유는 그가 자기장을 충분히 정확하게 측정할 수 없었기 때문이었다.

실제로 두 번째 항이 있어야 한다는 것에 대해 의문의 여지가 없다. 한 점에서 시작해 다른 점에서 끝나는 유한한 전류가 있을 때 $\text{curl}\,\mathbf{H}=(1/c)(4\pi\mathbf{i})$는 어떻게 될까? curl은 어떻게 되고 자기극(磁氣極)에 한 일은 얼마인가? 선이 있는 곳에는 curl이 있을 수 있다. 선을 떠나면 curl이 없어질 수 있다. curl이 갑자기 변할 수 있는가? curl이 시작이나 끝이 없는 선으로 나타내는 벡터라는 것을 보일 수 있다.

$4\pi\mathbf{i}+(\partial\mathbf{E}/\partial t)$가 위와 같은 조건을 만족하게 한다. 만약 전류가 한 점에

서 끝나면 전하가 거기에 모인다. 전하의 양이 증가하면 전기장을 커지게 한다. $4\pi\mathbf{i} + (\partial\mathbf{E}/\partial t)$가 요구되는 성질을 가짐을 쉽게 보일 수 있다. 이것과 같은 위치 의존성을 가지는 벡터는 끝이 없는 선들로 나타낼 수 있는 것이다. $4\pi\mathbf{i}$가 멈추면 $\partial\mathbf{E}/\partial t$가 시작된다.

그런데 맥스웰은 여기서 더 많은 일을 했다. 그는 전류나 전하가 없더라도 재미있는 과정이 진공에서 일어날 수 있음을 보였다.

$$\text{curl}\,\mathbf{H} = \frac{1}{c}\frac{\partial\mathbf{E}}{\partial t},\ \text{curl}\,\mathbf{E} = -\frac{1}{c}\frac{\partial\mathbf{H}}{\partial t}$$

와 같은 두 개의 방정식은 물질에 관계없이 자기장이나 전기장이 서로가 서로를 만들 수 있음을 뜻한다.[15] 가장 간단한 경우는 장들이 z와 t에만 의존하는 경우로 이때는 $\mathbf{H}$의 x성분과 $\mathbf{E}$의 y성분만 존재한다. 그래서 위 두 식은

$$\frac{\partial H_x}{\partial z} - \frac{1}{c}\frac{\partial E_y}{\partial t},\ \ \frac{\partial E_y}{\partial z} - \frac{1}{c}\frac{\partial H_x}{\partial t}$$

와 같아진다. ct를 τ로 쓰면 식이 다음과 같이 간단해진다.

$$\frac{\partial H_x}{\partial z} = \frac{\partial E_y}{\partial \tau},\ \ \frac{\partial E_y}{\partial z} = \frac{\partial H_x}{\partial \tau}$$

와 같이 간단해진다.

위 방정식의 두 개의 풀이는 $H_x = E_y = f(z+\tau)$와 $H_x = -E_y = f(z-\tau)$이다.

---

15) WT: $4\pi i$는 어떻게 된 겁니까?
ET: 진공을 생각하기 때문에 $i=0$이다.

이 풀이 중 첫 번째는 자명하다. 여기서 f는 임의의 함수이다. z가 변하든지 τ가 변하든지 f가 받는 효과는 같으므로 z에 대해 미분한 것과 τ에 대해 미분한 것이 같은 결과를 주어 방정식을 만족시킨다. $(z + \tau) = (z + ct)$가 변하지 않으면 자기장과 전기장도 그대로 있다. 1초가 지나는 동안 z가 c(299,460km)만큼 작아지더라도 아무것도 변하지 않는다. 우리는 빛의 속력으로 마이너스 z 쪽을 향해 진행하는 전자기파를 얻은 것이다. 두 번째 풀이 [$H_x = -E_y = f(z - \tau)$]는 플러스 z 쪽으로 진행하는 파동임을 쉽게 알 수 있다. 이러한 파동은 파장이 수 km(라디오파)이거나 미크론보다 작거나(가시광선) 또는 핵의 크기 정도[우주선(宇宙線)]일 수도 있다.

맥스웰이 발전시킨 전자기학 이론에서 놀라운 사실은 이것이 아인슈타인의 상대성 이론과 완전히 부합한다는 것이다. 움직이는 관찰자에게는 정지한 전기장의 일부가 자기장으로 보인다. 이러한 상대성 이론적인 행동을 정전기장에서 출발하여 단위 전하당 위치 에너지를 나타내는 전기 퍼텐셜 ϕ를 이용하여 수학적 형식을 통해 이해할 수 있다. 그러면 상대성 이론에서는 ϕ가 4차원 벡터의 한 성분이 되는데, 이는 에너지가 운동량과 함께 네 개의 성분을 가진 벡터를 이루는 것과 같다. 전자기학에서는 운동량에 대한 퍼텐셜을 나타내는 A_x, A_y, A_z 성분을 가진 3차원 벡터에 에너지에 대한 퍼텐셜인 ϕ를 더하게 된다. 이 넷(ϕ와 A_x, A_y, A_z)은 t와 x, y, z 또는 E와 P_x, P_y, P_z처럼 행동한다. 자기장은 $\mathbf{H} = \mathrm{curl}\,\mathbf{A}$로부터 얻어지며 전기장도 이와 비슷하게 미분하여 $E_x = [\partial A_x/\partial(ct)] - (\partial\phi/\partial x)$처럼 얻어진다.

장에 관해 오랫동안 얘기하는 사이에 물질에 대해서는 잊어버리고 있었다. 장은 물질과 어떻게 상호 작용할까? 이번 장 첫머리에 이러한 점을 넌지시 말했다(전기장은 전하에 비례하는 힘을 장의 방향으로 작용하며, 자기장은 전하와 그 속도에 비례하는 힘을 장과 속도에 수직한 방향으로 작용한다). 이 모든 것을 상대성 이론적인 형태로 쓸 수 있는데, 이렇게 하면 에너지와 운동량의 보존이 전자기적 상호 작용하에서도 성립한다는 것을 보이는 데 큰 이점이 있다.

이를 위해 (과정만을 말하기로 한다) 물질이 없는 공간에 놓여 있는 장이 어느 정도의 에너지와 운동량을 갖는다고 하자. 빛이 물질이 아니라 단위 부피당 $(1/8\pi)(E^2+H^2)$의 에너지를 나른다는 것을 상기하면 이는 이상한 일이 아니다. 이야기를 완벽히 하려면 에너지-운동량-응력 텐서라고 불리는 텐서를 도입하는 것이 필요한데 여기서는 이를 설명하지 않겠다.[16] 나는 단지 공간에 에너지와 운동량뿐만 아니라 고체에서의 응력과 비슷한 응력(3차원 공간에서는 텐서로 표시되며 맥스웰 텐서로 불린다)

---

16) ET: 3차원에서는 벡터가 세 성분을 가진다. 예를 들어 F_x, F_y, F_z는 3차원에서 힘의 세 성분을 나타내고 dx, dy, dz는 3차원에서 변위의 성분을 나타낸다. 텐서는 3차원에서 두 개의 벡터로부터 3 × 3, 즉 9개의 성분을 갖도록 만들어진다.
WT: 그러면 어디에 '텐서'의 예가 나옵니까?
ET: 텐서는 본래 고체에서의 응력을 나타내기 위해 썼다. 텐서의 성분이 문제에 대한 답을 주지. 눌러 찌그러뜨리거나 비틀어서 고체를 잘라 작은 면이 나오게 하면 텐서를 뚜렷이 드러나게 할 수 있지. 텐서를 대신하는 데 필요한 힘은 무엇일까? 고체를 자를 수 있는 방법이 많고 또 힘 자체도 성분을 갖기 때문에 텐서의 성분은 실제로 많은 수로 이루어졌지.
WT: 4차원에서는 어떻습니까?
ET: 전기장, 자기장이 함께 한 텐서의 성분을 이룬다. 맥스웰은 에너지와 운동량의 밀도와 플럭스를 주는 텐서도 창안했다.
WT: 그 이점은 무엇인가요?
ET: 계속 써 왔기에 이것이 다른 것보다 더 좋은 것이지.
WT: 그렇다면 논의를 더 이상 안 하는 것이 좋겠네요.

을 부여해야만 한다는 것을 강조하고자 한다. 물질과 '빈' 공간의 차이점은 놀라운 방식에 의해 사라지는 것처럼 보인다.

전기, 에너지, 그리고 법이 서로 얽힌 얘깃거리가 있다. 노스캐롤라이나[17)]에서 발전된 전기로 사우스캐롤라이나의 모터를 돌린 사건이 있었다. 한 주에서 다른 주로 무엇인가가 옮아갔기 때문에 연방 정부는 이러한 상황에 연방주 간 통상법을 적용하려 했다. 전력 회사는 연방법이 적용되지 않기를 원했고 다음과 같은 질문을 했다. "한 주에서 다른 주로 무엇이 옮아갔단 말입니까? 우리는 노스캐롤라이나에서 사우스캐롤라이나로 전기를 옮기지 않았습니다. 그렇게 했다는 것은 노스캐롤라이나에 굉장히 많은 전하가 있다는 것과 같습니다." 정부는 에너지가 한 주에서 다른 주로 옮아갔다고 주장했다.

"좋소." 하고 다른 쪽에서 말했다. "에너지를 가져왔다면 이것이 어떻게 전달되었는지를 우리에게 입증하시오. 전선을 통해 왔습니까? 전선 주위의 공간을 통해 왔습니까?"

이 시점에서 판사는 당황했다. 그는 에너지-운동량-응력 텐서를 연구해야 했는데 법학 교과서에는 텐서에 관한 판례가 없었다. 나는 결국 그가 올바른 판정을 했다고 생각한다. 그는 돈이 한 주에서 다른 주로 옮아갔다고 판정했다.[18)] 에너지의 대가로 돈이 지불되었는데, 판사는 어찌 되었든

---

17) 위치가 정확하지 않을지 모르지만 이야기 자체는 사실이다. 헝가리 사람인 시어도어 폰 카르만(Theodore Von Karman)에 의하면 우연한 상황에서 진실을 이야기하는 데 주저할 이유는 없다.

18) 돈은 전기적 에너지와 같다. 돈은 흘러가지만 어떻게 흐르는가를 제어할 수 없다(돈을 주머니에서 주머니로 흐르게 하는 것은 케케묵은 행위이다). 그렇지만 법은 전기적 에너지의 경우보다 돈에 대해 보이지

에너지가 보존된다는 것에 대해 막연한 감을 가졌을 것 같다.

우리는 이번 장(7장)을 입자에서 시작해서 장(場)으로 끝냈다. 이 과정이 패러데이와 맥스웰에 의해 도입된 위대한 역사적 변혁인 것이다. 앞 장에서 우리는 원인과 효과에 대한 확고한 법칙을 최소한 부분적으로나마 통계적 법칙으로 대치하기 시작했다. 지난 세기에 있었던 두 개의 혁신, 즉 장 이론과 통계학의 영향은 원자와 물질에 대한 이론을 출현하게 했다. 우선 질문을 제기하겠다. 원자는 실재하는 것인가?

않는 흐름을 더 잘 파악할 수 있다.

질문

1. 전하를 띤 물체는 평평한 금속 표면에 끌린다. 왜 그럴까? 또 얼마나 세게 끌리는가?

2. 모든 지점에서 E = H = 0이 되게 하는 ϕ와 A값을 찾아보자.

8장

원자의 존재

: A는 원자(Atom)를 의미하는데,
너무도 작아서 아직 아무도 본 적이 없대요.°

° 들어가는 말에서 언급했던 그 무명의 헝가리 시인이 1945년에 썼다. 그러나 이 경우에는 시간이 지나자 그가 틀렸음이 밝혀졌다. 전자 현미경으로 원자를 직접 보았으며, 주사 터널 현미경(STM: Scanning Tunneling Microscope)으로는 더 잘 볼 수 있게 되었다.

여기서는 여러분이 이미 알고 있다고
생각한 것들을 확실히 알게 될 것이다.
또한 여러분은 원자가 그렇게 형편없이
작지 않음을 알게 될 것이다.

여러분은 내가 원자의 존재에 대해서 이 한 장을 모두 할애한 것을 이 여러분은 내가 원자의 존재에 대해서 이 한 단원을 모두 할애한 것을 이상하게 생각할지도 모르겠다. 내가 원자가 존재한다고 믿는 것은 분명하고, 여러분도 십중팔구 그렇게 생각할 것이 틀림없을 테니 말이다. 그렇지만 여러분은 왜 그렇게 생각하는가? 자기 두 눈으로 원자를 본 사람은 단 한 명도 없다. 여러분은 원자가 존재한다고 믿도록 세뇌되었을 뿐이다. 이러한 믿음이 오늘날 상식이라고 불리는 것의 실체를 나타내는 전형적인 예이다.

기원전 400년에 처음으로 사람들에게 원자가 존재한다고 확신시키려는 시도가 있었다. 원자를 처음으로 제안한 데모크리토스는 테살리아라는 그리스 북부 미개한 지방에서 태어났다. 플라톤의 아카데미에서 그를 초청하여 의견을 듣기로 했다. 데모크리토스는 물체를 쪼개면 점점 더 작아지겠지만, 작아지는 데는 한계가 있어야만 할 것이라고 말했다. 그러한 한계의 증거가 무엇일까? 물을 살펴보자. 물은 증발시킬 수 있는데, 그렇게 하면 물이 없어져 버린 것처럼 보인다. 그렇지만 수증기를 농축시키면 물을 다시 얻는다. 물은 얼릴 수도 있지만, 녹이면 역시 물을 다시 얻는다. 무엇인가 변하지 않고 그대로 존재해서 원래의 물체를 다시 얻을 수 있도록 만들어 주는 것이 틀림없다. 만일 물을 이루고 있는 알갱이를 가정한다면 (우리가 분자라고 부르는 것을 데모크리토스는 더 나누어지지 않는 것이라는 의미의 원자라 불렀다) 위의 사실을 모두 설명할 수 있다.

플라톤은 보수적인 사람이었다. 지구가 태양 주위를 회전할지도 모른다고 피타고라스가 제의했을 때 플라톤은 이를 믿지 않았다. 그는 물질에 대한 데모크리토스의 별난 이론도 믿을 리가 없었다. 그렇지만 플라톤에게 동정심은 있었다. 그는 데모크리토스의 정신이 이상하지 않은지 걱정스러워서, 원자의 아버지를 의학의 아버지인 히포크라테스(Hippocrates, B.C. 460~377)에게 보냈다.[1)]

코스섬에 자리 잡은 히포크라테스의 진료소는 정말로 아주 현대적이었다. 프로이트(Sigmund Freud, 1856~1939)가 발견한 것들이 이미 200년 전에 예견되어 있었다(고 이야기할 수 있다). 데모크리토스는 두 번에 걸친 정신분석 치료를 받았다(그것은 한 번에 50분씩 두 번 계속되었다). 두 그리스 사람은 어깨동무를 하고 나왔는데, "만일 이 사람이 미쳤다면, 나도 미쳤다"라는 것이 히포크라테스의 진단이었다.

유감스럽게도, 데모크리토스가 미치지 않았다는 증명이 별로 도움을 주지 못했다. 학문적으로 인정을 받지 못한 채, 데모크리토스의 이론은 2000년 동안 잊혀졌다. 연금술사들이 그 뒤를 이었다. 그들은 '과학적인' 4원소설[흙, 물, 공기, 불과 예외적인 다섯 번째 물질로서 에테르(역주: 대기권 밖의 공간을 메우고 있다고 상상했던 물질)]을 제안했으며,[2)] 무엇이든지 다른 것, 특히 금으로 바꿔 보려고 했다. 한 종류의 물질을 다른 종류

---

1) ET는 이 이야기를 아테네에서 들었다. 더 구체적으로 말하면 '데모크리토스'라고 하는 그리스 원자력 연구소에서 들었다. 그 연구소 사람들은 이 이야기를 알고 있을 것이다.

2) WT: 그 이후로 상당한 발전을 가져왔다. 연금술사들이 흙, 물, 공기 그리고 불이라고 생각했던 것을 오늘날 물리학자들은 고체, 액체, 기체 그리고 플라스마로 나누며, 에테르는 제외시켰다. 이는 커다란 진전이다.

의 물질로 바꿀 수 있으리라는 생각을 데모크리토스는 찬성하지 않았을 것이다. 원자란 기본적이며 바뀔 수 없는 것이기 때문이다.

그 후 1800년경에 원자론은 좀 더 강력한 형태로 나타났다. 라부아지에(Antoine Laurent de Lavoisier, 1743~1794)가 처음으로 원자와 분자를 구별했다. 그는 프랑스 귀족이었는데, 프랑스 혁명 때 참수형을 당했다.[3] 원자론이 재생함으로써 화학 반응을 통해 무엇이 변할 수 있으며 무엇이 변하지 않는지에 대한 중요한 차이를 분명하게 했다. 변하지 않는 것은 백 개에 이르는 원소들이다.

이로부터 화학이 발전해 나왔다. 근 100년에 걸쳐서, 화학자들은 많은 공식을 세웠다. 그 공식들이 이미 알려진 반응을 설명하고 어떤 반응이 일어날지 예측할 수 있었다. 분자들의 자세한 구조를 결정지었으며 분자 내에서 원자가 어디에 놓일지 결정했다. 그러나 아무도 원자를 보지는 못했다. 만일 원자가 존재한다면, 그 크기가 빛의 파장보다 작을 것임이 분명했다. 그래서 마치 해변의 파도가 조약돌을 휩쓸고 지나가 버리듯 빛이 원자들을 휩쓸고 지나가 버릴 수 있었나 보다.

원자에 대한 이론이 옳다는 징후는 강했지만, 간접적인 증거일 따름이었다. 원소들은 흔히 다른 원소와 정해진 비율로 결합한다. 수소 원자는 (거의) 항상 산소 원자와 2:1의 비율로 결합하여 H_2O를 만든다(이것을 데모크리토스는 원자라 불렀다). 어떤 경우에는 원자들이 서로 몇 가지 간단

3) 라부아지에 대한 이야기가 궁금하면 로맹 롤랑(Romain Rolland, 1866~1944)이 지은 프랑스 희곡 『사랑과 죽음의 놀이(Le jeu de l'amour et de la Mort)』, 1925를 보자.

한 비례 관계로 결합한다. 예를 들면 탄소 원자 한 개는 산소 원자 1개와 결합하여 독성을 가진 일산화탄소(CO)를 만들거나 산소 원자 2개와 결합하여 아무런 해독을 끼치지 않는 이산화탄소(CO_2)를 만든다. 수소와 염소는 항상 같은 비율로 결합한다(HCl). 만일 수소 원자가 너무 많으면 반응 후에 수소 원자가 남을 것이며, 염소 원자가 너무 많으면 반응 뒤에 염소 원자가 남을 것이다. 화학적 결합물인 염화수소를 물에 녹인 다음 전류를 통과시키면, 원래의 수소 원자와 염소 원자를 다시 분리해 얻을 수 있다.

이 모든 것이 말처럼 간단하지는 않다. 예를 들면, H_2O에서 수소의 무게는 산소 무게의 두 배가 아니다. 무게비는 2:1 대신 8:1이다. 그것은 산소가 수소보다 약 16배나 더 무겁기 때문이다. (같은 온도, 같은 압력에서) 부피를 비교하면 수소와 산소가 2:1의 비율로 반응한다는 것이 실제로 관찰되었다. 이것은 주어진 온도와 압력에서 주어진 부피에 포함된 원자의 수는 수소인지 또는 산소인지에 관계없이 항상 같다고 가정하면 H_2O라는 공식과 일치한다. 실제로 통계역학에 따르면, 주어진 조건에서 같은 부피에 포함된 분자의 수는 같다. 그러면 수소 또는 산소 분자에 몇 개의 원자가 들어 있을까? 우연히도 두 경우 모두 답은 두 개이다. 이 모든 것을 밝혀내는 데 몇 년의 기간이 필요했다. 이와 같은 논의가 초기에 맞닥뜨려야 할 문제였다. 나중에는 화학에 질서가 잡히기 시작했고, 원자론은 정말로 성공적이었다.

보통은 그리 강조되지 않지만 원자론에 대한 다른 증거로 결정 구조가 나타남을 들 수 있다. 예를 들면, 여러분이 소금이라고 알고 있는 염화나

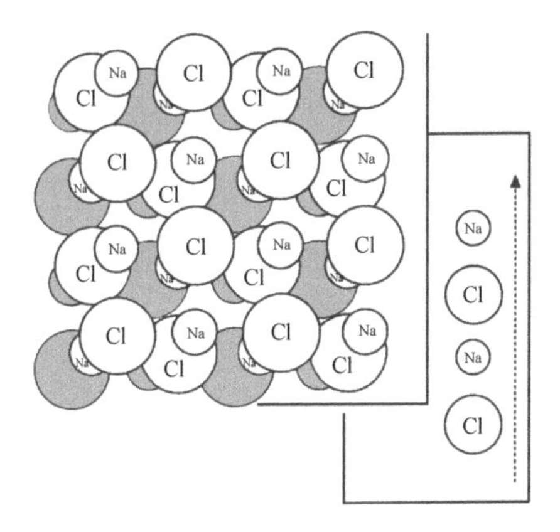

그림 8-1 | 소금은 나트륨과 염소 원자가 각 층에서 (위 그림) '바둑판'처럼 정렬되어 있다. 각 층을 보면 나트륨과 염소 원자가 한 층씩 교대로 놓여 있다(오른쪽).

트륨(NaCl)을 보자. 그것은 격자 구조를 이루고 있다. 실제로 그것은 가장 간단한 보통의 격자이다. 격자의 각 층에는 〈그림 8-1〉처럼 나트륨 원자와 염소 원자가 교대로 바둑판과 같은 모양을 만든다. 그 층의 바로 위(아래)층에서도 나트륨 원자 위(아래)에는 염소 원자가, 염소 원자 위(아래)에는 나트륨 원자가 놓여 있다는 것만 제외하면 똑같은 모양이다.

여러분은 "왜 소금이 그런 모양을 하고 있다고 믿어야 합니까? 증명할 수 있습니까?"라고 말하고 싶을지 모른다. 19세기 초에 알려져 있던 지식에 기반을 두어서는 설명할 수가 없다. 그렇지만 이제는 증명을 시작할 수 있다. 결정체로 된 소금을 쪼개어 보자. 그러면 소금은 작은 정육면체나, 아니면 적어도 서로 수직인 면을 가진 조각으로 나누어질 것이다. 다른 결정체들도 그 결정체에 속한 독특한 모양을 가지고 있으며, 이들을 쪼개더라도 그 특징적 모양은 그대로 남아 있다. 이렇게 결정체가 규칙적이며 다시 만들어 낼 수 있는 모양을 띠고 있다는 사실로부터 결정체에서는 원자들이 매우 규칙적인 순서로 묶여 있음을 알 수 있다. 그런데 이는 증거이지 증명은 아니다.

19세기 말에 두 명의 과학자, 즉 독일의 물리화학자인 오스트발트(Wilhelm Ostwald, 1853~1932)와 상대론적 아이디어를 맨 처음 제시한 비엔나 출신의 물리학자 마흐가 원자설에 도전했다. 그들은 다음과 같이 말했다. "화학의 결과나 결정체를 보면 '마치' 원자가 존재하는 것 같다. 그러므로 원자란 존재하지 않는다고 고집해 보자. 우리는 원자가 무한히 작은 입자여서, 인간의 상상을 뛰어넘고, 정말이지 어떠한 인간도 경험하지 못한 네버-네버랜드에서 유유자적하게 존재한다고 생각할 수도 있다. 단지 원자의 무게 비율만 실질적이며 화학책에 나오는 그들 사이의 상호관계만 검증할 수 있다. 원자가 실제로 존재하고 또한 이들이 더 이상 나누어질 수 없다는 것을 믿는 것은 상식에 위배된다(플라톤의 망령이 살아났다). 원자가 존재하지만 더 나눌 수도 있다고 믿는 것은 원자를 처음 창안하게 된 합리적 목적을 없애 버리는 것과 마찬가지이다."

비록 오스트발트와 마흐가 원자 이론이 얼마나 많은 어려움을 야기할지 올바로 예견했지만, 그들이 옳지는 않았다. 그들의 제안이 크게 유익한 점은 있었다. 그들은 사람들이 화가 나도록 만들었다. 굉장히 많은 종류의 실험이 고안되었다. 드디어는 이 실험들이 원자의 존재를 증명했다.

원자는 볼 수 없는데, 그렇다면 원자가 존재함을 어떻게 증명할 수 있을까? 사람들이 취한 방법은 원자가 존재한다고 가정하고 그 크기를 측정하는 것이었다. 어떤 방법은 대충 들어맞는 것이었고, 어떤 방법은 좀 더 정확했지만, 여기서 중요한 것은 서로 상관없는 여러 분야에서 고안된 수십 가지의 측정 결과가 모두 같은 원자의 크기를 주었다는 점이다. 이것이 마침내 사람들로 하여금 원자설을 받아들이도록 이끌었다. 이 모든 실험이 상대적으로 짧은 기간 동안에 수행되었다. 1900년에는 원자의 존재에 대해 아무런 증명도 없었다. 그런데 1910년에 이르자, 원자의 존재는 과학적 사실이 되어 버렸다.

이제 원자의 크기를 측정하는 몇 가지 방법을 돌이켜 보자. 집 안에서 구할 수 있는 흔한 재료를 가지고 여러분 스스로도 할 수 있는 단순하지만 약간 세련되지 않은 방법이 있다. 물에 생기는 수면파(水面波)를 생각하자. 수면파는 파장이 긴 파동인지(장파) 또는 짧은 파동인지(단파)에 따라 다르게 행동한다. 파동이 전달해 나가는 속도는 파장에 의존한다(이 경우와 파장에 관계없이 일정한 속도로 전파하는 빛이나 음파의 경우는 다름을 유의하자. 그렇지만 빛이나 음파의 경우에도 파동을 전달하는 매질이 바뀌면 그 속도가 바뀐다). 게다가 수면파에서는 그 속도가 파장에 의존하는 모습도 장파와 단파가 각기 다르다. 장파의 경우에는 파장이 길어질수록 속도가 증가한다. 그런데 단파의 경우에는 그 반대가 성립한다. 즉 파장이 짧아질수록 속도가 증가한다. 그 이유는 실제로 두 가지 서로 다른 동작 원리가 작동하기 때문이다. 수면파에서 장파가 진행하는 것은 중력의 복원 효과 때문이다. 어떤 곳에는 (높이 솟은 마루에서처럼) 더 많은 물이 존재하고, 어떤 곳에서는 (움푹 들어간 골에서처럼) 더 적은 물이 존재하는 상황을 중력은 달가워하지 않는다. 중력은 그런 상황을 균일하게 만들려고 시도하며, 그 결과로 수면파가 앞으로 진행한다. 수면파 중에서 단파는 표면장력에 의해 움직인다. 물 분자는 서로 붙어 있으려 노력한다. 물방울이 구형인 것은 구의 표면적이 최소이므로 가장 많은 수의 분자가 행복하게 붙어 있을 수 있기 때문이다. 수면에 파동이 생기면 표면적이 증가하며 표면장력은 이 상황을 원래대로 돌려놓으려고 하기 때문에 단파가 전파된다.[4] 비누는 아주 이상한 구조로 되어 있다. 비누 분자의 한쪽 끝은 물을 좋아하지만 다른 쪽 끝은 물을 싫어한다.[5] 만일 비누를 물속에 떨어뜨린다면, 물을 싫어하는 쪽이 물에서 가능한 멀어지도록 스스로 위치를 바꿀 것이다. 비누 분자들이 수상 묘기를 부리는 것에 감사해야 하리라. 그러면 표면장력은 약해질 것이고 수면파는 더 천천히 전파될 것이다.

이제 물방울을 떨어뜨려서 단파의 수면파가 생기도록 하자(소리굽쇠

---

4) ET: 어쩌면 데모크리토스가 '원자'의 크기를 제대로 추정했을 법한 방법이 실제로 있다. 수면 위에서 (파장이 0.5cm 정도인) 단파가 1초 동안에 수cm 정도 진행하는 것을 관찰할 수도 있었다. 그때 더 빠른 진동으로 파동을 만들려고 시도할 수도 있었다(피타고라스는 데모크리토스보다 앞서서 그러한 진동으로 실험했다). 그래서 파장이 10배쯤 더 짧은 파동은 3배쯤 더 빠른 속도로 (좀 더 정확히 말하면 $\sqrt{10}$ 배) 전파됨을 발견할 수도 있었다. 파장이 1억 분의 1 정도 더 짧은 수면파를 상상한다면, 그런 파동은 물에서 음속과 같은 빠르기로 전파되어야만 함을 알았을 수도 있었다. 파장이 더 짧은 파동이라면 그 속도가 음속을 돌파하게 될지도 모른다. 그러나 그러한 경우는 일어날 수 없다. 지름이 1억 분의 1cm 정도인 물방울이 더 큰 물방울과 동일한 성질을 갖는다고 볼 수 없다. 이러한 경우가 물을 어느 한계까지 나눌 수 있느냐에 대한 힌트를 줄 수도 있었다.
WT: 이 이야기는 저에게 그리스적이지 않은 것처럼 들리는군요.
ET: 데모크리토스가 그렇게 했으리라 상상하기는 힘들다. 그렇지만 여러분은 아무런 장비 없이도 그런 일을 해 볼 수 있다.

5) 이것이 바로 비누가 그 기능을 발휘하는 이유가 된다. 즉 한쪽은 물을 좋아하고 다른 쪽은 때를 좋아한다. 그래서 물을 좋아하는 쪽은 물에 머물러 있고, 다른 쪽 끝은 물 바깥쪽으로 불쑥 나오기 때문에 때가 수면까지 끌려 나온다.

를 때려서 물속에 담그면 훨씬 더 잘 동작한다). 여러분에게 필요한 장치는 물이 똑똑 떨어지는 수도꼭지만 있으면 된다. 만일 물 표면에 비눗기가 있으면 단파는 더 천천히 진행하는데, 수면파가 비눗기 있는 장소에 도달했을 때 파면이 어떻게 찌그러지는지를 관찰하면 이러한 사실을 볼 수 있다.

이제 비누 조각을 풀어서 넓은 영역에 막을 씌우기로 하자. 작은 비누 한 조각이 덮을 수 있는 넓이가 얼마나 넓은지를 보면 참 놀랍다(이 장의 마지막에 실린 〈질문 3〉을 보자). 그러나 여기에는 한계가 있다. 물 표면을 비누 분자 한 층으로 이루어진 막으로 덮고자 한다. 만일 어떤 기름 분자 한 층으로 덮인 막의 넓이를 알고 막을 만든 기름의 양을 알면, 기름 분자의 지름을 알아낼 수 있다.[6] 이런 방법을 써서 얻는 분자의 크기는 물론 별로 정확하지 못하다. 게다가 그렇게 하려면 듣기보다 더 어렵다. 우선 깨끗한 수면이 요구된다. 그러나 이러한 실험이 좋은 결과를 주지 않았다 하더라도, 멋진 실습이었고 배울 점이 있다. 기름막을 펼칠 때 그 두께를 얇게 하는 데 한계가 있다는 사실은 분자를 더 나누려 할 때 어려움이 있으리라는 생각과 관계있다.

여러분은 원자의 지름을 측정하는 대신 왜 분자의 지름을 측정했는지 의아하게 생각할 것이다. 분자의 크기를 알면 원자의 크기를 알 수 있을 뿐 아니라, 분자가 더 크고 흔하기 때문에 분자의 크기를 알아내는 것이 더 쉽다. 여기서 설명하는 대부분의 실험에 의해서, 원자의 크기보다는 분

6) 비누 대신에 기름을 얘기하는 것은 기름의 경우에는 명확한 단층 분자막을 얻기 쉽기 때문이다.

자의 크기를 알 수 있다.

브라운(Robert Brown, 1773~1858)이라는 식물학자가 아주 오래전에 발견한 어떤 사실에서 분자의 크기를 결정하는 다른 방법이 생겨났다. 그것을 발견자의 이름을 따 '브라운 운동'이라고 부른다. 브라운은 액체에 떠다니는 매우 작은 입자들이 있다는 것을 알았다(그는 현미경으로 그 입자들을 관찰할 수 있었다). 그는 떠다니는 입자들이 생물임에 틀림없다고 결론지었다. 이것은 그럴듯한 생각이기는 하지만, 딱하게도 옳은 생각은 아니었다. 실제로는 그 입자들이 커다란 분자처럼 행동했다. 그것들은 분자처럼 모든 방향에서 밀쳐져서 움직이지 않을 수 없었다. 그러나 주위에 요동이 있었고 이 요동이 입자들을 천천히 움직이게 했다.

1905년에 아인슈타인은 브라운 운동에서 분자의 크기를 추론해 냈는데, 이 해는 아인슈타인이 상대론에 관한 논문을 발표한 해이기도 하다. 다른 모든 분자와 마찬가지로, 이 입자들도 $mv^2/2$와 같은 운동 에너지를 가졌다. m이 더 크기 때문에, v는 작은데 오히려 이 때문에 현미경 아래서 충분히 관찰할 수 있었다. (브라운이 발견한) v를 음속과 비교하여, 아인슈타인은 공기 분자의 질량을 얻을 수 있었다. 그 결과는 로슈미트가 얻은 것과 그리 큰 차를 보이지 않았다.

프랑스 사람인 페랭(Jean Baptiste Perrin, 1870~1942)도 아인슈타인과 비슷한 길을 밟았다. 그러나 아인슈타인이 입자의 운동 에너지에 대해 생각했던 반면, 페랭은 중력장 아래서 위치 에너지가 어떻게 되는지에 대해 집중적으로 생각했다. 그는 매우 작은 입자들을 물에 넣었다. 페랭은 시험관에 퍼져 있는 입자들의 분포가 지상에 분포한 공기가 만족하는 법칙과 똑같은 법칙을 따른다는 사실에 주목했다. 단위 부피 속에 들어 있는 입자들의 수는 $e^{-(mgz/kT)}$에 비례했는데, 여기서 m은 입자의 질량이고, g는 중력가속도, z는 입자가 위치한 높이, k는 볼츠만 상수이며 T는 온도이다. 만일 m이 백만 배로 커지면, 대기(大氣)에서 z값의 변화가 백만 분의 1만 되어도 원래와 같은 효과가 나타난다. 페랭은 거대한 '분자'를 써서 시험관 안에서 대기에 대한 모형을 만든 셈인데, 이들 입자를 콜로이드 입자라 부른다. 페랭은 물속에서 입자들이 받는 부력을 고려해야 했다. 그러면 입자의 유효한 무게는 입자의 실제 무게에서 그 입자가 밀어낸 물의 무게를 뺀 것과 같다. 여기서 한 입자는 수백만 개의 분자가 모여서 이루어진 것이 사실이지만, 그렇더라도 기압에 대한 법칙이 시험관 안에서도 성립했다. 페랭은 kT값을 결정할 수 있었으며, 따라서 실제 공기에 대한 기압 법칙으로부터 분자의 질량을 계산해 낼 수 있었다.

아인슈타인과 마찬가지로, 페랭도 알고 있는 입자의 질량과 모르는 공기 분자의 질량비를 구했다. 로슈미트와 아인슈타인, 그리고 페랭은 모두 기체 운동론이라고 부르는 동일한 이론을 사용했다. 다음 문단에서 원자의 크기를 결정하는 데 있어 완전히 다른 방법에 대해 논의하고자 한다.

여기서 새로운 아이디어로 간섭이라는 개념을 소개해야만 하겠다. 파동을 일으키는 근원(波源)이 두 개 있다고 가정하자. 두 파원에서 파동을 내보내는 시간을 조절하여 두 파동의 마루들이 동시에 도달하도록 만든다. 그러면 도달한 파동은 더 큰 마루가 된다. 이렇게 보강되는 것을 보강 간섭이라고 부른다. 이번에는 시간을 다르게 조절하여 한 파원에서 오는 파동의 마루가 도착할 때 다른 파원에서 오는 파동의 골이 도달하도록 만든다. 그러면 도달하는 순간 두 파동은 서로 상쇄되는데 이것을 '마이너스 간섭(역주: 또는 소멸 간섭이라고 한다)'이라고 부른다. 우리는 이미 빛이 원자를 식별하기에는 그 파장이 너무 길다는 것을 말했다. 그렇지만 X선은 훨씬 더 짧은 파장을 가졌다. 독일 물리학자인 막스 폰 라우에(Max von Laue, 1879~1960)는 원자를 관찰하기 위해 X선을 사용하기로 결정했다. 그때는 아직 X선 현미경이 없었고, 그런 것을 만들기는 무척 어려웠다.[7] 라우에는 X선을 결정체에 쪼였다. 결정체란 원자로 이루어진 격자(格子)이다. 그렇게 하니 원자들이 X선을 산란시켰으며 산란된 X선은 어떤 특정한 방향으로 보강 간섭을 일으켰다. 다른 모든 방향으로는 X선이 소멸 간섭을 일으켰다. 이 결과로부터, 라우에는 원자들 사이의 거리와 X선의 파장 사이를 관계 짓는 식을 얻었다.

유감스럽게도 원자의 크기를 구하려면 X선의 파장을 알아야 하는 일이 아직 남아 있다. 그 파장을 알아내려면, 회절발이라는 것을 사용하면 되는데, 이것은 별것 아니고 평평한 판에 아주 촘촘하게, 그러니까 1mm 안에 열 개 정도의 평행한 흠집을 낸 것이다. X선이나 빛을 회절발에 수직으로 쪼여 주면, 들어온 것과 같은 방향으로 반사되어 나간다. X선이나 빛

7) 그렇지만 이는 대단히 유용했다. 한 세대에서 다음 세대로 성질을 전달해 주는 분자의 구조도 볼 수 있었다. X선 현미경을 만들기도 쉽지 않지만, 현재 X선 레이저를 만들기 시작하고 있다. 이것이 만들어지면, X선 현미경술은 훨씬 더 쉬워질 것이다(우리는 마지막 장에서 레이저에 대해 논의할 것이다).

을 회절발에 비스듬히 쪼여 주면, 쪼여 줄 때와 같은 각도로 반사되어 나간다. 수직하게 쪼여 준 경우에는 빛이 판에 새겨진 한 흠집에서 산란되거나 그 옆의 흠집에서 산란되거나 모두 같은 거리를 진행해야만 하기 때문에, 보강 간섭이 일어난다. 비스듬히 쪼여 준 경우에는 평행하게 그려진 흠집에 도달하는 시간이 다르며 그 각도에 따라서 나중에 출발한 빛이 한 파장 더 늦게, 또는 반 파장 더 늦게 반사될 수가 있다. 그래서 반사 때문에 회절 무늬라고 부르는 무늬가 생긴다. 안됐지만, X선의 경우에는 회절 무늬를 만드는 선들 사이의 각도가 너무 작아서, 즉 각도를 아무리 조금만 바꾸더라도 한 파장 정도의 경로 변화가 생겨서 그런 무늬를 볼 수가 없다. 그래서 X선의 파장을 어떻게든 알 수가 없었다. 그런데 우연히도 놀랄 만한 일이 발생했다. 만일 X선을 1° 이하로 비스듬히 쪼여 주면, 회절 무늬에 생기는 각도를 구별할 수 있게 되었으며 그래서 이를 측정할 수 있을 만큼 커졌다. 이제 우리는 회절발을 이용하여 X선의 파장을 계산할 수 있고 따라서 원자의 크기도 결정할 수 있다.

다음 실험의 원리는 대다수 사람들의 마음에 꼭 들었다. 그것은 밀리컨(Robert Andrews Millikan, 1868~1953)의 기름방울 실험이었다. 만약 매우 작은 기름방울들을 공기 중에 떨어뜨리면, 공기의 저항 때문에 천천히 움직인다. 기름방울의 속도를 측정함으로써, 그 기름방울의 크기를 결정할 수 있다. 밀리컨은 약한 전기 방전을 기름방울에 쏘여서 전자들이 기름방울에 흡착되도록 만들었다. 전기를 띤 기름방울은 여전히 전과 같은 속도로 낙하할 것이다. 그러나 만일 이들을 전기장 사이로 떨어지게 하면, 그 운동은 영향을 받을 것이다. 이 운동의 변화를 측정하여, 밀리컨은 기름방울이 운반하는 전하의 양을 결정할 수 있었다. 기름방울들이 여러 전하값을 가졌지만 그 값들은 한 기본 전하, 즉 전자가 지닌 전하값의 배수임이 판명되었다. 패러데이는 전기 화학 당량을 측정했는데, 이는 예를 들자면, 구리 원자 1g을 모으는 데 얼마만큼의 전기량이 필요한가 하는 것과 같다. 전기 화학 당량과 전자의 전하값을 알았으므로 밀리컨은 구리 원자의 질량을 계산해 낼 수 있었다. 여기서도, 원자의 크기에 대하여 같은 결과를 얻었다.

다음에 설명하려는 경우가 지금까지 본 것 중에서 가장 간단하다. 여러분이 방사성에 대해 들어보았으리라 믿는다. 방사성 원소는 α선이나 β선, γ선과 같은 방사선을 방출한다. 여기서는 단지 α선만 논의해도 충분하다. α선은 헬륨 원자의 원자핵과 동일하다. 방출된 α선은 속도가 매우 빠르고 굉장히 많은 에너지를 나른다. 만일 그것이 어느 정도 감광 가능한 스크린에 부딪히면 빛이 나온다. 그래서 섬광을 볼 수 있다. 초창기 학자들은 이 섬광의 수를 세느라고 그들의 눈을 다 버렸다. 드디어 α선이 정지하면, 두 개의 전자를 취해서 헬륨 원자가 된다. 우라늄은 α선을 방출하는데, 방출된 α선의 수는 일정한 시간 동안의 섬광을 세어서 알 수 있다. 이제 만약 꽤 큰 우라늄 조각을 갖다 놓고서 어느 정도 오랜 시간 동안 방출된 α선을 모두 모으면 측정할 수 있을 만큼의 헬륨 기체를 얻게 된다. 그러고 나서 작은 크기의 우라늄에서 짧은 시간 동안 나온 섬광의 수를 센 다음, 더 많은 양의 우라늄으로부터 오랜 기간 동안에 걸쳐 방출된 α선으로 만들어진 헬륨 원자를 모으기로 한다. 그렇게 한다면, 실질적으로 우라늄 붕괴에 의해 방출된 원자의 수를 센 셈이다. 개념적으로 이 방법은 더 간단할 수가 없다. 번쩍거린 섬광의 수를 세어서 헬륨 원자가 몇 개나 생겼는지를 안다. 그러면 헬륨 원자의 크기를 계산할 수 있다. 결과는 역시 모두 같다.

이제 마지막으로 내가 처음에 한 말을 뒤집으려 한다. 분자를 눈으로 보는 것이 가능해졌다. 그러나 보통 현미경이 아니라 전자 현미경을 이용해야 한다. 전자 다발이 대상 물체까지 여행을 한다. 대상 물체에 의해 휘어져 간 전자들은 자기장에 의해 어떤 한 점에 모이도록 조절되며, 따라서 그 상을 볼 수 있다. 전자 현미경을 사용하면 분자를 실제로 볼 수 있고 그 크기도 결정할 수 있다. 그래서 분자의 크기를 알면, 원자의 크기도 결정할 수 있다. 결과는 역시 동일하다.

이제 원자의 크기에 대해서는 모두가 동의하는데 그 크기가 얼마인가를 말해야 할 때가 되었다. 수소 원자 한 개의 질량은 1.65×10^{-24}g이다. 화학자들이 표준으로 사용하는 원자의 수를 몰(mole)이라고 부르는데, 이는 16g 속에 들어 있는 O^{16} 동위원소(가장 흔한 종류의 산소)의 수이다. 이 수는 6.02×10^{23}이며 아보가드로수라고 불린다. 원자를 재는 자의 눈금은 옹스트롬(Å)이며 이는 10^{-8}cm와 같다.

결국 알고 보니 원자는 그렇게 작지도 않으며 원자의 세계로 접근하는 것도 놀랄 만큼 쉽다. 어떤 분자가 독특한 향기를 내면, 강아지는 분자 한 개만으로도 냄새를 가려낼 수 있다. 인간의 눈은 한 개의 광자도 볼 수 있는데, 빛의 원자라고도 할 수 있는 광자에 대해서는 나중에 다시 논의하게 될 것이다. 나는 생명의 신비가 밝혀진다면, 그것은 원자론과 밀접하게 관계되리라고 믿는다. 그런 관점에서 나는 유물론자이다.

그리스의 철학자 플라톤에서 시작하여 비엔나의 철학자 마흐에 이르기까지 모든 의심 많은 사람이 제기한 의문들이 모두 해결되었다. 우리는 원자를 보았다. 우리는 원자로부터 벗어날 수 없다. 그런데 여러분이 원자가 어떻게 행동하는지 배우게 되면, 원자가 존재하지 않았으면 하고 바랄지도 모른다.

질문

1. 수면파의 속도가 장파의 경우에는 $\sqrt{\lambda}$, 그리고 단파의 경우에는 $1/\sqrt{\lambda}$에 따라 변함을 증명하자(여기서 λ는 파장).

2. 공기 분자는 1초에 몇 번이나 충돌할까?

3. 세숫비누를 홑겹의 분자층이 되도록 펼친다면 얼마만큼의 넓이를 덮을 수 있을까?

9장

대응 원리

: 모순에 근거한 새로운 과학

닐스 보어는 전에 누구도 하지 못한 일을 했다.
원자론과 기존의 이론을 잇는 법칙 대신
그는 공존의 법칙을 세웠다.

과학적 이론이 관찰에 근거한다는 생각이 항상 옳지는 않다. 과학의 본성을 뒤바꿔 놓은 덴마크의 과학자 보어에게 한 친구가 1930년 원자 과학에서 위대한 새 발견이 무엇이냐고 물었다. 보어는 한 시간 동안 얘기했다. 보어의 친구는 실망하면서 보어가 1913년에도 똑같은 이야기를 했다고 말했다. 이 일화의 요점은 보어가 원자 이론이 어떠해야 하는가에 대해 일반적인 (그러면서도 지극히 틀에서 벗어난) 식견을, 그의 '엉뚱한' 생각이 실험과 이론으로 확인되기 훨씬 전부터 지니고 있었다는 것이다. 보어의 이론이 1930년대에 이르러 모두 검증되었음에도 불구하고, 그는 그런 내막을 모두 얘기하지 않았던 것이다. 원래 있었던 모순에 대한 이야기만을 계속했다.

20세기 초에 모순은 불가피해졌다. 가장 유명한 모순은 뜨거운 물체의 복사와 관계되는 것이다. 우리는 원자들이 온도에 의한 에너지를 가짐을 이미 알고 있다(어떤 에너지 E에 존재할 확률은 $e^{-E/kT}$에 비례한다). 이 점에서 출발하여, 온도가 T인 기체에서 원자가 갖는 평균 운동 에너지가 $(3/2)kT$임을 나타낼 수 있다.

원자가 전하를 띠고 있다면 빛을 내보내거나 흡수할 수 있다. 원자들이 조그만 안테나 역할을 하는 것이다. 원자가 얼마만큼의 에너지를 갖는가를 정해 주는 통계 법칙이 있듯이 원자의 복사를 결정하는 통계 법칙이 있다. 물리학자들이 이러한 법칙에 대해 생각하는 방법은 반사하는 벽을 가진 상자를 고려하는 것이다. 이 상자 안에 있는 복사의 방향은 제멋대로일 수 있지만 그 파장은 상자 내에 꼭 '맞는', 즉 상자 벽에서 파동의 진폭이

0이 되어야만 한다. 이제 파동의 장이 서로 다르게 진동하는 방식의 수를 세어야 한다. 실제로 부피가 다른 상자들을 생각하면, 부피가 두 배일 경우에는 가능한 진동의 방식이 두 배가 된다.

진동이 일어나는 각 방식이 평균적으로 kT의 에너지를 가짐을 보일 수 있다. 그러면 총 에너지는 얼마인가? 진동의 파장은 얼마든지 짧게 만들 수 있다. 이는 당황스러운 것이다! 가능한 파장의 수가 무한대가 되어 총 에너지는 무한대×kT가 되는 것이다!

각 파장마다 에너지가 kT라는 것을 믿어야만 할까? 상자를 매우 뜨겁게 하고 구멍을 하나 뚫으면 이로부터 나오는 복사를 측정할 수 있다. 파장이 충분히 클 경우에는 에너지가 실제로 kT임이 관찰되었다.

태양은 이와 비슷하게 가시광선을 벗어나는 적외선 영역까지도 복사파를 내보낸다. 태양에서 나오는 대부분의 복사는 스펙트럼에서 노랑 부분이다. 그러나 스펙트럼에서 파랑이나 자외선 부분의 복사는 점점 작아진다. 복사 방출이 무한히 일어나지는 않는 것이다. 왜 그럴까?

이 문제를 즉시 해결하는 대신 나는 또 다른 모순을 제시하겠다. 헬륨 원자를 생각하자. 이 원자는 얼마의 에너지를 가질까? 헬륨은 x, y, z 각 방향으로 $(1/2)kT$의 에너지를 가지므로 총 에너지가 $(3/2)kT$라고 주장할 수 있다. 이는 통계역학을 따른 것으로 정확히 옳다.

(설명하지는 않겠지만) 헬륨 원자는 한 개의 핵과 두 개의 전자를 가지고 있다. 이들 각각은 $(3/2)kT$의 에너지를 가져야 하므로 총 에너지는 $(3/2)kT$의 세 배이어야만 한다. 그러나 그렇지 않다. 흔히 생각하는 온도

에서는 전자가 핵에 단단히 묶여 있어 에너지를 가질 수 없다.

두 개의 질소 원자로 이루어진 질소 분자를 생각하자(앞의 예에서 전자를 생각할 필요가 없음을 알았으므로 전자를 제외하기로 한다). 각 원자는 $(3/2)kT$의 에너지를 가지므로 총 에너지는 $(6/2)kT$가 되어야 한다. 그런데 관찰된 에너지는 $(5/2)kT$이다.[1)]

이 새로운 관찰이 이루어진 후, 미국 사람으로는 첫 번째 위대한 이론 물리학자인 윌러드 기브스는 그의 책 『통계역학 입문(Introduction to Statistical Mechanics)』에 이렇게 썼다. '이러한 종류의 어려움으로 인해, 물질의 구조를 논의하고자 하는 저자는 매우 불안정한 기반 위에서 연구를 수행했음을 인정해야겠다. 그래서 나는 물리를 논의하지 않고 수학적 주제만을 발전시키는 것에 국한하려 한다. 왜냐하면 수학에서는 가설과 결론 사이의 불일치를 제외한 실수가 있을 수 없으며 이 또한 적당히 주의하면 대부분 피할 수 있기 때문이다.' 이 인용문은 기브스가 질소에서 '6개의 자유도' 대신 단지 '5개의 자유도'를 가진 것을 알게 되자 얼마나 놀라고 당황했던가를 보여 준다.

지금까지 말한 모순들을 한 문장으로 요약할 수 있다. 자유도가 너무 작다. 분자에서도 그렇고 원자에서도 그렇고 진공 자체(복사에서 행방불

---

1) WT: 이 논의는 너무 간단합니다.
ET: (주저하며) 내가 설명하겠다. 질소 분자는 전체적으로 세 방향(x, y, z 방향)으로 움직일 수 있다. 또한 두 N원자를 잇는 선에 수직인 두 축 둘레를 도는 두 가지의 회전 방식이 있어. 이 운동 방식들과 결부된 에너지가 분자의 실제 열에너지를 반영한다. 그런데 여섯 번째로 가능한 운동, 즉 진동이 있지. 그러나 보통 조건에서 이 에너지는 거의 없어.

명된 에너지)도 그렇다. 그때까지 잘해 왔던 통계역학이 이제 기능을 멈추었다.

이러한 모든 어려움이 공식 하나로 해결됐다. 이 공식은 매우 간단하지만 그 뜻을 이해하기 어렵다(나는 공식이란 그 정의가 최소한 세 개 이상의 양들이 관계된 것이라고 주장하고자 한다. 단지 두 개의 양이 관계된 공식, 예를 들어 $a = b$는 단지 등식일 뿐이기 때문이다). 우리가 관심을 가진 공식은 매우 간단한 것이다. 이는 $E = \hbar\omega$인데, 여기서 E는 에너지이고 ω는 $2\pi \times$ 진동수(당분간 나는 무엇의 진동수인지 말하지 않겠다)이며, $\hbar$는 상수로서 플랑크 상수라 부른다.[2)]

이 공식은 플랑크(Max Karl Ernst Ludwig Plank, 1858~1947)가 1900년에 평형 상태에서 나오는 실제 복사(햇빛이 이에 가깝다)를 설명하기 위해 도입했다. 이 공식의 뜻은 빛이 양자화되었다는 것이다. '양자화되었다'라는 것은 빛이 한정된 단위로 나온다는 것이다. 즉 $\hbar\omega$, $2 \times \hbar\omega$ 등과 같이 $\hbar\omega$에 임의의 정수를 곱한 에너지만 갖고 $(1/2)\hbar\omega$와 같은 에너지는 가질 수 없다는 것이다. 돈의 경우에도 상황이 비슷하다. 여러분들은 1원, 2원, 1,000,000원을 가질 수 있으나 1/2원은 가질 수 없지 않은가?[3)]

$\hbar\omega = E$의 공식은 모든 경우에 유효하지만 어떻게 유용할까? 반사하는

---

2) WT: 실제로는 $\hbar = h/2\pi$로 여기서의 h가 플랑크 상수이다. ω는 $2\pi\nu$인데 ν는 파동의 진동수이다. 이렇게 하여 우리는 모든 것들을 빙빙 돌아 매우 당연한 $\hbar\omega = h\nu$라는 공식을 얻었다. 그러나 당황할 필요는 없다. 모든 물리학 교과서에 이것에 대한 설명이 있고 또 모든 사람이 알듯이 ET는 선봉자이기 때문에 우리 책에 이를 포함시켰다.

3) WT: 나는 1/2원짜리 우표를 본 적이 있습니다.
ET: $\hbar\omega/2$의 에너지가 논의되는 예도 있지. 이 각주는 여러분들을 혼동시키기만 할 것 같다.

벽면이 있는 상자의 경우에 빛을 다루기로 한다. 빛은 어떤 진동수를 가진다. 우리는 열에너지 kT가 $\hbar\omega$보다 클 때는 옛 방식의 통계역학을 쓸 수 있다. 볼츠만 요소로 인해, $kT > E = \hbar\omega$일 때는 한 개의 양자에 대한, $e^{E/kT}$값이 1에 가깝고 양자의 수가 증가하면 그 값이 부드럽게 변한다. 주어진 한 ω에 대해 총 에너지는 kT가 됨을 보일 수 있다. 적외선 빛은 백만장자와 비슷한데 그는 동전을 너무 많이 가지고 있어서 돈이 낱개의 단위로 들어오는지 알지 못하는 것과 같다.

위의 공식은 헬륨 원자의 경우에도 역시 도움이 된다. 전자들이 그와 같이 큰 진동수를 갖고 핵 둘레를 돌려면 상당히 큰 양의 에너지를 받아들일 수 있어야만 한다. 만약 kT가 $\hbar\omega$보다 작으면 전자는 열운동에 참여하지 못한다.

비슷한 상황이 질소 분자에도 적용된다. 분자는 세 가지 운동, 즉 위로, 앞으로, 또는 옆으로 움직이는 운동에 대해 어떠한 크기의 에너지라도 받아들일 수 있다. 이 병진 운동은 진동수가 없다. 분자를 원래 있던 자리로 돌려놓으려면 아무리 긴 시간도 충분치 않으므로 $\omega = 0$이라 할 수 있다. 두 회전 운동은 작은 진동수를 가지며 그래서 열에너지를 받아들일 수 있다. 그러나 진동의 경우에는, ω가 $\hbar\omega \gg kT$일 정도로 충분히 커서 진동은 에너지를 조금도 얻지 못한다.

플랑크는 뜨거운 물체의 스펙트럼을 설명하기 위해 빛의 양자화 개념을 썼다. 아인슈타인은 모든 종류의 진동이 일어날 수 있는 고체의 열용량을 구하기 위해 이러한 개념을 썼다. 아인슈타인이 알아냈듯이 양자화는 광전 효과에 의해 직접적으로 관찰된다. 물체에 쪼여진 빛이 전자를 잡아 뗀다. 이렇게 해서 전류가 흐르게 된다. $E=\hbar\omega$의 공식은 어떤 진동수를 가진 빛을 전자에 쪼였을 때 전자가 받는 에너지를 말한다. 물론 튀어나온 전자가 가진 에너지는 원래 받았던 에너지값과 다르다는 것에 주의해야 한다. 에너지 중 일부가 고체에서 전자를 떼어 내는 데 쓰인다. 전자가 고체 내를 움직여 나오는 데 보통 이보다 더 큰 에너지를 쓴다. 어쨌거나 광전 효과는 빛이 양자화되었다는 사실을 플랑크에 의해 설명된 스펙트럼보다도 구체적으로 더 잘 설명해 주고 있다.

왜 에너지와 진동수가 관계되어야만 하나? 이 수수께끼는 따로 떨어진 것이 아니다. 다른 수수께끼는 원자의 안정성이다. 화학자들에게 있어 (극소수의 예외가 있지만) 모든 수소 원자는 똑같으며 모든 헬륨 원자도 같고, 다른 원자들도 그렇다. 원자를 더 이상 쪼갤 수 없다고 생각한다면 이는 그렇게 놀라운 것이 아니다. 그런데 1913년에 원자가 복합물이라는 것이 명백해졌다.

원자를 연구하기 위해 영국의 물리학자 러더퍼드(Ernest Rutherford, 1871~1937)는 전기를 띤 입자를 얇은 금속막에 쏘았다. 대부분의 입자들은 거기에 아무것도 없는 것처럼 물질을 통과해 나갔다. 그러나 몇몇 빠른 전기를 띤 입자는(실제로는 무거운 원소가 방사능 붕괴를 할 때 나오는 α입자임) 강하게 튕겨 나왔다. 러더퍼드는 원자에 대한 간단한 모형에 의해 이 결과를 정량적으로 설명하는 데 성공했다.

러더퍼드 모형에서 원자는 원자 반지름의 만 분의 1보다 작은 반지름을 가진 무거운 핵을 가지고 있다. 핵은 전자의 전하량의 정수배인 양의 전하를 갖고 있다. 전기적으로 중성인 원자에서 핵의 전하는 원자 부피의 대부분을 차지하며 핵 둘레를 둘러싸는 음전하를 가진 전자에 의해 상쇄된다(러더퍼드는 전자들이 회전하고 있다고 믿었다).

부딪치는 α입자들도 (두 단위의 전하를 가진) 헬륨 원자의 핵이다. α입자는 큰 에너지를 갖고 있어서 가벼운 전자(그 무게는 수소 원자핵의 1/1840이라서 수소핵보다 4배나 무거운 헬륨핵에 비해 아주 가볍다)에 의해 튕길 수 없다. 단지 α입자가 원자핵에 아주 가까이 갈 때만 튕길 수 있다. 튕기는 각도의 분포로부터 러더퍼드는 쿨롱의 법칙 $F = e_1e_2/r^2$이 원자 전체의 반지름(약 1Å, 즉 10^{-8}cm)의 1/10,000보다 작은 거리까지 성립함을 추정했다. 이로부터 러더퍼드는 수소 원자는 핵 주위에 핵질량의 1840분의 1을 갖는 전자가 도는 것으로 추측했다.[4] 전자와 양성자는 물론 크기는 같으나 부호가 다른 전하를 띠고 있다.

이러한 간단한 모형은 그리 간단하지 않은 의문을 제기했다. 전자는 양성자 둘레의 원을 따라 움직인다고 할 수 있다. 전자는 전하를 띠고 있고 작은 안테나 구실을 하므로 전자기파, 즉 빛을 내보내야만 할 것이다. 그렇게 되면 전자는 에너지를 잃고 핵에 더 가까이 가야만 한다. 전자가 핵에 가까이 접근할수록 더 가속되어, 더 많은 빛을 방출한다. 더 많이 방

4) WT: 어떻게 그가 전자의 질량을 알았습니까?
ET: 밀리컨은 전하를 측정했으며, 그 이전에 에너지가 알려진 전자가 자기장 내에서 얼마나 휘는가 하는 것에서 전하와 질량의 비를 측정했지.

출할수록 핵에 더 가까이 가게 된다. 전자는 '원자론의 모순'이라고 할 만큼 매우 빠르게, 즉 10^{-9}초(nanosec라고 부른다) 이내에 핵 쪽으로 떨어지게 된다.

왜 러더퍼드에게는 말썽이 생겼고 뉴턴에게는 그렇지 않은가? 지구도 에너지를 방출하고 태양 쪽으로 떨어져야만 하지 않을까? 지구는 전하를 띠고 있지 않아서 전자기파를 방출하는 대신 중력파를 내보낸다. 이 중력 복사는 휘어진 공간에 대한 아인슈타인 이론의 결과이다. 다행스럽게도 중력파는 매우 약해서 지구가 태양으로 떨어지기까지는 매우 오랜 시간이 걸릴 것이다. 그 시간은 우주의 나이를 T라 할 때 T의 10억 배이다. 그러니 걱정하지 말기 바란다. 그런 일이 일어나기 전에 다른 많은 사건이 일어날 것이다.

이제 원래 문제로 돌아오자. 왜 원자들은 안정한가? 이 문제에 답하기 전에 나는 다시 더 많은 질문을 하기로 한다.[5] 원자들은 빛을 흡수하고 방출도 한다. 이러한 빛은 각 원자의 특성이다. 나트륨을 불꽃에 던지면 불꽃이 노랗게 된다. 만약 리튬을 불꽃에 던지면 빨간빛이 나온다. 이것이 분광학이다. 원자들이 흡수하거나 방출하는 빛의 정확한 파장으로 원자를 구별할 수 있다. 태양의 스펙트럼에는 실제로 검은 선인 '프라운호퍼선'이 있다.[6] 빛이 태양을 떠나기 전 겪어야 할 마지막 모험은 나트륨(또

---

5) WT: 질문에 대한 답을 알지 못할 때마다 주제를 바꾸는 것은 잘못된 일이라고 생각합니다.
ET: 두 개의 의문이 한 개보다도 낫다. 의문들이 풀이를 암시하기도 한다.

6) 프라운호퍼선에 대한 (시험에서 당황한 학생이 대답한) 유명한 설명이 있었다. "프라운호퍼선이란 태양의 스펙트럼에 있는 검은 선으로 태양에 없는 원소에서 나온다." 우리가 하고자 하는 설명은 학생의

는 다른 원소들)에 의해 흡수되는 것을 감수해야 하는 것이다. 그래서 검은 선을 얻는 것이다. 태양의 스펙트럼으로 태양을 구성하는 물질을 알 수 있는데 이는 지구의 구성물과 비슷했다. 이와 비슷하게 우리는 다른 별들의 스펙트럼으로 그 구성물을 알 수 있다.

각 원자는 '조율되어 있다.' 원자는 특정한 진동수만을 갖는다. 원자는 여러 개의 진동수를 갖고 있다. 이 진동수는 간단한 방식으로 연결되는데, 예를 들어 $\omega_1, \omega_2, \omega_3, \omega_4$를 특성 진동수라 할 때 흔히 $\omega_1 + \omega_2 = \omega_3 + \omega_4$의 관계가 있다. 그러나 원자를 조율하는 것은 악기를 조율하는 것과 다르다. 악기 줄이 ω의 진동수를 가지면 2ω, 3ω 등의 진동수를 가지는데 이를 '배음(倍音)'이라고 한다. '원자 조율'에서는 보통 진동수의 배수가 발견되지 않는다.

방금 말한 것은 우리를 더 어렵게 했다. 모든 수소 원자들은 같은 진동수를 가진다. 수소 원자에서 전자는 왜 임의의 궤도에 있을 수 없을까? 각 궤도는 다른 진동수를 가지므로 모든 수소 원자는 모든 진동수를 내야 할 것 같으나 그렇지 않다. 왜 원자는 안정한가? 왜 스펙트럼선은 선명할까? 왜 진동수들 사이에 특이한 관계가 있을까? 왜, 왜, 왜일까?

보어는 플랑크의 설명이 나온 지 12년 후에 이 문제에 전념했다. 그의 설명은 독특했다. 이들 설명은 이상했다. 사람들은 그의 설명에 귀를 기울였는데, 그것은 아마도 대답이 쉽지 않을 것이 분명했기 때문이리라. 보어

대답보다 문학적 질이 떨어지며 또한 간결하지 않다. 하지만 우리의 설명은 옳다.

는 플랑크의 공식($E = \hbar\omega$)을 설명하지는 않았다. 그는 플랑크 공식이 잘 성립하는 이상한 원자 법칙이라고 말했다. 이 공식은 간단했는데, 너무 간단해서 이것을 설명할 수 있을 만큼 더 간단한 것이 없었다. 그래서 더 이상 설명할 수 없었다. 이 공식은 원자론의 끝이 아니라 출발점이 되어야 했다.

이 명백한 간단성 때문에 흥분하지 말기 바란다. 보어가 자만하지 않았다는 것은 확실하다. 1933년에 코펜하겐에서 철학자들의 회의가 있었다. 그즈음에는 $E = \hbar\omega$의 공식이 일반적으로 받아들여졌으며 그 결과로 양자역학이 나오게 되었다. 양자역학은 양자를 인정하는 역학이다. 회의는 매우 진지했다. 모든 사람이 보어가 말하는 것을 받아들였다. 회의 다음 날 아침 보어는 학술적 숙취에 걸린 듯 보였다. 아무도 왜 그런지 이해할 수 없었다. 마침내 그가 설명했다. "$E = \hbar\omega$ 공식이 당연히 그러리라고 말하는 사람은 그가 말하는 내용을 알지 못함이 분명하다."

보어가 말한 두 번째는 원자 이론이 거시적 물리 법칙에서 나오지 않지만 원자 이론과 거시 법칙은 서로 대응해야 한다는 것이었다. 에너지가 $\hbar\omega$보다 매우 큰 경우에 작용하는 방식으로 원자 법칙을 추측할 수 있다는 것이다. 이것이 '대응 원리'이다. 이 원리는 물리학의 역사에서 중요하며 또한 물리 철학을 이해하는 데 중요하다.

보어가 한 마지막 일은 $E = \hbar\omega$뿐만 아니라 원자가 안정하다고 가정한 것이다. 실제로 그는 여러 원자 상태가 안정하다고 가정했다.

이제 보어는 정말로 너무 지나친 것 같다. 그의 이론은 증거가 없는, 게다가 어리석어 보이는 가정으로 가득 차 있다. 그의 가정으로부터 논리적이거나 아니면 최소한 이치에 맞는 것을 기대할 수 있겠는가?

보어는 다른 선택이 없었다고 말했다. 수소 원자의 모형은 너무 간단해서 아무런 수학적 잔재주도 필요 없었다. 바라는 것이란 모든 모순 중에서 어떤 규칙을 찾는 것이었다(과학의 정신은 특히 모순과 양립할 수 없기 때문에 어려운 일이다). 그럼에도 불구하고 얻은 결론은 아주 간단했다.

빛은 $\hbar\omega$의 에너지를 가졌으므로 두 상태의 에너지 차는 $\hbar\omega$라고 할 수 있다. 그렇다면 전자가 한 상태에서 다른 상태로 가면 $\hbar\omega$의 에너지를 가진 빛을 흡수하거나 방출할 것이다.

안정한 준위에 대한 공리는 $\omega_1 + \omega_2 = \omega_3 + \omega_4$와 같은 관계가 있다는 사실을 설명해 준다. 이 식의 양쪽에 $\hbar$를 곱하면 $\hbar\omega_1 + \hbar\omega_2 = \hbar\omega_3 + \hbar\omega_4$, 즉 $E_1 + E_2 = E_3 + E_4$를 얻는다. 여기서 E_1, E_2, E_3, E_4는 어떤 준위들 사이의 에너지 차이다. 〈그림 9-1〉에 4개의 준위를 그렸는데 바닥으로부터의 거리가 에너지를 나타낸다. $E_1 + E_2 = E_3 + E_4$의 관계가 그럴듯함을 금방 알 수 있다.

그런데 ω는 무엇인가? 이것은 낮은 상태나 높은 상태에 있는 전자의 진동수일까? 우리는 처음으로 진짜 문제에 달려드는 셈이다. 보어는 우리가 설명하고자 하는 자료를 관련시키기 위해 원자의 고전적 모형을 제시했다. 그러나 그는 전이할 때의 진동수와 상태의 에너지를 어떻게 관련시키는가에 대해서는 설명하지 않았다.

높게 들뜬 상태에서는 이웃한 상태의 진동수가 비슷하다. 그 결과로 전이가 일어나는 준위는 에너지가 비슷하고 그 성질도 비슷할 것이다. 그래서 전이가 되는 진동수는 처음 상태의 진동수와 거의 같고 마지막 상태

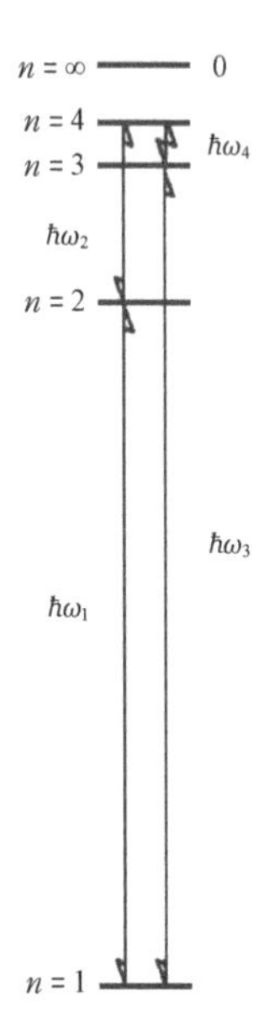

그림 9-1 | 수소 원자의 에너지 준위를 나타내는 이 그림은 $\omega1 + \omega2 = \omega3 + \omega4$임을 설명해 준다. 맨 위에서는 에너지가 0이며, 전자가 달아나서 원자는 이온화된다.

의 진동수와도 거의 같다. 둘이 아주 비슷하다.

모순은 대단히 뚜렷이 드러나 있다. 안정한 상태에 대한, 그리고 에너지와 진동수 사이의 관계에 대한 가정은 간단하긴 하지만 부자연스럽다. 대응 원리는 우리가 우리 감각에서의 '실제' 거시적 세상으로부터 완전히 벗어날 수 없음을 약간이나마 재보증하겠지만, 이 원리는 원자 과학에서의 법칙을 세우는 데 있어 기껏해야 모호한 길잡이밖에는 될 수 없을 것처럼 보인다. 그러나 이 원리는 원자 과학 법칙을 세우는 데 있어 사람들이 기대한 것보다 더 효력을 발휘했다. 간단한 예를 생각하는 것이 좋겠다. 조화 진동이 그 예이다.

나는 갈릴레오가 교회에서 등잔이 흔들리는 것을 보았을 때 물리학에 흥미를 가지게 되었으며 그는 등잔이 진폭에 관계없이 같은 진동수로 흔들림을 알았다고 말했다. 실은 이것은 고전역학에서 초보적 법칙이다. 복원력이 변위에 비례하면 진동수는 진폭에 관계없게 된다.

수소 원자에서 전자는 원운동을 하는데 이때 전자가 받는 힘은 거리 r에 대해 $1/r^2$을 따른다. 이 운동은 조화 진동과는 아주 다르다. 그러나 질소 2원자 분자(2원자란 각 분자에 두 개의 원자가 있다는 뜻이다), 즉 N_2를 생각하기로 한다. 두 질소 원자는 어떤 거리만큼 떨어져 있으려 한다. 두 원자를 모두 안쪽으로 밀면 이들은 원래 자리로 돌아오려 하며 이들을 압축하면 할수록 되밀린다. 여기에서의 힘은 (1차적 근사에서) 변위에 비례한다. 그러니 이것도 조화 진동자라 할 수 있다. 조화 진동의 진동수는 에너지와 무관하므로 그 준위는 같은 간격이 되며 〈그림 9-2〉에 보인 것과 같다. 이웃한 준위 사이의 에너지 차는 같아서 흡수되거나 방출되는 빛의 진

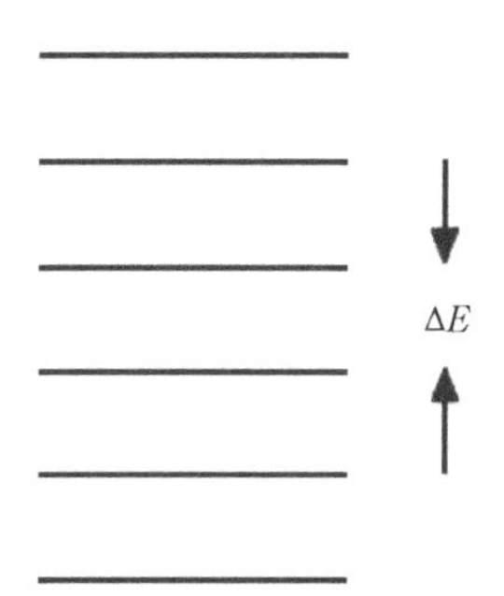

그림 9-2 | 이 그림은 조화 진동에서 에너지 준위는 같은 간격이며 그래서 이웃한 준위 사이의 에너지 차는 같다는 사실을 설명하고 있다.

그림 9-3 I 실험치에 부합되게 하기 위해 2원자 분자의 에너지 준위를 약간 수정했다. 그래서 에너지 = 0인, 맨 위로 갈수록 에너지 준위들이 가까워지며, 에너지가 0일 때 분자는 갈라진다. 즉 분리되는 것이다.

동수는 높은 에너지 상태에서도 여전히 같다.[7]

불행하게도 이는 실험치와 완전히 일치하지는 않았다. 2원자 분자가 더욱 강하게 진동하면 진동수가 더 작아짐이 밝혀졌다(왜냐하면 변위가 클 때는 복원력이 이에 비례하여 계속 커지지 않기 때문이다). 그러나 이러한 일은 매우 천천히 일어난다. 그래서 우리는 준위를 〈그림 9-3〉처럼 수정한다(실제로 이 그림은 과장되었다. 보통은 준위 사이의 간격은 그림보다 천천히 줄어든다).

회전의 경우에는 회전 진동수가 에너지에 의존한다. 이때 회전 에너지는 속도를 v라 할 때 v^2에 비례한다. 에너지가 높을수록 속도가 커지며 회전 진동수도 커지게 된다. 진동수 그리고 준위 사이의 거리는 $\sqrt{\text{에너지}}$에

7) 또한 조화 진동에서는 두 번째 이웃한 준위 사이에 전이가 있으면 그 진동수는 2ω가 된다. 이는 고전역학에서 배음에 '해당'한다.

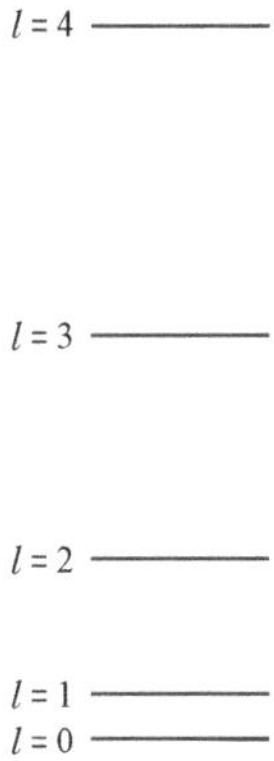

$l = 4$

$l = 3$

$l = 2$

$l = 1$
$l = 0$

그림 9-4 | 완전한 양자역학 이론은 이 그림에서와 같이 에너지 준위가 양자수의 제곱에 비례하는 것과는 다소 다른 결과를 준다.

비례하여 증가한다. 따라서 〈그림 9-4〉와 같은 에너지 준위의 모양을 얻게 된다. 준위들을 정수 l인 양자수로 나타내면 준위 사이의 거리는 l에 비례한다. 또한 각 준위의 진동수는 l에 비례하는 준위 사이의 거리에 비례한다. 그래서 에너지는 진동수의 합에 비례하는데 이는 l^2에 비례한다(질문 1).

이러한 논의를 통하여 수소 원자로부터 그 준위의 모양을 얻을 수 있다. 한 고등학교 교사가 수소 원자의 스펙트럼을 $R/(1/n_1^2 - 1/n_2^2)$ 식에 맞추었는데, 여기서 R은 뤼드베리 상수라 부르고 n_1과 n_2는 정수이다. 이 식은 보어의 생각과 일치하며 수소의 에너지 준위가 $E =$ 상수$/n^2$이라는 결과를 준다. 그러면 이웃 준위 사이에서 전이할 때의 진동수는 상수 $\cdot (1/n^2 - 1/(n+1)^2) \approx 2/n^3$이 될 것이다. 따라서 진동수 $\approx (\sqrt{E})^3$이다. 이 결과가 대응 원리에 부합될까?

위치 에너지는 $1/r$에 비례한다. 구심력에 관한 방정식 $mv^2/r = e^2/r^2$은 운동 에너지 $mv^2/2$ 또한 $1/r$에 비례함을 보여준다. $\omega = v/r$인 진동수에 대해서 $m\omega^2 = e^2/r^3$임을 얻으며 따라서 이는 ω는 $\sqrt{E}$의 세제곱에 비례한다. 뤼드베리 상수는 알려져 있는 e, m, $\hbar$의 값으로부터 정확히 계산할 수 있다.[8)]

사람들은 보어의 생각을 발전시켰다. 그들은 대응 원리와 여러 실험 자료를 가지고 있었다. 갖가지 실험 자료, 원자와 분자의 스펙트럼, 그리고 화학의 법칙들이 굉장한 자료 더미를 이루었다. 대응 원리는 확고하지 못했고 정확히 정의되지도 못했으므로 이를 적용하기가 의심스러웠다. 수십 년이 지나 모순이 없는 수학적 풀이가 발견되자 사람들은 대응 원리에 등을 돌렸다. 1914년부터 1925년 사이의 기간, 즉 보어의 별난 논문으로부터 시작하여 하이젠베르크(Werner Heisenberg, 1901~1976)가 양자역학이라 부르는 새로운 역학을 창안할 때까지의 기간은 물리학의 역사에서 독특한 시기였다. 나는 이 기간이 끝난 지 2년 후부터 하이젠베르크와 함께 연구를 시작했다. 나는 이 격동적인 시기의 기억이 빠르게 지워짐을 느낀다. 진실로 자체 모순적인 조건하에서도 점점 정상적인 형상을

---

8) WT: 이것이 보어가 따른 방법입니까?
ET: 그래 맞다.
WT: 보어가 아버지께 그렇다고 말했습니까?
ET: 아니다. 나는 그가 잔재주를 피웠다고 믿는다. 그는 발머 공식(알칼리 원자의 스펙트럼에 적 용되는 공식과 비슷함)으로부터 에너지 준위에 대한 생각을 얻었지. 그러고 나서 그는 에너지와 진동수에 관한 공식이 검증될 수 있는지 없는지를 알아내려 했다. 그렇다고 하더라도 이는 환상적인 상상의 나래이다. 그러나 가장 주목해야 할 것은 보어가 어디에서 멈추어야 하며 무엇을 설명하지 않아도 된다는 것을 알았다는 사실이지.

얻게 되는 경험에 의해 기운을 차리곤 했던 보어의 영향은 받아들이기도 어려웠지만 믿을 수 없을 정도로 충격적이었다.

이 시대의 심리적 상태를 나타내는 유물은 보어, 크레이머스(Hans Kramers) 그리고 슬레이터(John Slater)가 쓴 논문이다. 그들은 에너지가 통계적 의미가 아니고서는 보존되지 않는다고 가정했다. 그러나 콤프턴(Arthur Holly Compton, 1892~1962)의 실험, 즉 전자에 의한 X선의 산란 실험은 X선이 산란되는 개개의 과정에서 정량적으로 에너지와 운동량이 보존됨을 보임으로써, 거의 즉각적으로 그들의 논문이 틀렸음을 반증했다. 1929년과 1935년 사이에 나는 보어의 강의와 투덜거림을 여러 시간 동안 들었다. 그는 그 논문에 관해 결코 한마디도 하지 않았다.

나는 대응 원리가 결코 잊혀서는 안 된다고 느낀다. 이는 역사적으로 중요하다. 둘째로 양자역학에 관련된 수학적 원리가 너무 복잡해서 문제에 대한 답을 얻기 위해서는 여러분은 1년 혹은 2년 동안 공부를 해야만 한다. 그런 뒤에도 여러분은 그 답이 맞았는지 확신할 수 없다. 이때 답을 점검하기 위해 대응 원리를 이용할 수 있다.

양자역학은 복잡하다. 어떻게 이를 이해할 수 있는가? '이해한다'라고 했을 때 그것이 뜻하는 바는 무엇일까? 어떤 도시의 주요 거리에 익숙해지고 이 거리들이 다른 거리에 대해 어디에 있는가를 알면 그 도시의 지리를 이해했다고 한다. 그렇게 되면 한 번도 가보지 않은 어느 특정한 곳일지라도 우리는 몇 마디 안내만으로도 길을 찾을 수 있다.

나는 물리학에서 이론을 이해하는 것도 이와 같은 방식이라고 생각한다. 주요 개념을 알고 이들이 어떻게 짜 맞추어지는지를 알면 우리는 그 이론을 이해한 것이다. 그러면 우리는 주요 개념들의 몇몇 '연결 관계'의 도움으로 이론에서 '새로운 지점'에 도달할 수 있다. 이러한 '이해'의 감을 통해 고전역학을 이해할 수 있다. 우리가 자동차를 운전할 때마다 힘과 가속도를 경험하기 때문에 $F = ma$는 우리에게 놀라운 것이 못 된다. 그러나 원자의 '미시적 세계'에 대한 경험이 없기 때문에 양자역학에서는 고전역학에서와 같은 '이해'가 거의 불가능하다. 양자역학에서 이와 같은 이해를 얻기 위해서는 새로운 이론의 가파른 절벽을 기어 올라가는 데 있어 [새 밧줄, 즉 수학적 법칙(formulism)[9]을 갖고 가기를 원치 않는 한] 발판과 손잡이를 제공해 주는 대응 원리가 필요한 것이다.

---

9) 흔히 쓰는 단어는 'formalism(공식)'이다. 그러나 formulism이란 더 의미심장한 형식에서 정당화된 행태를 표현하기 위해 썼다.

질문

1. 1에서 n까지의 합이 (거의) n^2에 비례함을 나타내보자. 이 수학적 연습이 회전하는 2원자 분자의 에너지와 어떠한 관계가 있는가?

2. 1개의 전자가 핵 둘레를 도는 수소 원자를 생각하기로 한다. 한 바퀴 도는 데 걸리는 시간을 전자의 궤도 반지름 r로 나타내자. 그러고 나서 진동수를 에너지의 함수로 나타내자. 이렇게 해서 수소의 에너지 준위를 $-k/n^2$으로 쓸 수 있음을 보이자. 여기서는 k는 상수이고 n은 정수이다.

3. 2원자 분자에서 n과 $n + 1$의 두 회전 상태를 생각하자. 각운동량 값의 차는 얼마인가?

4. 수소 원자에서 전자의 원 궤도를 생각하기로 한다. n상태와 $n + 1$상태의 각운동량 값의 차는 얼마인가?

10장

파동-입자의 이중성

이로 인해 물질의 구조가 설명되었으며
화학이 물리학에 통합되었다.

보어가 대응 원리를 논의한 십여 년 후에 프랑스 학생 루이 빅터 드 브로이(Louis Victor de Broglie 1892~1987)는 파리 대학교에 박사 학위 논문을 제출했다. 이 논문은 얼토당토않은 것처럼 보였다. 이 논문은 전자가 실제로는 파동이라고 말했다. 교수진이 이 논문을 반려하기로 의견을 모은 것은 놀랄 일이 아니었다. 특히 소르본느 대학의 교수진은 다소 보수적이었던 것이다. 그러나 상황은 그리 간단하지 않았다. 드 브로이는 귀족 가문 출신으로 공국의 왕자였다. 그뿐 아니라 그의 아버지는 수상을 지낸 힘 있는 정치가였다. 프랑스 혁명 후에는 귀족들에 대한 존경이 떨어졌으나 정치인의 경우에는 존경이 그만큼 더해졌다.

다행스럽게도 아인슈타인이 우연히 파리에 들렀기에 그 논문을 아인슈타인에게 보여 주었다. 그는 이 논문의 아이디어에 감탄하고 논문을 복사하여 그의 모든 친구들에게 돌렸다. 아인슈타인이 그렇게 말하자 드 브로이는 학위를 받게 되었다. 이것은 매우 다행스러운 일이었는데, 드 브로이가 후에 노벨상을 받았기 때문이다. 소르본느에서 수락할 수 없다고 결정된 논문에 상이 주어졌다면 참 난처한 일이었을 것이다. 이상하게도 드 브로이는 더 이상 뛰어난 일을 하지 않았다.

전자가 파동과 연관을 가진다는 생각은 노벨상 하나가 아니라 실은 두 개를 받았다. 여러분은 모든 사람에게 파동이라 받아들여졌던 X선을 폰 라우에가 결정(結晶)에 쪼인 것을 기억할 것이다. X선은 결정에 의해 굴절되어 간섭무늬를 만들었다. X선 대신 전자를 결정에 충돌시켰더니 비슷한 무늬가 관찰되었다. 이것이 전자가 파동이라는 실험적 증명이며, [데

이비슨(Clinton Joseph Davisson, 1881~1958)과 톰슨(George Paget Thomson, 1892~1940)에 의해 각각 행해진] 이 증명이 실제로 1937년에 두 번째 노벨상을 받았다.

그의 논문에서 드 브로이는 전자는 입자가 아니라 파동이라는 것을 보이려고 했다. 실제로 오늘날 원자 세계를 설명하는 양자역학의 발전은 전자가—광자나 다른 원자 내 입자들도 마찬가지이다—입자적 성질과 파동적 성질을 함께 가지고 있다는 생각에 의해 이끌어졌다. 이것은 간단하고 오래된 전통, 즉 한 가지 사실은 한 가지 설명만 가진다는 생각과의 철저한 결별이었다. 그럼에도 불구하고 이 이중성은 극히 유용했으며, 나는 이것이 앞서 있었던 위대한 혁명, 즉 태양이 지구를 돌지 않고 지구가 태양을 돈다는 주장에 맞먹는 결정적인 것이라 생각한다.

파동과 입자의 거동이 매우 달랐다면 이 이중성은 당연히 아주 불합리한 것처럼 보일 것이다. 그러나 주목할 만한 것은 파동과 입자의 거동이 놀라울 정도로 비슷하다는 것이다. 이중성을 이해하기 위해서는 이 유사성을 강조해야만 하는데, 그렇게 하기 위해 좀 더 자세히 알아보자.

드 브로이 자신은 상대성 이론에서 입자와 파동이 비슷한 행동을 한다는 데서 시작했다. 자유 입자는 에너지와 운동량으로 특성지어진다. 네 개의 양, 즉 에너지와 각기 x방향, y방향, z방향의 세 운동량 성분은 관찰자에 따라 다르게 나타난다. 우리는 이미 이들이 4차원 벡터의 성분을 이루고 있음을 알았다(상대성 이론적인 변환에서는 에너지는 시간처럼 행동하고 운동량의 세 성분은 세 개의 공간 좌표 x, y, z처럼 행동함을 기억하자).

파동을 기술할 때도 역시 4차원 벡터 성분을 만나게 된다. 이들은 단위 시간 동안 진동하는 수인 진동수와 x, y, z 각각의 방향으로 정해진 거리만큼 진행할 때 만나게 되는 최고점의 개수인 파수(波數)이다.

입자적 묘사에서는 E, p_x, p_y, p_z의 네 성분에 대해 말하며, 파동적 묘사에서는 ω, k_x, k_y, k_z의 네 성분에 대해 말한다. 여기서 이는 진동수인데 좀 더 자세히는 2π초[1] 동안 떠는 진동수이다. k_x는 파수의 x성분으로 불리는데 x축을 따라 2πcm만큼 진행하면 만나게 되는 수이다. 단순히 좌표계만을 회전시켜 보면 k_x, k_y, k_z가 3차원 벡터의 세 성분처럼 변환한다는 것을 쉽게 알 수 있다.

위와 같은 정의로부터 드 브로이는 다음과 같이 쓸 수 있었다.

$$E = \hbar\omega$$

$$p_x = \hbar k_x$$

$$p_y = \hbar k_y$$

$$p_z = \hbar k_z$$

이 간단한 방식에 의해 입자라고 간주했던 전자의 운동량이 파동적 묘사에서 이에 해당하는 역할을 한다. 특이하게도 전자의 속도에 대해서는 더 복잡하다. 상대론적으로 나타내면 정지한 전자의 에너지는 mc^2인데

1) WT: 2π가 도입된 것은 일을 복잡하게 하기 위해 물리학자들이 하는 것처럼 보입니다. 그리고 이것은 식이 올바르게 되기 위해서는 파수도 2π를 포함해야 한다는 것을 뜻하겠지요.
ET: 2π가 도입된 것은 진동수를 말할 때 '매초당 라디안'으로 나타냈기 때문이라고 설명할 수 있는데, 이러한 설명은 물리학자들을 모욕하는 것이 아니다.

여기서 m은 전자의 질량이다. 전자가 정지해 있으면 운동량은 0인데, 이는 $k_x = k_y = k_z = 0$을 뜻한다. 그러나 파장 ÷ 주기인 파동의 속도는 정지한 전자에 대해서는 매우 기이함을 보여 준다. 주기는 진동수의 역수인데 이 값은 유한하다. 그러나 파장은 파수의 역수이므로 무한대가 된다. 따라서 정지한 전자는 파동으로서는 무한대의 속도를 가져야 한다.

바로 이 부분에서 드 브로이는 명확하고 간단하면서도 놀랄 만한 기여를 했다. 그는 이를 위해 파동의 위상 속도(位相速度)와 이보다 복잡하긴 하지만 더 중요한 군속도(群速度)를 구별했다.

위상 속도는 사람들이 첫눈에 '파동의 속도'와 연관 짓는 양이다. 위상 속도는 개개 파동의 최고점들이 진행하는 속력이다. 만약 x방향으로 진행하는 평면 파동을 $\cos(kx - \omega t)$로 쓰면 좀 더 명확해질 것이다. 파동의 진폭이 최대가 되는 점을 잡으면 코사인은 1이 되며 위상은 0이다. 그래서 $kx - \omega t = 0$, 즉 $x = \omega t/k$이다. 따라서 위상 속도는 $v_{\mathrm{ph}} = \omega/k$이다.

진공 중의 빛에 대해서는 그 속도가 항상 c이므로, 이로부터 $\omega = ck$가 되며 더 이상 말할 것이 없다. 그러나 전자에 대해서는 상황이 매우 다르다. 드 브로이의 상대론적인 논의에 의하면 정지한 전자의 에너지는 mc^2이며 그 진동수는 $\omega = mc^2/\hbar$이다. 정지해 있기 때문에 그 운동량과 파수는 모두 0이며($k = 0$) 그래서 위상 속도 ω/k가 위에서 말한 것과 같이 무한대가 된다.

이제 본질적인 부분이 나온다. 만약 파수가 입자를 설명하고자 하거나 입자에 상응하는 것이라면 이때 파동의 과정은 한 부분에만 있어야 한다.

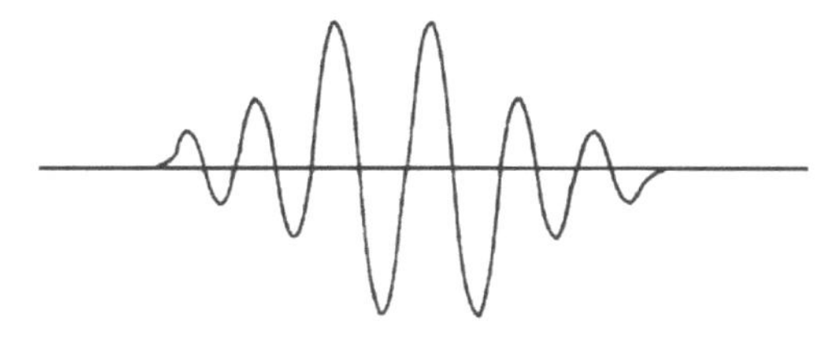

그림10-1 | 이 파동 무리는 파수가 다른 평면 파동을 몇 개 합하여 만든다.

파동이 한 부분에만 있게 하려면, 〈그림 10-1〉에서와 같이 파동의 마루를 한곳에 모아 파동이 무리를 짓게 하면 된다. 그러한 무리는 파수가 조금씩 다른 여러 평면 파동을 더하여, 즉 중첩시켜 무리 중심에서는 모든 진폭이 보강되고 중심 바깥에서는 상쇄되도록 하면 된다. 드 브로이는 그의 아이디어의 궁극적인 결말에 대해 분명히 알지 못했다. 파동의 절댓값의 제곱은 전자를 발견할 확률이라는 것이 후에 판명되었다. 그래서 전자의 속도는 파동 무리의 최고점이 움직이는 속도인 것이다. 이 속도가 군속도이다(드 브로이는 이 점을 아주 분명히 알았다).

우리는 파동 무리의 꼭대기, 즉 마루에서는 성분을 이루는 파동의 모든 위상차가 계속 0이라는 것에서 군속도를 구할 수 있다. 이를 정량적으로 구하기 위해 ω_1, k_1과 ω_2, k_2를 가진 두 파동의 위상차(位相差), 즉 $(k_1 - k_2)x - (\omega_1 - \omega_2)t$로부터 시작하기로 한다. 개개 성분 파동의 꼭대기는 파동 무리의 마루보다 앞서갈 수 있지만 (혹은 뒤처져 있지만) 이 값은 마루에서는 항상 0이다.

그래서 위상차가 계속 0인 곳에서 속도는 분명히 $(\omega_1 - \omega_2) - (k_1 - k_2)$이다. 두 파수의 차가 매우 작으므로 그 차의 비는 도함수에 가깝다. 따라서 수많은 파동을 함께 더할 경우에는 군속도는 $\upsilon_g = d\omega/dk$이다. 진공에서 진행하는 빛의 경우는 속도가 $d\omega/dk = \omega/k = c$로 ω에 의존하지 않는다. 따라서 군속도와 위상 속도의 크기가 같으며 그 값은 모두 c이다.

비상대성 이론에서는 입자의 에너지는 $E = p^2/2m$이며, 위상 속도는 $\upsilon_{\text{ph}} = \omega/k = E/p = p/2m = \upsilon/2$로 입자 속도의 반이다. 그러나 군속도는 $\upsilon_g = d\omega/dk = dE/dp = p/m = \upsilon$ 입자의 속도는 옳다. 상대론적인 경우에는[2] $E^2 = p^2c^2 + m^2c^4$라서 $\upsilon_{\text{ph}} = \omega/k = E/p$가 되며 이 값은 $p = 0$일 때는 무한대이고 에너지가 클 때는 (당연하지만) c가 된다. 그러나 $\upsilon_g = d\omega/dk = dE/dp = pc^2/E$로 옳은 입자의 속도, 즉 $p = 0$일 때는 0이 되고 에너지가 클 때는 c에 가까이 간다.

이 논의가 우리를 어디로 끌고 가는가? 드 브로이는 우리가 언제나 입자라고 생각해 왔던 전자가 파동이라고 말한다. 또한 아인슈타인은 일찍이 파동으로 알고 있었던 빛이 어느 경우에는 입자, 즉 양자로서 행동한다고 했다. 이제 점점 결론에 도달하고 있는 것처럼 보인다. 서로 연관된 두 개의 어려움은 한 개보다 낫다.[3]

정말로 빛이 파동인지 또는 입자로 이루어졌는지에 대한 논쟁은 뉴

---

2) 이 장의 끝에 있는 질문을 볼 것.

3) 파리에 있는 동료가 아인슈타인에게 젊은 드 브로이의 '괴상한' 파동을 전해 주었을 때 아인슈타인의 느낌이 이러했으리라 생각될지도 모르겠다. 아인슈타인이 원자의 크기를 결정하는 데 중요한 기여를 했으며, 광자에 대해 얘기했고, 또 상대성 이론을 창안했던 1905년에는 아인슈타인은 과학계의 변두리에 있었다. 아인슈타인이 진리를 만날 때마다 이를 인정했다는 것은 매우 좋은 일이라 할 수 있다. 그러나 아인슈타인은 드 브로이의 학위 논문에서 발전되어 나온 물리학의 분야인 양자역학을 결국 받아들이기를 거부했다. 물리학은 간단하기를 기대한다. 물리학자들은 그렇지 못하다.

턴 시대부터 시작되었으며, 이 논쟁은 현대 물리학과 직접적 관련이 있다. 빛살이 물 위에 닿으면 그 방향을 바꾼다는 사실은 잘 알려져 있다. 스넬(Van Roigen Willebrord Snellius, 1591~1626)은 이 굴절의 법칙을 1607년에 발견했다. 뉴턴은 빛이 물속으로 끌리는 입자들로 이루어졌다고 말함으로써 이 현상을 설명했다. 뉴턴과 같은 시대의 네덜란드 사람인 하위헌스(Christiaan Huygens, 1629~1695)는 빛이 두 매질에서 서로 다른 속도로 진행하는 파동이라고 함으로써 빛의 굴절을 설명했다. 두 이론이 모두 관찰 결과를 설명할 수 있었다. 또한 서로가 상대의 주장을 반증할 수 없었다. 논쟁은 장군 멍군이었다. 유념해야 할 것은 두 주장이 본질적으로 같다는 것이다. 차이점은 단순히 사용한 언어에 불과했다. 이러한 상황은 수세기 후에 파동-입자 이중성이 논의의 초점에 들어올 때까지 올바르게 인식되지 못했다.

먼저 빛이 공기 중에서 물로 들어갈 때 휘는 굴절의 법칙을 생각해 보자. 우리는 공기 중에서의 빛살과 물 표면의 수직선 사이의 각 α_i를 '입사각'이라 하며, 물속의 빛살과 수직선이 이루는 각 α_r을 '굴절각'이라 한다. (스넬의 법칙이라 부르는) 굴절의 법칙은 입사각에 관계없이 $\sin\alpha_i/\sin\alpha_r$의 비가 항상 같다고 말한다.

굴절에 관한 뉴턴의 설명은 이러하다. 빛은 운동량을 가진 '알갱이', 즉 입자이다. 물 표면이 힘을 미쳐 이 알갱이를 물 쪽으로 잡아당긴다. 운동량 벡터는 두 성분이 있어 하나는 물 표면에 평행한 $p_\parallel$이고 다른 하나는 물 표면에 수직한 $p_\perp$이다. 힘은 물 표면에 수직하기 때문에 수평 성분 $p_\parallel$는

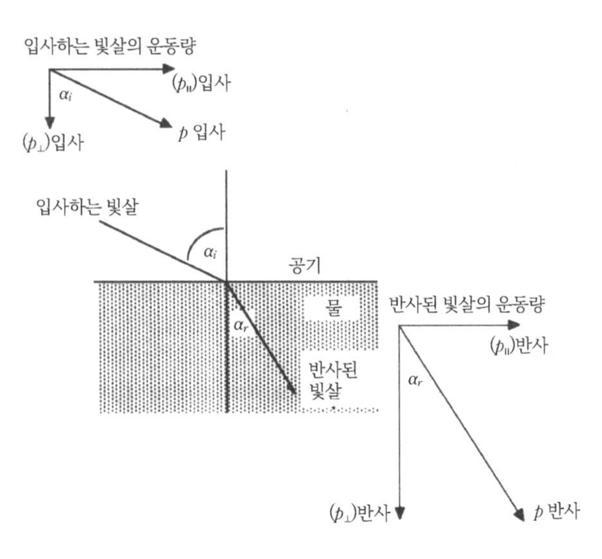

그림 10-2 | 빛살의 운동량 p는 빛이 공기에서 물로 들어올 때 변화가 없지만, 표면을 따르는 성분 $p_{\parallel}$는 변화하지 않은 채로 있다.

영향을 받지 않는다고 가정하는 것이 자연스럽다. 그러나 수직 성분은 변하게 되는데 알갱이에 힘이 작용하므로 그 값이 커지게 된다. 물론 입사하는 입자의 운동 에너지는 그 입사 방향에 무관하다. 운동 에너지의 변화는 입자가 물속에 들어오는 동안 변하는 퍼텐셜 에너지 변화의 음수값과 같다. 그래서 이 값은 진행하는 방향에 무관하다. 따라서 모든 각도에 대해서 입사할 때와 굴절 후의 운동 에너지의 비와 운동량의 비가 같다. 이 말은 p_i/p_r의 값은 변화가 없으나 평행 성분의 비, $(p_{\parallel})_i/(p_{\parallel})_r$은 1임을 뜻한다. 〈그림 10-2〉로부터 $(p_{\parallel})_i = (\sin\alpha_i)p_i$이며, $(p_{\parallel})_r = (\sin\alpha_r)p_r$임을 알 수 있다. 이로부터 $\sin\alpha_1/\sin\alpha_r$이 모든 입사각에 대해 같으며, 스넬을 따르면 이 값을 굴절률 n이라 할 수 있다. 따라서 굴절의 법칙이 입자론으로 설명이 된다.

하위헌스는 빛이 파동이라고 믿었다. 빛이 공기에서 물속으로 들어갈 때 그 진동수는 변할 수 없다. 한 관찰 지점을 단위 시간 동안 지나쳐 가는 파동의 마루의 수는 같은 것이다. 그러나 진행 속도[4]는 두 매질에서 다르므로 파장이 달라지고 따라서 파수도 달라진다. 그런데 한 매질에서 다른 매질로 갈 때 파수는 입사각에 관계없이 입사와 굴절 후의 파수의 비가 계속 같은 값을 유지하도록 변화한다. 우리는 입자론에서는 운동량의 비가 변화하지 않지만, 파동론에서는 파수의 비가 변하지 않음을 알았다. 입자론에서는 그 논의에서 에너지를 생각해야 하고 파동론의 경우에는 진동수를 생각한다.

입자론에서 표면에 평행한 운동량 성분이 공기 중에서나 물속에서 같다는 말에 대응하는 파동론의 상황을 이해하기는 쉽다. 공기-물의 경계에 있는 파동을 생각하면, 연속 조건은 경계의 양면에서 마루의 수가 같아야 함을 뜻한다. 〈그림 10-3〉에서처럼 공기와 물의 경계면 위와 아래에 있는 점선을 보면, 공기와 물에서 같은 수의 마루가 마주치며, 따라서 표면에 평행한 **k**벡터의 성분이 바뀌지 않은 채로 있다.

k벡터의 비가 고정되어 있고, 그 수평 성분의 값이 같으므로 스넬의 법칙이 입자론에서와 똑같이 파동론에서도 나오게 된다. $p_r/p_i = n$이 상수라는 뉴턴의 주장은 파동론에서는 $k_r/k_i = n$이 같은 상숫값을 가진다는 것이다.

---

4) 이는 위상 속도이다. 앞의 논의에 의할 것 같으면 이는 입자의 속도가 아니다.

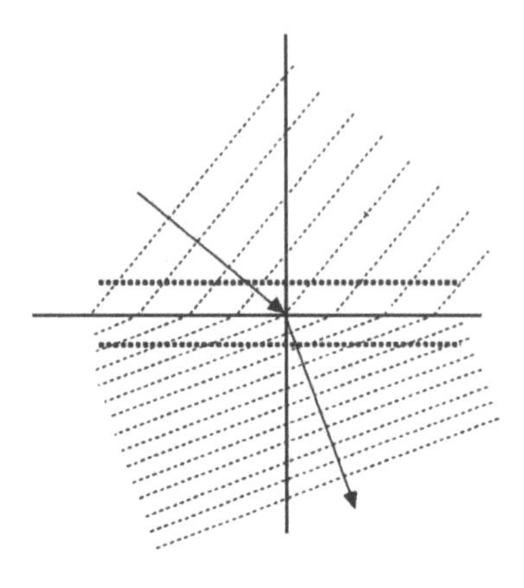

그림 10-3 Ι 경계면 위와 아래에서 파동의 마루를 살펴보면 알 수 있듯이, 입사 파동과 굴절된 파동에서 $k_{\parallel}$ 성분이 바뀌지 않는다.

입자적 설명과 파동적 설명이 단지 같은 결과(스넬의 법칙)만을 주는 것이 아니다. 이 두 설명은 말만 다르지 똑같은 것이다. 하나는 영어(뉴턴의 에너지와 운동량)이며, 다른 하나는 네덜란드어(하위헌스의 진동수와 파수)이다.[5)]

지금까지 우리는 에너지와 진동수가, 또한 운동량과 파수가 대응된다는 사실만을 이용했다. 양자론이 나오면서 에너지와 진동수가 비례하게 되었다. 운동량과 파수 또한 비례한다. 더구나 그 비례 상수는 같다. 다음 예에서 이 점이 분명해질 것이다.

지금까지 논의한 예에서는 입자나 파동이 고정된 환경 내에서 움직였다. 주위 환경이 움직이면 어떤 일이 일어날까? 예를 들어 입자나 파동이

5) WT: 실제로 그들은 모두 라틴어로 쓰지 않았습니까?
ET: 그렇다. 그렇지만 아마도 그들은 모국어로 자기주장을 설명했을 것이다.

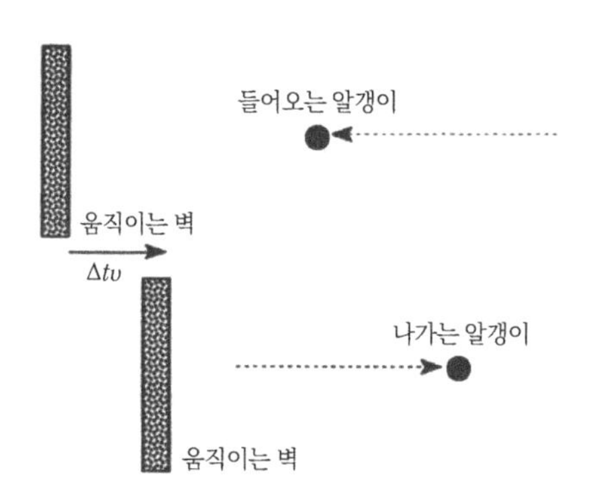

그림 10-4 | 입자가 그 입자 쪽으로 움직이는 벽에 부딪치면, 입자와 벽의 상대 속도는 변함이 없으나 입자는 이 충돌에 의해 에너지를 얻는다.

움직이는 벽(물질)에 의해 반사되면 어떻게 될까? 우리는 결과를 예측할 수 있다. 정지한 벽에 공을 던지면 공은 완전 탄성 충돌을 하여, 벽 쪽으로 갈 때와 똑같은 속도로 되튕겨, 즉 반사되어 나온다. 벽이 공 쪽으로 움직이면(예를 들어 야구 방망이를 벽이라 하고 여러분이 공을 던지면), 공과 방망이의 상대 속도는 변함이 없다. 그러나 공을 던지는 여러분이 볼 때 공은 던졌을 때의 속도보다 빠른 속도로 방망이를 되튕겨서 나온다. 이를 좀 더 자세히 알아보자.

〈그림 10-4〉에서와 같이 입자가 벽 쪽으로 움직이는 경우와 벽이 입자 쪽으로 움직이는 경우를 생각하자. 간단히 하기 위해 입자가 벽에 대해 수직으로 움직인다고 가정한다.

충돌의 결과로 입자가 벽에 부딪힌 후 입자는 더 큰 속도와 더 큰 에너지를 갖고 되튕겨진다. 벽이 큰 질량 M과 속도 v_w를 갖고 있다 하자. 그러면 벽의 운동량 변화는 입자의 경우와 부호는 반대이나 크기는 같다. 즉

$\Delta p_w = |p_i| + |p_o|$로 표현할 수 있는데 여기서 p_i는 입자가 들어올 때의 운동량이고 p_o는 입자가 나갈 때의 운동량이다. 또한 벽의 운동 에너지 변화는 입자의 경우와 같아 $|\Delta E| = (\Delta p_w)\upsilon_w$이다. 여기서 p_w는 벽의 운동량이고 υ_w는 입자에 대한 벽의 속도인데 벽의 질량이 대단히 크기 때문에 변함이 없다고 가정한다. 입자의 운동 에너지는 벽의 운동 에너지 변화, 즉 $E_o - E_i = (p_o + p_i)\upsilon_w$만큼[6] 변해야 하는데 여기서 E_o와 E_i는 각기 나갈 때와 들어올 때의 에너지이다. 이 중요한 식은

$$E_o - E_i = (p_i^2 - p_o^2)/2m = (p_i + p_o)(p_i - p_o)/2m = \upsilon(p_i + p_o)\upsilon_w$$

와 같이 쓸 수 있다. 따라서 $(p_i - p_o)/2m = (\upsilon_i - \upsilon_o)/2 = \upsilon_w$가 되는데, 여기서 υ_i와 υ_o는 각기 입자가 들어올 때와 나갈 때 속도의 절댓값이다. 결과적으로 $(\upsilon_i - \upsilon_o) = 2\upsilon_w$ 즉 $\upsilon_o - \upsilon_w = \upsilon_w - \upsilon_i$이다. υ_o와 υ_i는 방향이 반대이므로 이 식은 벽에 대한 상대 속도가 충돌 전이나 후에 같다는 것을 뜻한다. 우리는 운동량과 에너지 보존을 쓰는 복잡한 방식을 통해 명백한 결과를 얻었는데, 이와 똑같은 논의에 의해 파동 이론에서도 같은 결과를 얻고자 한다.

하위헌스도 이러한 상황을 잘 설명할 수 있는지 알아보자. 벽 쪽으로 움직이는 입자 대신 벽 쪽으로 진행하는 파동을 생각하기로 한다. 다른 진동수와 파장을 가지고 되돌아오리라 예상된다. 이런 종류의 변화는, 기차가 우리를 향해 가까이 올 때는 높은음의 기적 소리를 듣고 기차가 우리를

---

6) 지금부터는 유도 과정에서 $|p_i|$와 $|p_o|$ 대신 p_i와 p_o로 쓰기로 한다.

지나 멀어질 때는 갑자기 낮아지는 현상, 즉 도플러 효과에서 일어난다.

벽으로 들어오는 진동수 ω_i와 나가는 진동수 ω_o가 어떻게 관계되고 또 들어오는 파수와 나가는 파수 k_i와 k_o가 어떻게 관계되는지를 알기 위해서는 벽에서 얼마만큼 떨어져 있는 평면을 향해 벽이 움직인다고 할 때 이 평면을 매초당 지나는 파동 마루의 수를 세어야 한다. 처음에 여러분은 파동의 마루가 없어지지 않을 것이므로 들어오는 마루의 수와 나가는 마루의 수가 같다고, 즉 $\omega_i = \omega_o$라고 생각할지 모르겠다. 그러나 실제로는 벽은 파면을 향해 1초 동안 v_w만큼 이동한다. 따라서 1초가 지나면 들어오는 파동은 마루의 수가 $v_w k_i$만큼 작아지며, 나가는 파동은 마루의 수가 $v_w k_o$만큼 작아진다. 모두 합해 $v_w(k_i + k_o)$만큼의 마루가 없어졌으며 이들은 벽면에서 사라져 버린 것이다. 그래서 나가는 마루의 수 ω_o는 들어오는 수 ω_i보다 $v_w(k_i + k_o)$만큼 커야 한다. 따라서 우리는 $v_w(k_i + k_o) = (\omega_o - \omega_i)$[7]의 관계를 얻는다. 이 결과는 벽으로부터 탄성 반사되는 입자의 경우에 얻은 $v_w(p_i + p_o) = (E_o - E_i)$의 결과와 같아 보인다. 실제로 ω와 k에 $\hbar$를 곱하고 $E_o - \hbar\omega_o$, $E_i = \hbar\omega_i$, $p_o = \hbar k_o$, $p_i = \hbar k_i$임을 상기하면 위 두 식은 똑같다. 벽면에서의 파동 반사에 관한 법칙을 얻기 위해서는 $v_w(k_i + k_o) = (\omega_o - \omega_i)$와 함께 E와 p의

7) WT: $v_w k_i$와 $v_w k_o$만큼의 파동 마루를 이용하면 벽을 실제로 $2\pi v_w$초 동안 움직이게 할 필요가 없지 않습니까?
ET: 그렇다! 그렇게 하는 것은 형편없는 짓이다. 그렇게 하면 우리는 2π초 동안 기다려야 한다. 꼭 2초 동안에 나가는 파동과 들어오는 파동의 마루의 차가 $\omega_o - \omega_i$가 된다.
WT: 그래서 최종식이 옳다고 하는군요. 알고 있습니다. 이것은 아버지께서 늘 '간단히' 하는 방식입니다. 수학에는 (나의 스승이었던 수학자의 휘하에 있던 어떤 물리학자의 이름을 딴) 슐로모 사상(Shlomomorphism)이라는 함수가 있는데, 이는 어떤 양에 2π를 곱하여 (또는 나누어) 자신에게 투사시키는 것이다. 그는 지금 슐로모 사상을 한 것이다.

관계와 비슷한 ω와 k의 값들이 관계되는 식을 알아야 한다. 파동론과 입자론이 다시 대응된다. 그러나 대응 관계를 얻기 위해서는 에너지와 진동수가 관계되는 것이 운동량과 파수처럼 관계된다는 것만으로는 충분하지 않다. 여기에 에너지는 진동수에 비례하며, 운동량은 파수에 비례하는데 그 비례상수가 같다는 것을 추가해야 한다.

아인슈타인은 상대론적인 영어를 써서, 또 드 브로이는 이중적인 불어를 사용해서 이와 같은 결론을 얻었지만, 우리는 상대론을 쓰지 않고서도[8] 같은 결과를 얻었다.

이제 우리는 현명한 정치가처럼 양쪽이 다 옳다고 함으로써, 빛에 대한 파동과 입자의 오래된 논쟁을 해결했다. 이는 전자나 다른 모든 물체에 대해서도 성립한다.[9]

서로 양립할 수 없는 두 가지 방식에 의해 어떤 것을 설명하려는 생각은, 물리학에서는 새롭지만 결코 새로운 것은 아니다. 신학에서는 이것이 오래된 생각이다. 내 견해로는 여러분은 몸이지만 여러분 자신의 견해로는 정신이다. 두 가지 설명이 모두 유효하다. 우리들에게는 파동-입자의 이중성이 몸-정신 이중성의 신비보다 더 받아들이기 쉬울 것이다. 닐스 보어는 몸-정신의 이중성이 궁극적으로 입자-파동의 이중성이 풀리는 것과 비슷한 방식으로 풀릴 것이라고 확신했다. 그는 모든 실제적 관심의 대

---

8) WT: 고전적 결과는 드 브로이의 상대론적인 방법보다 더 많은 설명이 필요한 것 같습니다.
ET: 이 책을 시작할 때 내가 상대성 이론이 일을 간단히 해준다고 말하지 않았더냐?

9) WT: 그렇지만 둘 다 옳을 수는 없는 것 아닙니까?
ET: 실제로 그렇긴 하지만 더 중요한 것은 이들 모두가 틀리지 않다는 것이다.

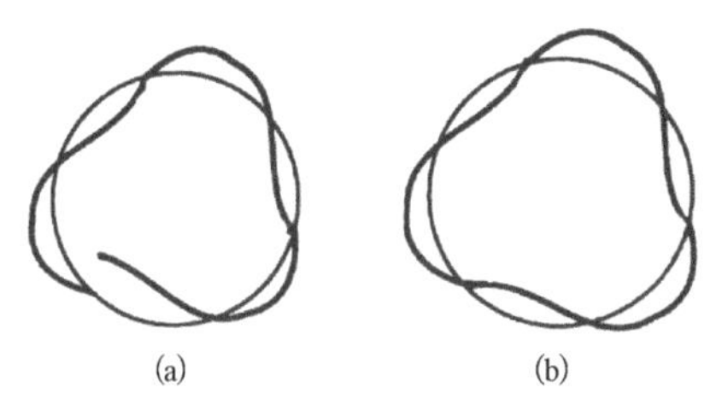

그림 10-5 | 전자는 그 드 브로이 파장의 정수배가 궤도 둘레에 꼭 들어맞게 되는 운동량을 가진 원자 궤도에만 존재할 수 있다. (a)에서는 파장이 너무 길고, (b)에서는 세 개의 파장이 꼭 들어맞는다.

상은 본질적인 이중성을 갖고 있다고까지 믿었다.

아인슈타인으로부터 드 브로이의 학위 논문을 받은 사람 중에는 슈뢰딩거(Erwin Schrödinger, 1887~1961)도 포함되어 있었다. 원자의 안정 상태를 설명하기 위해 전자의 파동적 개념을 이용한 사람이 바로 슈뢰딩거이다. 고전역학은 입자가 만들 수 있는 여러 궤도 중에서 어느 것을 선택하라고 말해 주지 못한다. 슈뢰딩거는 원자핵 주위의 궤도에 놓인 전자가 파동 형태로 존재한다고 생각한다면 단지 몇 개의 궤도만 거기에 들어맞음을 보여 주었다. 〈그림 10-5〉의 (a)에 있는 전자를 기술하는 파동 함수는 딱 들어맞지 않지만 그림 (b)의 경우는 딱 들어맞는다(고전역학에서도 진동하는 줄의 경우에 특정한 파장과 진동수만 허용되는 이런 상황이 생긴다).

전자가 궤도에 있기 위해서는 정수배의 파장이 궤도에 꼭 들어맞아야 한다. 즉 $2\pi r/\lambda = kr = n$이 되어야 하는데 이는 $pr = n\hbar$임을 뜻하며, 보어가 대응 원리로부터 유도한 양자 조건이다.

우리는 이제 파동을 입자로 해석하는 네 개의 설명을 갖게 되었다.

- 파동의 진행이 공간의 한 부분에만 국한되어 있다면, 그 파동과 관련된 입자는 그 공간 부분에서만 발견된다.
- 파동의 진동수가 ω라면 그 파동과 관련된 입자는 $\hbar\omega$의 에너지를 가진다.
- 파동의 파수가 k라면 이와 연관된 입자는 $\hbar k$의 운동량을 가진다.
- 파동이 원자 내 궤도에 꼭 들어맞으면 그 궤도는 가능하다.

위에서 마지막 설명은 분명히 정성적이다. 나머지 세 설명이 서로 어떻게 연결되는가는 우리가 이미 논의한 특별한 예를 빼고는 명확하지 않다. 일반적이고 모순이 없는 해석이 필요하다. 이러한 것이 힐베르트(David Hilbert, 1862~1943)의 매우 순수한 수학과 하이젠베르크의 물리학, 그리고 이 둘을 공리의 형태로 합하여 어떠한 모순도 없음을 보인 존 폰 노이만(John von Neumann)에 의해 나왔다.

우리가 이제 설명하려는 것은 두 개의 어려움을 갖고 있다. 그 하나는 서로 모순되는 방법이 요구되는 이중성이다. 다른 하나는 흔히 다루지 않는 선형 미분 방정식과 같은 추상적 수학을 써야 하는 점이다.[10] 우리가 도입해야 하는 개념은 선형 연산자이다. 이것 자체로는 복잡한 개념이 아니다.[11] 지금으로서는 무엇이 좋은지 딱히 확실하지 않다. 그렇긴 해도

---

10) WT: 코페르니쿠스가 얘기한 것이 무엇이었나요?
ET: '수학은 수학자를 위한 것이다.'
WT: 그가 옳았나요?
ET: 이중성은 민주적이다. 수학자도 여기에 귀를 기울여야 한다.

11) WT: 굽어진 공간만큼 간단하다는 뜻인가요?
ET: 훨씬 더 간단하다.

이것이 우리에게 파동으로부터 입자에 대한 정확한 설명을 뽑아낼 수 있는 방법을 제공해 준다.

첫 번째로 도입해야 하는 개념은 '연산자'이다. 연산자는 한 함수를 다른 함수로 만드는 절차이다. 우리는 파동에 관심이 있다. 예를 들어 $\Psi(x, y, z, t)$를 생각하겠는데 여기서 Ψ는 시각 t 때 입자가 위치 (x, y, z)에 의존하는 것을 나타내는 함수이다. 연산자의 예의 하나는 Ψ를 $1/\Psi$로 바꾸는 절차이다.

두 번째 단계는 우리가 생각하고자 하는 연산자의 종류에 제한을 가하는 것이다. 우리 연산자는 선형이어야 한다. 이 말은 연산자가 두 함수의 합에 작용할 때 그 결과는 연산자가 두 함수에 따로따로 작용한 후 이를 더한 결과와 같다는 것을 뜻한다. Ψ에 연산자 O가 작용한 결과를 $O\Psi$로 표시하기로 한다.

앞의 문단에서 주어진 연산자는 선형 연산자일까?

아니다.

그 연산을 Ψ에 작용하여 '역을 취하는' 것이라 하자. 그러면 $O\Psi = 1/\Psi$이다. 이것을 다른 파동 함수에 작용하게 하면 $O\phi = 1/\phi$이다. O가 두 함수의 합에 작용하면 $O(\Psi + \phi) = 1/(\Psi + \phi)$이다. 이것은 다음과 같은 합, $O\Psi + O\phi = 1/\Psi + 1/\phi$와 다르다. 따라서 여기서 예로 든 연산자는 선형 연산자가 아니다.

이제 한 연산을 다른 변수는 변화시키지 않고 x에 대해 미분하는 것으로 잡자. 즉 $O\Psi = (\partial/\partial x)\Psi$라 하자. 이 연산자는

$$\frac{\partial}{\partial x}(\Psi+\phi)=\frac{\partial}{\partial x}\Psi+\frac{\partial}{\partial x}\phi$$

가 성립하므로 선형 연산자이다. 따라서 $O(\Psi+\phi)=O\Psi+O\phi$이다.

마지막으로 고유 함수와 고윳값의 개념이 필요하다. 어떤 함수에 연산자가 작용한 결과로서 그 함수에 상수 F가 곱해졌다면, 그 함수는 이 연산자의 고유 함수(또는 '특유' 함수)라 하며 상수 F는 고윳값 또는 특유값이라 한다. 예를 들어 연산자를 $\partial/\partial x$라 하자.

그러면 $(\partial/\partial x)(e^{Fx}) = Fe^{Fx}$이기 때문에 e^{Fx}는 고유 함수이고 F는 고윳값이다.

불행하게도 완전히 그럼직한 파동 함수에 대한 것은 아니지만, 이제 물리에 대한 얘기를 할 준비가 되었다.[12)] 가장 간단한(!) 예는 $\Psi=e^{i(kx-\omega t)}$이다. 허수 요소 i는 물론 -1의 제곱근으로 $i=\sqrt{-1}$이다. 여기에 쓴 것은 확실히 위상 속도 ω/k(이는 t가 Δt만큼 증가하고 x가 $\Delta x=\Delta t\omega/k$만큼 증가할 때 Ψ가 같은 값을 갖게 된다는 것을 뜻한다)로 x쪽 방향으로 진행하는 파동이다. 첫 번째 예로 이 Ψ함수를 택한 이유는 이것이 두 개의 중요한 연산자 $(\hbar/i)(\partial/\partial x)$와 $-(\hbar/i)(\partial/\partial t)$의 고유 함수이기 때문이다. 실제로

$$\frac{\hbar}{i}\frac{\partial}{\partial x}e^{i(kx-\omega t)}=\hbar k e^{i(kx-\omega t)}=p_x e^{i(kx-\omega t)}$$

와

12) WT: 너무 늦었어요!
ET: 나쁘리라고 생각하고 기다려라. 나올 이야기는 아주 좋을 것이다.

$$-\frac{\hbar}{i}\frac{\partial}{\partial x}e^{i(kx-\omega t)}=\hbar\omega e^{i(kx-\omega t)}=Ee^{i(kx-\omega t)}$$

이다.

위에서 $\hbar$라는 상수를 쓰는 방식을 이용했기 때문에 운동량의 x성분으로 $\hbar k=P_x$를 얻었다. 그래서 에너지와 운동량의 세 성분에 대한 연산자는

$$-\frac{\hbar}{i}\frac{\partial}{\partial t}\ ;\quad \frac{\hbar}{i}\frac{\partial}{\partial x}\ ;\quad \frac{\hbar}{i}\frac{\partial}{\partial y}\ ;\quad \frac{\hbar}{i}\frac{\partial}{\partial z}$$

이다. $-(\hbar/i)(\partial/\partial t)$에서 (-) 부호는 양의 운동량과 에너지값을 가질 때 양의 x(또는 y나 z)방향으로 진행하도록 하기 위해 나온 것이다.[13)]

이렇게 해서 정확한 값이 정의되는 최소한의 입자적 성질(에너지, 운동량)이 들어 있는 함수를 갖게 되었다. 양자역학에서는[14)] 모든 물리량에 대응하는 연산자가 있으며 또한 이 물리량이 정해진 값을 갖도록 하는 고유 함수가 있다.

왜 운동량과 연관된 고유 함수로서 좀 더 보기 쉬운 e^{kx}를 쓰지 않고 e^{ikx}가 들어 있는 표현을 썼을까? 이는 오른쪽으로 가면 x값이 증가하는 좌표계에서 오른쪽으로 가면 e^{kx}는 급격히 증가하기 때문이다. 이 말은 파동으로 나타내어진 입자가 더 오른쪽으로 갈수록 여기에서보다 존재할 확률이 더 크다는 것을 뜻한다. 또한 우리가 어딜 가든지, 심지어 맨 오른쪽으로

---

13) 1933년에 나는 닐스 보어가 이 문제를 거의 한 시간 동안 논의하는 것을 들었는데, 이는 그가 전혀 답을 몰랐었다는 착각을 불러일으키게 했다. 그는 보통 그가 답을 모르는 문제를 논의하곤 했기 때문이다. 그는 몰랐었거나 최소한 모른 척했다.

14) 이는 나로 하여금 어려운 순수 수학과 좀 쉬운 화학에서 벗어나게 한 새로운 과학의 이름인 것이다.

가더라도 입자는 실질적 확실성을 갖고 존재하게 된다. e^{ikx} 대해서는 입자가 어느 곳에 있다고 단정할 수 없는데, 이것이 바로 다음 단원에서 논의하게 될 중요한 점이다. 그러나 e^{ikx}는, 입자가 영원히 아무 데나 있어야 한다는 터무니없는 진술 대신 입자의 위치에 대해 잊게 한다. 그렇다고 하더라도 e^{ikx}는 무한대까지 펼쳐져 있어서 어딘지 만족스럽지 못하다.

위치가 좌표 x로 기술되고 x가 특정한 값 x_0를 가질 때 그 위치에 대한 고유 함수는 무엇일까? 양자역학 창안자의 한 사람인 디랙(Paul Adrien Maurice Dirac, 1902~1984)은 명석하게 이 함수를, 이상할지는 모르지만, x좌표에 특이하게 의존하는 함수로 정의했다. 즉 이 함수는 $x = x_0$를 제외한 모든 x값에 대해 0이다. 이 함수는 이를 나타내는 기호 δ(델타)와 이를 만든 사람의 이름을 따서 디랙의 δ함수라 불린다. x를 나타내는 연산자는 '디랙의 δ함수를 x로 곱하라'라는 지시와 같다. 그러면 우리는 $x\delta(x - x_0) = x_0\delta(x - x_0)$를 얻는데 여기서 δ는 $x - x_0 = 0$인 경우를 제외하고는 항상 0이다. 그래서 $\delta(x - x_0)$를 x로 곱한 것은 x_0로 곱한 것과 같은 결과를 준다. 따라서 $\delta(x - x_0)$는 x연산자의 고유 함수가 되며 그 고유치는 x_0이다.

슈뢰딩거가 드 브로이에 관한 소식을 전하는 아인슈타인의 편지를 받았을 즈음, 물리학자들은 파동 방정식의 행동에 대해서는 알고 있었으나 선형 연산자의 개념에 대해서는 거의 알지 못했다. 슈뢰딩거는 그의 파동 방정식을 거의 마술과 같은 직감에 의해 만들었다. 연산자의 개념을 염두에 두고 파동 방정식을 보면 슈뢰딩거의 결과가 거의 논리적으로 보일 것이다.

수소 원자 내에 포함된 전자의 위치 에너지가 $-e^2/r$이다. 여기서 마이너스 부호는 전자를 무한대까지 멀어지게 하려면 e^2/r만큼의 에너지를 보태야 한다는 것을 뜻한다. 위치 에너지 연산자는 '$-e^2/r$을 곱하라'이다. 이에 대한 논의는 x에 대한 연산자와 같은 방식으로 할 수 있다.

전자의 운동 에너지는

$$\frac{p^2}{2m} = \frac{1}{2m} \quad (p^2{}_x + p^2{}_y + p^2{}_z)$$

이다. $p^2{}_x$연산자는 p_x연산자를 두 번 작용하는 것이다. 실제로 p_x의 고유 함수를 취한 후 $p_x = [(\hbar/i)(\partial/\partial x)]$를 작용하면 원래 고유 함수에 p_x를 곱한 것을 얻는다. 이제 이 연산을 다시 한번 하게 되면 같은 함수에 p_x를 두 번 곱한 것을 얻는다. 모두 $p^2{}_x$을 곱한 셈이다. 즉 $p^2{}_x$는 p_x와 같은 고유 함수를 가지나 연산자를 두 번 써야 한다. 다시 말해 $(\hbar/i)(\partial/\partial x)[(\hbar/i)(\partial/\partial x)]$, 즉 $-\hbar^2(\partial^2/\partial x^2)$을 얻는다. 여기서 $\partial^2/\partial x^2$ 기호는 다른 좌표는 상수로 유지하면서 x에 대해 연이어 두 번 미분하라는 뜻이다. 수학적인 말로 $(\partial/\partial x)(\partial/\partial x) \equiv \partial^2/\partial x^2$이다. 여기서 수학 기호 '$\equiv$'는 '$=$'로 표시되는 등가가 아니고 동등함이나 단순히 정의를 나타낸다.

이제 파동 함수 $\Psi(x, y, z, t)$에 대한 슈뢰딩거의 유명한 파동 방정식은 운동 에너지 연산자와 위치 에너지 연산자를 합하여 총 에너지 연산자가 됨을 말한다. 에너지의 고유 함수는 에너지 $E \times \Psi$이다. 한 개의 식으로는

$$-\frac{\hbar^2}{2m}\left(\frac{\partial^2\Psi}{\partial x^2} + \frac{\partial^2\Psi}{\partial y^2} + \frac{\partial^2\Psi}{\partial z^2}\right) - \frac{e^2}{r}\Psi = E\Psi$$

로 표현되는데 여기서 E는 에너지의 고윳값이다. 바로 이 식이 슈뢰딩거

가 만들었지만 수학자의 전문적 도움 없이는 풀지 못했다는 방정식이다.

나는 이 이야기를 전혀 믿지 못하겠다. 나는 슈뢰딩거가 수소 원자에서 가장 낮은 안정 상태에 대해 이 방정식을 풀었다고 믿는다. 여러분도 이를 풀 수 있다.

먼저 Ψ가 인력 중심에서의 거리 r에만 의존한다고 가정하면 모든 수학자는 물론 모든 물리학자들까지도 $\Psi(r)$이

$$-\frac{\hbar^2}{2m}\left(\frac{d^2\Psi(r)}{dr^2}+\frac{2}{r}\frac{d^2\Psi(r)}{dr}\right)-\frac{e^2}{r}\Psi=E\Psi$$

와 같은 모양의 방정식을 만족시킴을 안다.[15)]

나는 슈뢰딩거가 이 방정식의 바닥 상태의 해가 $\Psi=e^{-r/r_0}$임을 금방 알았다고 확신한다. 그러면

$$-\frac{\hbar^2}{2m}\frac{d^2\Psi(r)}{dr^2}=-\frac{\hbar^2}{2mr^2_0}\Psi=E\Psi,$$

---

15) WT: 모든 학생들도 이를 알 수 있겠습니까?
ET: 곤란한 질문을 했지만 여기 설명을 하겠다. Ψ를 7장에서의 퍼텐셜 ϕ라고 생각하자. 그러면 $(\partial/\partial x)\phi$, $(\partial/\partial y)\phi$, $(\partial/\partial z)/\phi$는 전기장의 성분이라 할 수 있다. 이 전기장의 다이버전스는 $4\pi\rho$(ρ는 이 지점에서의 전하 밀도이다)가 된다. 수학적으로 이는 $(\partial^2\phi/\partial x^2)+(\partial^2\phi/\partial y^2)+(\partial^2\phi/\partial z^2)=4\pi\rho$ 임을 뜻한다. 이제 이와 같은 상황에서 ϕ가 r에만 의존하도록 표현하기로 한다. 그러면 전기장 또는 힘선은 r방향 성분만 갖게 되며 이는 $(d/dr)\phi$이다. 이제 질문을 하기로 한다. "반지름이 r인 구표면에 들어오는 힘선과 반지름이 $r+\Delta r$인 구표면을 통해 나가는 힘선의 차는 얼마인가?" 들어오는 것은 $4\pi r^2(d/dr)\phi$이며, 그 차는 미분에 의해 다음과 같이 얻어진다.

$$\Delta r 4\pi\frac{d}{dr}\left(r^2\frac{d}{dr}\phi\right)=\Delta r 4\pi\left(2r\frac{d}{dr}\phi+r^2\frac{d^2\phi}{dr^2}\right)$$

이를 구껍질의 부피 $4\pi r^2\Delta r$로 나누면 나가는 것이 들어오는 것보다 얼마나 많은가를 구할 수 있는데 이는 $(2/r)(d/dr)\phi+(d^2\phi/dr^2)=4\pi\rho$가 된다. 이와 똑같은 논의를 Ψ에 적용하면 간단해진 슈뢰딩거 방정식을 얻는다.

$$\frac{\hbar^2}{mr_0r}\Psi = \frac{e^2}{r}\Psi$$

가 되어야 한다. 이로부터 $r_0 = \hbar^2/me^2$이 얻어지는데, 이는 1914년에 보어가 간단하면서도 엉뚱한 가정으로부터 얻은 반지름과 같다. 예측된 에너지도 역시 같아서 $E = -\hbar^2/2mrr^2_0 = -e^4m/2\hbar^2$이다. 여기서 마이너스 부호는 핵으로부터 전자를 분리시켜 + 1가로 대전된 양성자가 되게 하려면 $e^4m/2\hbar^2$ = 13.6전자볼트(eV)의 에너지를 더해 주어야 함을 뜻한다. 전하가 양성자의 Z배를 갖는 다른 원자핵의 경우에는 인력 퍼텐셜 $-e^2/r$을 $-Z(e^2/r)$로 대치하기만 하면 수소 원자에서의 논의가 똑같이 성립한다. 이렇게 하여 결합 에너지는 $-Z^2(e^4m/2\hbar^2)$가 되는데, 이는 어떤 원자에서든지 가장 견고하게 결합된 전자의 결합 에너지 값과 잘 들어맞는다.

이즈음에서 슈뢰딩거는 원자에 대한 실마리를 잡았음을 알았을 것이며 방정식의 다른 해가 있는지를 알아보기 위해 수학자에게 갔으리라. 수학자는 말했다.

"이는 참 쉽다. 최저 에너지를 R(뤼드베리)이라 하면 고윳값은 $-R/n^2$이 되는데 여기서 n은 정수이다. 그리고 각 n에 n^2개의 독립적인 해가 있는데 이 중 하나는 r에만 의존하는 Ψ함수이며 나머지 고유 함수는 각도에 의존한다."

이것만으로는 충분하지 않다. 입자가 여러 개 있는 경우, 예를 들어 1부터 세어 P개의 입자가 있는 경우의 행동을 나타내는 파동 방정식은 금방 얻을 수 있다. 더욱이 시간에 대한 의존성도 포함할 수 있다. 그러면 함수는 $3P+1$개의 변수에 의존하여 $\Psi(x_1, y_1, z_1, x_2, y_2, z_2, \cdots\cdots, x_p, y_p, z_p, t)$로 쓸 수 있다. 파동 방정식은

$$\sum_{j=1}^{P} = T_j\Psi + V\Psi = -\frac{\hbar}{i}\frac{\partial}{\partial t}\Psi$$

가 된다. 각각의 항을 설명해야겠다. $\sum_{j=1}$는 합을 나타내는데 입자의 운동 에너지를 입자 1에서 입자 P까지 합해야 한다. 모든 입자는 같은 꼴의 운동 에너지를 갖는데, 예를 들어 마지막 입자의 경우는

$$-\frac{1}{2m}\left(\frac{\partial^2\Psi}{\partial x_p^2} + \frac{\partial^2\Psi}{\partial y_p^2} + \frac{\partial^2\Psi}{\partial z_p^2}\right)$$

이다. 위치 에너지는 P개 입자의 위치에 의존한다. 원자와 분자에서는 모든 짝에 대해 정전기 상호 작용을 더하면 좋은 근사가 된다. 마지막으로 연산자 $-(\hbar/i)(\partial/\partial t)$는 전체 계의 총 에너지를 나타낸다.

이 방정식은 (보통은 중요하지 않은) 약간의 보정을 해야 하고, 이상하면서도 커다란 제약이 요구되지만 이대로도 매우 정확하다. 슈뢰딩거의 원래 제안에는 없었던 이에 관한 이유를 살펴보는 것이 중요하다.

Ψ에 관한 일반적 해석과 이것이 입자들의 배열에 어떻게 의존하는지는 아주 쉽다. Ψ의 절댓값의 제곱 즉 $|\Psi|^2$은 Ψ가 나타내는 입자 배열의 확률을 주는 양(陽)의 수이다. 무거운 원자의 경우도 포함하여 대부분의 경우에, Ψ는 무리 없는 근사로서 개개 전자의 파동 함수의 곱으로 쓸 수 있다. 이때 이러한 배열의 확률은 Ψ함수가 나타내는 대로 서로 독립적인 개개 전자를 발견할 확률의 곱이 된다. 전자들이 강하게 상호 작용하더라도

다른 전자들에 의해 만들어지는 평균장(平均場) 안에서 각각의 함수를 계산하면 된다는 것이 알려졌다.

바로 여기서 우리는 재미있지만 커다란 어려움에 빠진다. 핵의 전하가 Ze이면 가장 낮은 에너지 궤도의 반지름은 수소 원자의 경우에서 분모에 Z가 있는 $\hbar^2/Zme^2$이어야 한다.[16] 따라서 (Z가 큰) 무거운 원자는 그 크기가 급격히 작아져야 한다. 실제로 그들은 약간 더 커진다.

그 해답은 두 단계를 통해 얻어지는데, 이 두 단계를 밟더라도 슈뢰딩거가 제안한 방정식은 유효한 채로 남아 있다.

첫 번째 보정 단계는 어떠한 두 전자도 같은 ψ함수를 차지할 수 없다는 것이다. 이는 두 전자를 서로 바꿀 때마다 ψ의 부호가 바뀐다고 함으로써 만족할 수 있다. 즉 $\psi(1,2) = -\psi(2,1)$이다. 구별하기 쉽게 하려고 전자 1과 전자 2의 파동 함수를 각기 ϕ와 χ로 쓰기로 한다. 그러면 적절한 근사해는 $\phi(1)\chi(2) - \chi(1)\phi(2)$이다. 만약 $\phi = \chi$이면 $\phi(1)\chi(2) - \chi(1)\phi(2) = 0$이 되므로 이 함수를 두 전자를 나타내는 데 쓸 수 없다.

좀 더 자세한 논의를 하면 두 파동 함수는 엄청나게 달라야 한다. 실제로는 큰 Z값에 대해서는 가장 강하게 결합된 전자는 그 궤도 반지름이 약 $\hbar^2/Zme^2$인 파동 함수로 기술할 수 있다. 그러나 바깥쪽에 있는 전자는 충분히 큰 에너지, 즉 충분히 큰 n값으로 밀려나서 무거운 원자일수록 크기가 커지는 것을 아주 만족스럽게 설명한다.

---

16) WT: 전자들의 상호 작용에 의해 변하지 않을까요?
ET: 그렇긴 하지만 단지 수% 정도이다.

파울리에 의해 제안되고 설명된 '배타' 원리(두 개의 전자가 같은 상태에 있을 수 없다는 원리)의 재미있고 중요한 결과의 하나는 이 원리가 자체 영존(永存)하다는 것, 즉 시간이 지나도 이것이 바뀌지 않는다는 것이다. 반대 대칭 [$\Psi(1,2) = -\Psi(2,1)$]이 어떤 시각에 성립하면 Ψ는 영원히 반대 대칭이라는 것이다. 이는 논의의 대상이 되는 입자의 성질, 이 경우에는 전자의 성질이 절대적으로 같다는 사실로부터 나온다. 다시 말해 그들은 모두 같은 전하, 같은 질량을 가지며, 그 자신들에게 영향을 주는 어떠한 성질도 같아야 한다는 것이다. 그러면 $-(\hbar/i)(\partial/\partial t)\Psi = O\Psi$로 써지는 시간에 의존하는 슈뢰딩거 방정식은 다음과 같이 말한다. 만약 두 전자를 서로 바꾸어 오른쪽에 있는 Ψ의 부호가 변하면 왼쪽의 표현도 같게 된다. 실제로 O가 운동 에너지와 위치 에너지를 합한 연산자를 나타낸다면 두 전자를 교환했을 때 이는 변하지 않는다. 따라서 두 전자를 서로 바꾸었을 때 Ψ의 부호가 바뀌지 않는다면 이는 시간에 대한 변화, $(\partial/\partial t)\Psi$에 대해서도 성립하며, 원래의 반대 대칭성을 잃지 않게 된다.

완벽하게 동일한 입자가 있을 수 있다는 이 말은 물리학자들을 고무시켜 모든 것을 설명하는 데 필요한 도구를 거의 모두 발견하도록 만들었다. 적어도 이 분야에서만큼은 파울리의 배타 원리를 만족하는 입자 중에서 약간 다른 입자를 찾지 않아도 되었다. 만약 조금이라도 차이가 있다면, 시간이 경과하면서 쌍둥이같이 거의 비슷한 입자가 한 개 이상 같은 궤도에 슬쩍 들어오게 될 것이다.

나는 슈뢰딩거 방정식이 그대로 성립하기 위해 두 단계가 필요하다고 말했다. 두 번째 단계는 가능한 가장 낮은 에너지 상태 $-E=Z^2(e^4m/2\hbar^2)$에 하나가 아닌 두 개의 전자가 있음을 알고 나서 나오게 되었다. 이것보다 하나 높은 상태는 슈뢰딩거의 수학 친구에 의하면 에너지는 $-R/4$이며 네 개의 Ψ 상태를 가지는데, 이 상태들은 네 개가 아닌 여덟 개의 전자를 포함하고 있다. 실제로 $Z=2$인 경우는 불활성 기체 헬륨인데, 여기에는 두 개의 전자들이 있어 이들은 가장 낮은 에너지 궤도에 사이좋게 함께 있고, K껍질이라 불리는 곳을 채운다. 헬륨이 불활성 기체인 이유는 전자들이 낮은 상태에 있는 것에 아주 만족하여 다른 원자들로부터 온 전자들과 상호 작용하여 재배치되기를 원치 않기 때문이다. 헬륨보다 핵에 여덟 개의 양성자가 더 많아져서 추가로 여덟 개의 전자가 핵을 둘러싸는 원자에서는 에너지가 $-R/4$에 해당하는 상태가 차고 난 후 L껍질이 채워지게 된다. 이 원자가 바로 $Z=10$인 불활성 기체 네온이다. 물론 에너지 준위가 헬륨의 경우보다 1/4만큼 작지는 않은데, 그 이유는 Z가 증가했으며, 실제로 네온 원자의 크기가 헬륨 원자의 경우보다 약간 더 크기 때문이다. 이 두 가지의 예로부터 우리는 1869년에 멘델레예프(Dmitrii Ivanovich Mendeleev, 1834~1907)에 의해 처음 제시된 원소의 주기율표 시작 부분을 얻었다. 원소의 주기율표에는 화학적 성질이 반복되는데, 예를 들어 헬륨의 안정된 성질이 네온에서 다시 나타난다.

어떻게 두 개의 전자가 같은 상태에 함께 있을 수 있을까?

그 해답은 전자는 거의 드러나지 않은 다른 성질을 갖고 있기 때문이다. 전자는 '스핀'을 갖고 있다. 전자가 어떤 상태에 있든 전자는 오른쪽

또는 왼쪽을 향하는 각운동량을 갖고 있다. 이 작은 각운동량은 크기가 $\hbar/2$[17)]이다. 대부분의 경우에 그 효과는 서로 반대인 스핀 $+\hbar/2$와 $-\hbar/2$를 갖는 전자끼리 짝짓기 좋아해서 두 개의 전자가 스핀만 빼면 '같은' 상태에 있을 수 있다는 사실로부터 나온다.

아주 단순화시킨 논의에서, 이는 한 개의 원자가 아니라 두 개의 이웃한 원자에 속한 한 파동 함수에 두 개의 전자가 있는 상황인 화학 결합의 이유가 된다. 좀 더 자세한 연구로 스핀이 발견되고 측정될 수 있다. 철과 같은 몇몇 예외적인 원소에서는 꽤 많은 수의 전자의 스핀이 같은 방향으로 정렬된다. 전자 전하의 회전 운동은 자기장을 만들 수 있으며, 이와 같이 스핀이 한 방향으로 정렬된 것은 철의 자발자기화(自發磁氣化), 즉 강자성을 설명해 준다.

이제 양자역학의 간단한 이론이 너무 복잡해진 것은 아닐까?[18)] 이렇게 복잡하게 된 것은 화학과 물리 화학의 모든 진상을 정확히 계산하게 해주고 그래서 우리가 일상생활에서 만나는 물질의 구조에 대한 사실을 설명할 수 있게 했기 때문이다. 나는 여기에 관계된 물리는 간단하다고 말하

---

17) WT: 이전에 우리는 $E=\hbar\omega$라는 것을 알았으며, 그래서 $\hbar$는 에너지를 진동수로 나누거나 에너지에 시간을 곱한 성질을 갖고 있지요.

ET: 그렇다. 그러나 에너지는 또 운동 에너지처럼 질량 × 속도 × 속도의 차원을 갖고 있어 $E \sim MVV$이다. 그리고 에너지 × 시간은 $MVVT$의 차원을 가지는데, VT는 길이 L이라서 $\hbar$는 MVL의 차원 즉 운동량 × 길이의 차원을 갖고 있다. 그런데 각운동량은 운동량 × 팔의 길이이다. 보어의 이론에서는 궤도 내에 있는 전자의 각운동량은 양자화되어 있어 $\hbar$의 정수배를 갖고 있다. 전자의 경우에 각운동량의 가능한 변화는 $\hbar$이지만, 가능한 가장 낮은 각운동량 값은 0이 아니라 $\hbar/2$이다.

18) WT: 거의 셀 수 없는 차원으로 나타낸 슈뢰딩거의 미분 방정식과 관찰되기 어려운 스핀으로 인해 나는 처음으로 그리고 솔직하게 그렇다고 하겠다.

고 싶은데, 그것은 슈뢰딩거가 물질의 행동을 정확히 기술하는 엄밀한 방정식을 처음 시도에서 단번에 찾아냈기 때문이라 할 수 있다. 그러나 사실 정확한 수학적 해가 구해지는 경우는 몇 안 된다. 그리고 물론 어려움이 아직 남아 있다. 대부분의 흥미로운 화학 문제는 수학적 해가 얻어질 수 있는 정도를 훨씬 넘는다. 그 풀이는 우리 컴퓨터의 능력을 넘어선다. 이 믿어지지 않는 미지의 영역으로의 진전이 매우 느릴 수밖에 없는 이유를 나는 수학의 복잡성 탓으로 돌린다. 무리하지 않고 간단히 말할 수 있는 것은 12장에서 설명하기로 하겠다.

다음 단원에서는 우선 이중성의 놀랍고 중요한 결과, 즉 미래가 불확실하다는 것에 대해 논의하고자 한다.

질문

1. 전리층(자유 전자가 있는 성층권 상부)에서 라디오파의 위상 속도는 α를 상수라 할 때 공식 $c(1-\alpha\omega-2)-1/2$로 주어진다. 이는 c보다 크다. 군속도는 얼마인가?

2. 분자에서 전자는 고정된 핵의 장(場)에서 움직이고 핵은 전자의 평균장 내에서 움직인다고 할 때 이를 슈뢰딩거의 파동 방정식으로 나타내보자. 이 식이 분자의 운동을 정확히 기술하기에는 얼마나 부족한가?

11장

불확정성의 원리

이 단원에서 여러분들은 어떤 것에 대해서도
모든 것(위치와 운동량)을 알 수 없다는 것을 알게 될 것이며,
그러한 이론을 주장한 사람들은 그 이론의
중대한 철학적 결과로부터 벗어나려고 시도한다.

파동–입자 이중성을 논의할 때 우리는 입자와 파동이 놀라울 정도로 같은 방식으로 행동한다는 것을 알았다. 그러나 물론 그들은 여전히 완전하게 다르다.

실제로 우리는 입자에 일상적 경험으로부터 얻는 개념들을 결부시킨다. 적어도 입자라는 개념을 곧바로 적용할 때 우리는 나누어지지 않으면 입자라고 본다. 입자는 한 부분이 여기에 있고 다른 한 부분은 저기에 있지 않다. 우리가 다루는 문제에서 더 이상 나누어지지 않는 양을 얻게 되면 그것을 입자라고 말한다. 분자는 분리되지 않는 한 입자이며, 원자는 이온화되지 않는 한 입자이다. 또 핵은 쪼개지지 않으면 입자인 것이다.

파동은, 즉 수면파와 같은 것을 생각하면, 연속적 형태로 퍼져 있다. 물론 물이 꼭 필요한 것은 아니다. (이상할지 모르지만) 어떠한 다른 물질도 필요하지 않다. 고전적 예로서 빛을 들 수 있다. '에테르'는 전자기파를 전달하는 물질이라고 가정되었다. 그러나 '에테르 바람'은 물론 어떠한 에테르의 자취도 관찰할 수 없었다. 결국 에테르는 체셔 고양이(역주: 이상한 나라의 앨리스에 나오는 히죽히죽 웃는 고양이)처럼 사라졌으며 파동만이 남았다. 파동이 전달되어 나가는 물질이 필요하다면, 참으로 어떻게 물질이 파동에 의해 설명될 수 있겠는가?

자연에 두 파동의 진행이 생긴다면, 이 둘의 합도 또한 생길 수 있다고 가정(이것이 거시적 물리에서는 근사적으로 옳지만)하기로 한다. 광파는 서로 더할 수 있다. 슈뢰딩거의 파동도 그렇다. 이를 중첩 또는 간섭이라 하며, 이 현상이 파동의 특성이다. 파동의 최대가 일치하고 서로 보강된

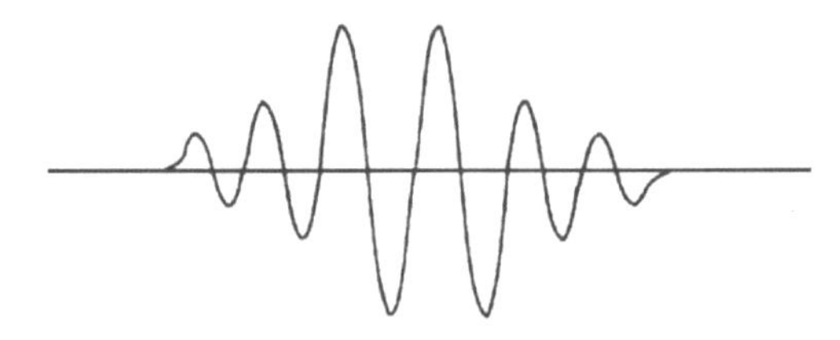

그림 11-1 I 이러한 파동은 사인이나 코사인 파동을 더하여 만들 수 있다.

다면 이를 보강 간섭이라 한다. 파동의 최대 부분과 최소 부분이 일치하면 상쇄되는데 이를 소멸 간섭이라 한다. 따라서 (최소한 어떤 특정한 위치에서는) 어떤 것 더하기 어떤 것이 아무것도 아닐 수 있다.

더욱이 우리는 단지 사인이나 코사인 파동만을 말하고 있지 않다. 〈그림 11-1〉과 〈그림 11-2〉에 보인 함수와 같이 공간에 있는 어떤 함수이든지 그릴 수 있다. 이 함수들을 사인이나 코사인 함수의 중첩으로 나타낼 수 있다. 수학자들은 이 방법을 오랫동안 사용해 왔는데 이를 함수의 푸리에 분석이라 부른다(무엇이건 간에 최초로 생각하는 사람은 수학자인 것 같다)[1].

〈그림 11-1〉에 보인 것과 같은 파동이 진행한다고 하고 이를 함수 $\phi(x)$라 부르면, 위치 x에서 이에 해당하는 입자를 발견할 확률은 $|\phi(x)|^2$이다. 그것뿐 아니라 $\phi(x)$는 파수가 $k_1, k_2, \cdots\cdots, k_n$(실은 연속적인 k값의 배열이

1) ET: 예외들도 있다. 물리학자인 뉴턴은 미분을 혼자 창안했다.
WT: 그러나 뉴턴이 젊고 총명하고 수학자였을 때 그 일을 하지 않았나요. 그는 후에 물리학자로, 연금술사로, 마지막엔 행정가로 변신했지요.
ET: 그렇지만 『자연 철학의 수학적 원리』라는 책을 출판함으로써 그의 정신을 구원했지.
WT: 그러면 아버지는 뉴턴의 마지막 말이 무엇인지 아십니까?

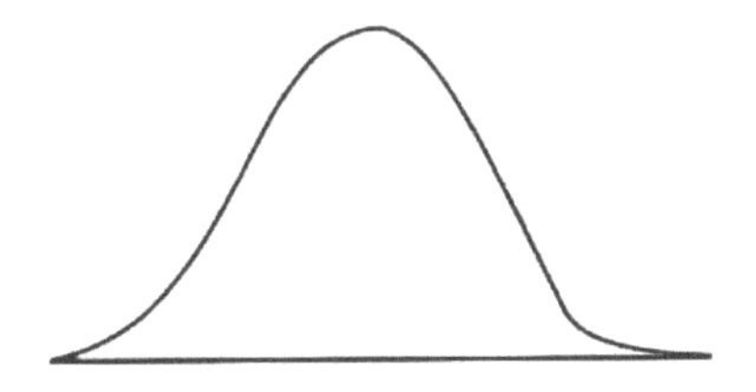

그림 11-2 | 이와 같은 모양의 파동 함수도 사인이나 코사인 함수로 만들 수 있다.

필요하다)이고 진폭이 $a_1, a_2, \cdots\cdots, a_n$인 파동의 중첩으로 $\phi(x) = a_1\Psi_1(x) + a_2\Psi_2(x) + \cdots\cdots + a_n\Psi_n(x)$처럼 쓸 수 있다. 그러면 이에 해당하는 운동량 값 $\hbar k_1, \hbar k_2, \cdots\cdots, \hbar k_n$을 발견할 확률은 $|a_1|^2, |a_2|^2, \cdots\cdots, |a_n|^2$이 된다. 이 말이 타당하려면 $|a_1|^2 + |a_2|^2 + \cdots\cdots + |a_n|^2 = 1$이어야만 하는데, 그것은 어떤 값이든 운동량을 가진 입자가 발견될 확률은 1(= 확실)이 되어야 하기 때문이다. 다행스럽게도 이 말은 $\int|\Psi(x)|^2dx = 1$에 있을 확률이 1 = 확실함이면 옳다.[2)]

물리학을 논의해 오면서 우리는 확률의 개념을 썼다. 확률의 개념을 사뭇 다르게 쓰는 두 경우를 구별하는 것이 필요하다. 통계역학에서는 게으르기 때문에 통계를 이용한다. 양자역학에서는 확률을 쓰지 않으면 아무것도 이룰 수 없기 때문에 확률을 쓴다. 첫째 경우에는 확률이 편리하다. 두 번째 경우에는 (닐스 보어 학파에 따르면) 확률이 극명한 모순으로부터

---

2) WT: 어디서 이러한 신기한 일이 나옵니까?
ET: 물론 수학자에게서 나온다. 더욱이 이 경우는 프랑스의 두 수학자가 관계된다. 한 사람은 푸리에(Jean Baptiste Joseph Fourier, 1768~1830)인데 그는 k 또는 p의 고유 함수에 대한 일을 했다. 다른 사람은 에르미트(Charles Hermite, 1822~1901)로 그는 우리가 논의한 바와 같이 선형 연산자 중에서 어떠한 고유 함수의 모임에 대해서도 확률을 더하면 1이 되는 것들을 골라냈다.

벗어나는 유일한 방법이다.

1930년대 초의 대공황 시기에 에딩턴(Arthur Stanley Eddington, 1882~1944)은 이 차이를 도저히 잊어버릴 수 없는 방식으로 표현했다. 그는 통계역학에서의 과정을 지폐의 사용에 비유했다. 지폐가 금보다 다루기 쉽다. 그러나 어떤 사람이 지폐의 가치에 의심을 가진다면 그는 어느 때고 은행으로 가서 금과 바꿀 수 있다. 통계역학이라는 지폐는 인과율에 튼튼하게 뿌리를 둔 물리학의 금과 같은 가치에 의해 견고하게 뒷받침되고 있다. 양자역학이 만든 일은 물리학의 금표준 가치를 떨어뜨린 것이다. 여기서는 확률에만 의존할 수밖에 없다. 우리 이론을 뒷받침할 어떠한 결정론적 체계도 없다.

이 모든 것을 좀 더 분명한 방식으로 설명해야겠다. 양자역학에서는 두 단계가 있다. 우리는 미분 방정식의 법칙을 따라 변화하고 직설적인 인과율의 개념에 의거해 행동하는 파동 함수에 대한 계산을 할 수 있다. 그러나 또 다른 단계, 즉 측정을 하는 단계가 존재한다. 한 전자가 〈그림 11-1〉에 보인 것과 같은 파동 함수로 나타내진다고 할 때, 그림에서 넓게 퍼져 있는 것보다 더 정확하게 위치를 결정하고자 한다면 우리는 그렇게 할 수 있다. 그러나 그 측정의 결과를 확률로써 나타내는 것밖에 다른 도리가 없다.

확률의 개념을 적용할 때 무엇이 쉽고 무엇이 어려운가를 분명히 해두는 것이 중요하다.

우리는 지금 파동의 개념과 입자의 개념을 조화시키는 방법을 알고 있기 때문에 간단하다. 무한대까지 퍼져 있는 순수한 사인 파동이 있다면, 이 파동에 의해 나타나는 입자는 그 파수로 주어지는 명확한 운동량 값을 갖는다. 반면 입자의 위치는 완전히 불확실하다. 이제 폭이 좁은 둔덕으로 이루어진 좁은 영역에 국한된 함수를 생각하면, 이때 입자의 위치는 잘 정해지나 운동량(푸리에 분석에서 사인 파동으로 성분 분해한 것에 의하면)은 상당히 불확실하다. 우리는 확률의 법칙만 따라 측정을 하면 한 상황에서 다른 상황으로 변화시킬 수 있다.

비슷한 상황을 천문학적 규모에서 살펴보자. 100광년 떨어진 곳에 위치한 별이 특정한 광양자를 내비치고 있다. 이 광양자는 반지름이 100광년인 반구(광양자는 별의 바깥쪽으로만 나올 수 있는데, 이는 모든 가능한 방향의 반이다)로 퍼져 나간다. 그러면 우주인은 사진 건판에 광양자를 잡을 수 있으며(물론 그 확률은 극도로 작다), 광양자로 인해 건판에 조그만 은(銀) 결정이 맺히며 이를 현상하면 조그마한 검은 점으로 나타난다. 광양자가 잡히기 전까지는 (전기장을 나타내는) 그 파동 함수는 튀코 브라헤에게 알려진 우주보다 더 큰 영역에 걸쳐 퍼져 있었다. 아인슈타인에 의하면 인과율에 의해 지배받는 것은 어떠한 것도 빛의 속력보다 더 빠르게 진행할 수 없다. 그러니 어떻게 미분 방정식(물론 상대성 이론에 위배되지 않는)에 의해 기술되는 어떤 과정이라 할지라도 우주 전 공간에 걸쳐 존재하는 파동 함수를 사진 건판 위의 한 점으로 압축시킬 수 있단 말인가!?! 그

렇지만 이 과정은 눈 깜짝할 시간보다도 짧은 시간에 일어난다.[3)]

따라서 측정 과정은 미분 방정식에 의해 기술될 수 없고 또한 인과율에 의해 제약받는 어떤 다른 방식에 의해서도 기술될 수 없다. 측정은 근본적으로 인과율과 대조를 이루는 확률과 연결되어 있다. 인과율이라는 순금은 우리가 미분 방정식을 이용할 때마다 여전히 거기에 있다. 그러나 금표준, 즉 모든 것을 원인-효과 관계에 맡겨야 한다는 원리는 영원히 떠나 버린 것이다.

이 개념에서 어려운 것은 '측정'에 대한 이해이다. 그러한 측정은 어떠한 미분 방정식에 의해서도 기술될 수 없다는 것을 인식해야만 한다. 측정은 새로운 상황을 만든다. 인과율의 엄격한 개념 바깥에서 생긴 이러한 상황은 다음과 같은 아인슈타인의 유명한 비평을 낳게 했다.

"나는 신이 세상을 다스리는 법칙이 아무리 이상해도 이해할 수는 있겠지만, 결코 신이 주사위 놀이를 한다고 상상할 수는 없다."

다음과 같이 응답할 수 있다.

"그러면 어떤가?" 그리고 "입자-파동의 모순이 조화될 수 있는 다른 방법이 있는가?"

우선 "그러면 어떤가?"를 생각해 보자. 인과율에 대한 아인슈타인의 주장 뒤에 있는 철학적 논리는 이렇다. 인과율이 없으면 바깥세상과 바깥세상에 대한 나의 인식의 연결 고리가 망가질 것이다. 인과율이 없으면 지식

---

3) WT: 웬만한 별이면 아주 짧은 시간 동안에 많은 수의 양자를 내보내지요.
ET: 사고의 자유는 중요하며 '사고 실험'은 한 사람의 사고에서 모순을 제거하는 데 있어 중요하지.

도 없다.

아인슈타인의 주장은 간단하고 그럴듯하지만 약하다. 통계역학조차도 (금표준에 의한 지폐) 실제적인 의미에서 이것을 반증한다. 기체의 거동은, 더 일반적으로 열에 의해 조절되는 모든 현상은, 열에 대한 통계 이론 뒤에 있을지 모르는 인과 관계로 되돌아간다는 것이 완전히 실제적이지 않겠지만, 견고한 지식을 산출했다.

아인슈타인은 이를 알았다. 이것이 그가 그의 말에 신을 개입시킨 이유이다. 그는 모든 것을 아직은 모르지만(알기에는 너무나 멀지만), 언젠가는 알 수 있다는 신조를 굳게 믿었다. 과연 그럴까? 양자역학은 과학이 모든 것을 알 수 있다는 주장에 분명한 제약을 가한다. 양자역학은 과학이 모든 것을 알 수 있는지 또는 심지어 그런 생각이 논리적으로 정당한지에 대해서도 의문을 제기한다. 이 문제는 이 자리에서 풀기에는 너무 어렵다. 그러나 원칙적인 면에서는 실제로 얻을 수 있는 지식에 한계가 존재하며 지식이 제한받을 수 있다는 가능성만으로도 충분하다. 나는 인과율의 금표준을 재보증하지 않고서도 과학이 가능하다고 믿는다.

앞 문단의 뜻을 살아 있게 하면서 간단히 요약하면 다음과 같은 간단명료한 말이 된다. 물어볼 수 있는 모든 질문에, 이 질문이 자체 모순이 없다고 하는 가능성이 있을지라도, 답이 존재하는 것은 아니다.

두 번째 질문, 즉 '입자-파동의 모순이 조화를 이룰 수 있는 다른 방법이 있는가?'에 대해서는 나는 해답을 갖고 있지 않다. 나는 어떤 다른 방법이 없다는 것을 증명할 수 없다. 보어는 심지어 이 질문을 생각하는 것조

차 거부했다. 그는 너무 많은 자신의 대답을 가지고 있었다. 그 대답을 어느 정도 자세히 생각해 볼 만하다.

확률의 논의에서 중요한 부분이 하이젠베르크에 의해 공식화되었는데, 이는 하이젠베르크의 불확정성 원리라 알려져 있다. 하이젠베르크의 불확정성 원리에서 나오는 개념과 공식은 앞에서 논의한 것과 비슷하다. 우선 가능한 한 파동 함수를 한 곳에만 있도록 하여 〈그림 11-1〉에 주어진 것과 같이 최소한의 거리에만 펼쳐진 파동 묶음을 만들기 위해 파수가 k와 $k+\Delta k$ 사이의 영역에 있는 몇 개의 파동을 중첩시켜 보자. 이에 해당하는 사인 파동은 $\sin(kx)$와 $\sin(k+\Delta k)x$, 즉 $\sin(kx+\Delta kx)$ 사이의 영역에 있다. $x=0$ 근처에서는, 이 사인 파동들은 (또는 비슷한 코사인 파동은) 위상이 거의 같아 보강된다. Δx만큼 움직이면 어떤 일이 일어날까? 그러면 각각의 위상은 $k\Delta x$와 $k\Delta x+\Delta k\Delta x$가 되어 위상차는 $\Delta k\Delta x$가 된다. 만약 이 값이 π가 되면 두 파동은 위상이 반대라서 상쇄된다. 하이젠베르크는 파수의 영역이 Δk이면 파동 함수를 $\Delta x = 1/\Delta k$보다 좁은 영역에 있게 할 수 없다고 결론지었다. 즉 $\Delta k\Delta x \geq 1$이라는 것이다.[4]

이제 위 식에 $\hbar$를 곱하고 $\hbar k = p$임을 이용하면 $\Delta p\Delta x \geq \hbar$를 얻는다. 이것이 하이젠베르크의 불확정성 원리이다. p에 대해 잘 알수록 x에 대해서는 모르며 반대의 경우도 성립한다.

---

4) WT: 왜 $\Delta k\Delta x \geq \pi$가 아닙니까?
ET: $\Delta k\Delta x = 1$까지는 파동의 보강이 꽤 잘되지. k를 말할 때 π와 같은 인자 때문에 항상 난처하단다.

불확정성 관계에 대해 중요한 점은 이것이 측정 과정과 관계되어 있다는 것이다. p와 x를 모두 정확히 측정할 수 없다고 하는 과정에는 무엇이 들어 있을까? 어쨌든 두 양 중에서 하나만을 가지고 보면 그 어느 양이나 원하는 정도까지 얼마든지 정확히 측정하고 정할 수 있다고 가정되어 왔다.

사실은 측정 과정 자체에는 아무런 제약이 없다. 오히려 처음부터 하이젠베르크의 불확정성 원리가 보편적으로 유효하다고 가정해야만 한다. p와 x가 동시에 정확하게 결정될 수 있는 대상이 있다면 이를 다른 대상에 대해 같은 정확도로 측정하는 데 이용할 수 있었을 것이다. 그러나 측정하는 잣대 자체가 부정확하다면 다른 어떠한 측정 결과도 부정확할 것이다. 그래서 불확정성 원리는 보편적으로 유효하거나 그렇지 않으면 전혀 유효하지 않다. 지금까지의 실험에 대한 논의는 불확정성 원리를 입증하는 것이 아니다. 이는 단지 자체 모순이 없는 공리라는 것을 보일 뿐이다.

많은 특수한 예를 통해 이러한 점이 논의되어 왔다. 우리는 이를 자세히 다루지 않겠다. 어떤 전자에서 x에 대한 정확한 측정은, 위치가 측정되기 전에 운동량이 알려졌더라도, 전자의 운동량에 대한 정보를 손상시킨다는 것은 그럴듯하다. 실제로 측정을 위하여 광양자를 이용할 수 있는데, 이 경우 불확정성 관계가 성립한다. 위치가 측정될 때 임의의 운동량이 전자에 전달된다.

전자에 의해 광양자가 산란됨을 이용하여 운동량을 측정할 때 어떻게 전자의 위치에 대한 정보를 잃어버리는지를 이해하기는 약간 더 어렵다.

이 측정은 산란된 빛에서 도플러 효과에 의한 진동수 변화를 결정하면 된다. 산란 과정에서 전자와 광양자 사이에 운동량이 교환된다. 이것을 염려할 필요는 없는데, 그것은 우리가 그 효과를 계산에 집어넣을 수 있기 때문이다. 그런데 산란되는 순간에는 전자의 속도가 변하게 되며, 정확히 언제 산란이 일어났는지를 알 수 없다. 왜냐하면 산란된 빛의 진동수 변화를 요구되는 정확도로 정하려면 시간이 필요하기 때문이다. 정해지지 않은 시각에 생긴 속도변화는 최종 위치의 불확정성을 주게 되는데, 그 값은 불확정성 관계를 만족할 만큼 충분히 크다.

실험적 사실을 논의했다고 해서 불확정성 원리를 증명한 것은 아니며, 단지 실험 과정에서 일관성이 성립함을 보인 것이다. 불확정성 원리 없이 일을 해나갈 수 있을까?

아니다! 광양자의 발견과 맥스웰의 이론을 조화시키고 또한 물질을 이루는 입자(전자도 포함하여)에 대한 파동적인 이론을 식으로 나타내기 위하여 파동-입자의 이중성이 필요하다. 이제 불확정성 원리가 어떻게 광양자(또는 전자)가 파동인지 입자인지를 구별할 수 없게 만드는가에 대해 논의하자. 만일 구별할 수 있다면 이는 파동 이론(또는 입자 이론)에 대한 직접적 반박인 것이다. 그래서 둘 다 필요한 것이다.

〈그림 11-3〉은 파장이 λ이고 x쪽 방향을 향하는 평면파가 스크린에 있는 한 개의 슬릿에 비추어지고 있고 그 뒤에는 감광판이 놓여 있는 것을 보여 준다. 감광판은 사진 건판이면 된다. 슬릿의 크기가 빛의 파장에 비해 그리 넓지 않으면, 즉 $\Delta y \leq \lambda$이면, 빛은 건판 위에 넓게 퍼진다. 건판에는

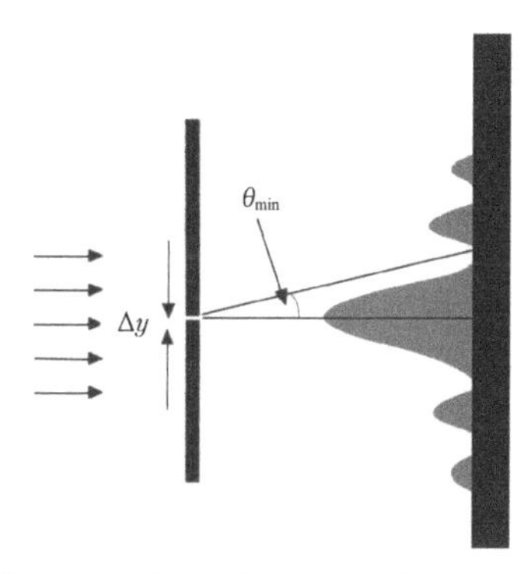

그림 11-3 | 평면 파동을 좁은 슬릿을 통해 스크린에 비추면 여기 보인 것과 비슷한 세기의 무늬가 만들어진다.

회절 무늬가 생기는데 그 이유는 파동이 유한한 슬릿을 통과하면서 운동량의 y성분이 퍼지기 때문이다.

스크린이 빛을 막으므로, 빛다발 중에서 슬릿을 통과한 일부가 y쪽 방향으로 어느 곳에 존재하는지 알게 되는 것을 유의하자. 회절 무늬에서 첫 번째 최소는 대략 $\theta_{min} \approx \lambda/\Delta y$에서 일어난다. 그런데 감광 스크린의 이 지점에 빛이 도달하려면 $\Delta k_y/k \approx \theta_{min}$ 또는 $\Delta k_y/k = \lambda/\Delta y$가 되어야 하는데, 이는 $\Delta k_y \Delta y \approx \lambda k \approx 1$임을 뜻한다. 이 식의 양변에 $\hbar$를 곱하면 슬릿을 통해 지나간 광양자에 대해 $\Delta p \Delta y \approx \hbar$를 얻는다. 그래서 넓게 퍼진 회절 무늬는 광양자에 대한 불확정성 원리를 고려하면 입자적 관점과 모순되는 것이 아니다.

회절 무늬는 항상 존재하며 제거할 수 있는 것이 아니다. 슬릿을 좁게 하면 운동량이 수직으로 펼쳐지는 정도를 증가시킬 뿐이다. 슬릿을 넓게 할수록 운동량의 불확실성은 줄어들지만 위치에 대한 정보를 잃어버린다.

광양자나 전자를 비교 조사하기 위한 많은 시도가 있었지만, 불확정성 원리는 언제나 직접적 공격을 피해 갈 수 있는 길을 제공해 주었다.

보어와 하이젠베르크는 그러한 비교 조사를 무자비할 정도로 엄중히 했다.

그들은 "빛은 어디에서 여분의 Δk_y, 즉 여분의 운동량 $\hbar\Delta k_y$를 얻게 되는가?" 하는 의문을 가졌다. "스크린에서 이를 얻었음에 틀림없다. 그래서 광양자가 스크린을 지나기 전과 스크린을 지났지만 아직 감광판에 도달하기 전의 운동량을 측정하자. 그러면 회절 무늬의 어느 지점에 광양자가 도달하는지 계산할 수 있을 것이다. 확률적인 회절 무늬는 깨지고 광양자 본연의 입자적 성질이 드러날지도 모른다."

이중성으로 인해 이는 받아들일 수 없는 것이다.

그러나 보어와 하이젠베르크는 위 대답처럼 광양자를 회절로부터 벗어나게 할 수 없었다. 여러분은 슬릿의 위치에 대한 정보를 잃지 않으면서 스크린의 운동량을 측정할 수 없는데, 이는 불확정성 원리를 스크린, 아니 이보다도 스크린에 있는 슬릿에 적용하여 나온 결과이다. 광양자가 감광판에 닿기 전에 측정해야 예측할 수 있다. 슬릿의 위치를 모르면 광양자가 어디에 닿을 것인가를 예측할 수 없는 것이다.

위와 같은 논의(자세하게 다루지는 않았지만)는 보어와 하이젠베르크의 연구 그룹에서 수년 동안 계속된 토론 중에서 중요한 문제였다. 거기에는 그럴 만한 까닭이 있었다. 이중성과 미래에 대한 명확한 예측성(또는 예측성과 비예측성의 한계)의 성패가 걸린 문제였기 때문이다. 양자역학에 의해 물리학과 화학이 통합된 것은 커다란 업적이었다. 알려진 과거와 알 수 없는 미래라는 한계 속에서 세계의 현재 상태가 존재함을 인식하게 된 것이 더 큰 성취이다.[5] 이 모든 것은 불확정성 원리가 통계적 행동과 원인이 알려진 경우에 인과율의 적용 사이에 생기는 직접적 모순을 피하게 해주는 방향을 제시해 준다는 사실에 기인한다.

우리가 세상을 보는 눈에 하이젠베르크의 불확정성 원리가 끼친 영향은 지대하다. 하이젠베르크 이전에는 우리는 과거는 고정되어 바뀌지 않고 미래는 기계적이고 결정론적인 것으로 보았다. 하이젠베르크가 그의 원리를 설명하고 충분히 논의를 한 후에는 우리는 과거는 여전히 고정되었지만 미래는 불확실하다고 본다. 이러한 점이 창조의 과정에 들어 있다. 19세기의 물리학에 의하면 세상은 창조된 후 영원히 바뀌지 않는 방식으로 움직인다고 보았다. 수백 년 전에 아라비아의 유명한 천막 제작자이며 천문학자이자 시인이었던 사람[오마르 카얌(Omar Khayyam, 1040~1123)]의 시구를 다시 해석하면 아래처럼 읽을 수 있다.

> 지상의 첫 진흙으로 신들은 최후의 사람을 빚었으며
>
> 거기서 마지막 수확을 위한 씨를 뿌렸노라.

---

5) WT: 나는 내가 커서 어른이 되면 미래를 알 수 있다고 생각했어요.
ET: 나도 십 대일 때 그렇게 생각했는데, 실제로 사람들은 원리적으로는 미래를 알 수 있다고 믿어 왔다. 위대한 새 복음은 우리가 미래를 안다고 하는 것이 모순을 초래한다고 전해 주지. '엔트로피는 결코 감소할 수 없다', '빛의 속도를 결코 능가할 수 없다', 그리고 '미래는 결코 정확히 예측할 수 없다'라는 세 가지 진술 중 첫 번째 진술에서는 '결코'를 (여러분이 기브스의 정의를 모두 믿지 않는다면) '좀처럼'으로 대치할 수 있지만, 두 번째와 세 번째 진술에서는 '결코'를 '절대로 결코'로 바꾸는 편이 낫지.

창조와 첫 순간을 썼을 때

최후의 심판의 날은 알았노라.

신은 그의 창조를 끝내고 이레째 날에 쉰 것이 아니라 영원한 휴식을 한 것이다. 쉽게 말해 신은 할 일이 없어진 것이다.

오늘날 우리는 세상이 그렇지 않다는 것을 안다. 세상은 원자에 의해, 별들에 의해, 새로운 생명체에 의해 시시각각 새롭게 창조되는 것이다. 그러면 신의 역할은 무엇인가? 아마도 신은 기이한 우주의 화음의 지휘자이며, 그는 우리가 모르는 모든 것을 간직한 보고일 것이다. 이것은 물론 믿을 수 없는 상상일 뿐이다. 그러나 과학자의 역할은 분명하다. 과학자는 우주라고 하는 오케스트라의 악보를 읽고자 한다.

원자적 현상을 논의할 때 양자역학의 입자-파동적 해석을 반박하려는 어떠한 시도도 성공하지 못했다. 다른 의미에서의 반론이 슈뢰딩거에 의해 제기되었다. 그는 양자역학적 효과가 거시적 물리에서도 나타나도록 양자적 현상을 증폭시켜 볼 것을 제안하고 그 결과가 얼마나 불합리한지를 지적했다.

슈뢰딩거는 〈그림 11-4〉에 있는 장치와 같은 꽤 구체적인 예를 제안했다. 이 장치에는 상자 안에 또 다른 상자가 있고 안쪽 상자에는 고양이가 있다. 고양이에게 먹을 것과 우유 그리고 산소를 제공한다. 그러나 바깥쪽 상자에는 치명적인 시안화수소 기체가 있다. 또 바깥쪽 상자에는 방사능 원소와 계수기가 있는데 이 둘은 셔터에 의해 분리되어 있다. 한 번, 딱

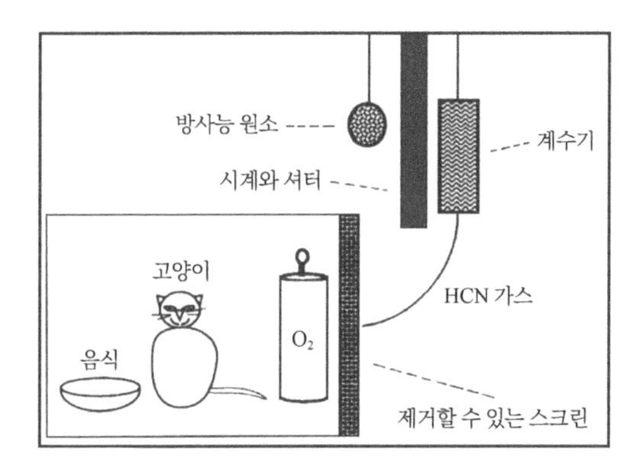

그림 11-4 | 이 그림은 유명한 '슈뢰딩거의 고양이'와 고양이집을 나타낸다.

한 번만 자명종 시계가 1초 동안 셔터를 치운다. 이 장치는 이 동안 계기가 작동할 확률이 50%가 되도록 고안되어 있다. 나머지 50%는 계기가 작동되지 않는다. 계기가 작동되면 전지와의 전기적 접촉이 생겨 안쪽 상자를 막고 있는 스크린을 태우게 된다. 이렇게 되면 시안화수소(HCN)가 안쪽으로 들어가 고양이를 죽인다. 그러고 나서 일주일을 기다린다. 이 기간이 지난 후에 이 계의 '상태 함수'는 두 상태의 중첩이 될 것이다. 한 상태는 고양이가 죽은 것이고 다른 상태는 고양이가 살아 있는 것이다. 일주일 후에 이 장치를 열어 관찰하면 두 가지 상황 중 하나가 될 것이다. '죽은 고양이'의 파동 함수가 형성되었거나, 아니면 고양이는 반 사망 상태로부터 반쯤 소생하여 살아 있는 채로 발견될 것이다.

원리적으로 슈뢰딩거는 불확정성 원리에 대한 논의를 올바르게 재현했다. 관찰 전에는 죽은 고양이나 살아 있는 고양이가 모두 실제라고 단정할 수 없다. 관찰 행위와 고양이 계 사이의 상호 작용이 두 가지 가능성 중에서 실제 상황을 일으키게 한다고 생각해 볼 수 있다.

슈뢰딩거는 이 모든 것이 확실히 무의미하다고 평했다. 그러나 슈뢰딩거의 논의는 너무 단순화시킨 것이다. 최종 상황의 파동 함수에 대해 말할 때 우리는 실제로 10^{30}차원 공간(이보다 다소 크거나 작을 수도 있지만)에서의 파동 함수를 고려하고 있는 것이다. '죽은 고양이'와 '산 고양이' 두 상태의 간섭은 10^{30}개의 좌표에서 이 두 파동 함수가 모두 일치하는 배열에서만 일어날 수 있다. 단 한 개의 전자가 다른 지점에 있더라도 간섭은 일어나지 않는다. 그와 같은 간섭이 일어날 확률은 극히 적다. 이 경우와 비교하여 열 마리의 원숭이가 열 대의 타자기를 마구 두드려 우연히 셰익스피어의 작품을 쓴다는 유명한 예에다가 돈을 거는 편이 훨씬 나을 정도이다.

그러나 간섭이 없다면 양자적으로 기술하는 것이 고전적 설명의 결과와 본질적으로 같다. 특정한 순간에 한 입자가 계수기로 보내졌다고 한다면 이는 합리적으로 관찰할 수 있는 경우이다. 여기서부터 인과율의 고리가 작동되며 우리가 아주 짧은 순간 기다렸다가 관찰하거나 1세기 후에 관찰하여 두 가지 중 어떤 일이 일어날지 알아보더라도 그 결과에는 차이가 없다.

측정 행위에 대한 논의의 결과는 우리에게 미분 방정식에 의해 기술되는 우연적 진전과 통계적인, 즉 예측할 수 없는 결과를 낳는 측정을 구별해야만 하는 문제를 남긴다. 어느 단계에서 측정하건 두 가지 가능성이 분리되어 겹치지 않는 '파동 묶음'이 되는 순간의 시각과는 상관이 없다. 두 개의 파동 묶음에서 최소한 한 개의 전자, 한 개의 핵 또는 한 개의 광양자만 차이가 나도 두 파동 묶음은 겹치지 않는다는 것을 다시 한번 강조하고자 한다. 모든 입자가 똑같이 배열되지 않는 한 중첩은 일어나지 않는다.

고전 물리학은 양자역학을 이해할 때 여전히 없어서는 안 된다. 우리 경험의 직접적 대상을 제공해 주는 것이 고전 물리학인 것이다. 우리의 개념과 언어는 고전 물리학과 관계되어 있다. 양자역학만으로도 자체 일관되게 말할 수는 있다. 그러나 고전 물리학을 언급하지 않고서는 우리는 우리가 말하는 것을 이해하지 못한다. 아인슈타인은 인과율이 없다면 과학은 존재할 수 없다고 말했다. 보어는 언어가 없다면 이해도 있을 수 없다고 말했다. 보어의 말은 아인슈타인의 말과 같은 맛을 풍기지만 좀 더 조심스럽다. 그는 언어 없이는 이야기하거나 사고할 수 없다는 것을 지적하고 있는 것이다. 따라서 언어를 가져야만 사고 과정을 시작할 수 있으며, 그 시점부터 우리는 언어의 한계를 논의할 수 있다.

나는 양자역학에서부터 우리 연구를 시작할 수 없다고 결론짓기로 한다. 양자 물리학과 고전 물리학을 잇는 다리가 필요한데 이 다리가 고전적 측정인 것이다. 여러분은 다리를 물체와 관찰자 사이 아무 데나 놓을 수 있지만 될 수 있는 한 물체 가까이 놓는 것이 가장 실제적이다. 이 말은 측정은 간섭 현상의 확률이 0이 되는 순간에 가능하며 바로 이때 측정되어야만 한다는 뜻이다.

우리는 언제 간섭을 무시해도 될까? 그 대답은 어떤 면에서 '결코 그럴 수 없다'라는 것이다. 초기의 아주 간단한 원자 과정에서는 양자론이 필요하고 간섭이 일어난다. 이 원자 과정이 마지막 단계에서 복잡한 상황의 결과를 낳았더라도, 개개의 입자의 속도를 거꾸로 할 수 있는 방법을 고안한다면 우리는 항상 원래의 상태를 재구성할 수 있다. 물론 실제로는 이것이 완전히 불가능한데 6장에서 소개된 무질서 증가의 법칙인 열역학 제2법칙에 위배되기 때문이다.

그래서 다시 다음과 같은 질문을 해야만 하겠다. 언제 원래 상태로의 복귀가 불가능한가? 한 가지 좋은 대답은 고전 물리학에서의 '비가역(거꾸로 갈 수 없는)' 과정이 원래 상태로의 복귀를 완전히 불가능하게 한다는 것이다. 바로 이 '비가역'이라는 단어가 해결의 열쇠를 표현한다. 비가역성이 일어나는 이유는 무질서가 생성된 후 저절로 질서가 잡힐 확률이 극히 작기 때문이다.

슈뢰딩거 고양이의 경우에는 계수기의 기능이 비가역적이다. 사진 건판에서 작은 은 결정이 만들어지는 것은 비가역적이다. 이와 같은 일들이 모든 실제 측정 과정에서 일어난다.

양자역학과 고전 이론의 차이가 우리가 고려하는 물체의 크기에 기인한다고 믿는 것은 잘못된 것이다. 진짜 차이는 질서의 문제인 것이다. 질서가 완전하고 (큰 규모에서는 거의 불가능하지만) 불확정성이 하이젠베르크에 의해 주어진 한도까지 갔을 때 양자론이 적용된다. 그러나 무질서가 충분히 크다면 우리는 세상을 일상적인 경험에 의해 논할 수 있게 된다.

그러나 동시에 우리는 양자역학이 적용되는 좁은 한계 내에서 세상이 매 순간순간 새롭게 변화한다는 것을 잊어서는 안 된다. 코페르니쿠스와 보어에 의해 이룩된 두 혁명은 어떤 의미에서는 서로 보완적이다. 코페르니쿠스는 (결국) 우리가 얼마나 왜소한가를 실증했다. 보어는 우주가 압도적이긴 하지만 우리의 미래가 부분적으로만 과거에 의존함을 일깨워 주었다. 우리는 본질적인 자유의 요소를 갖게 된 것이다. 또한 아인슈타인에 의하면 이러한 작용(그는 잘못하여 그 자유를 부정했지만)은 그 영향을 유한하지만 빛과 같이 엄청나게 빠른 속도로 우주 속에 펼치고 있다. 우주만 거의 무한대가 아니라, 모든 인류—아니 파리와 같은 미물일지라도—이들이 만드는 영향은 무한대 가까이 뻗어 있는 것이다.

질문

1. 각각 구멍이 있는 두 개의 스크린 A와 B를 생각하자. 전자가 A에 있는 구멍을 통과하는 시각과 이후에 B에 있는 구멍을 지나는 시각을 잰다. 이 측정을 임의의 정밀도로 할 수 있다고 하자(그렇지만 A를 지날 시점에는 B를 지나는 시각을 예측할 수 없다). 두 스크린 사이에는 힘이 작용하지 않는다고 가정하고 두 점의 위치와 시각을 알면 전자는 두 점 사이에서 일정한 속도로 직선을 따라 움직였다고 할 수 있다. 따라서 두 점 사이의 임의의 시각(그림에서 C)에서 위치와 속도의 값, 즉 운동량의 값을 동시에 원하는 정도의 정확도로 말할 수 있다. 이것은 불확정성 원리를 위배하는 것이 아닌가?

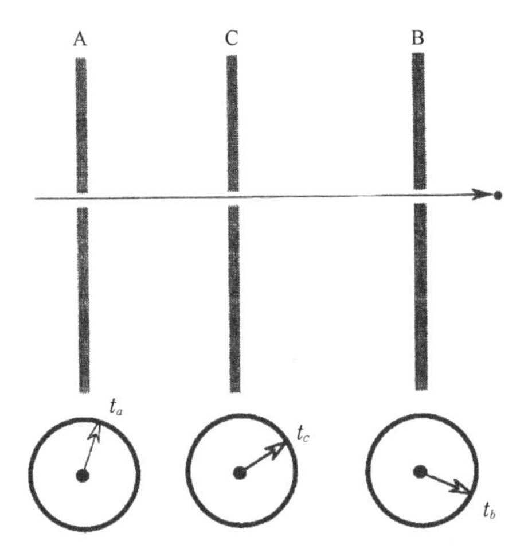

2. 아인슈타인은 E와 t를 무제한적인 정확도로, 즉 $\Delta t \Delta E \geq \hbar$ 형태의 불확정성 원리를 위배하면서 측정할 수 있다고 제안했다. 광양자를 완전 반사하는 벽을 가진 상자에 가두어 놓는다. 스톱워치에 의해 정확히 정해진 시간 Δt 동안 위쪽 셔터를 열어 광양자가 달아날 수 있도록 한다. 그 이전과 이후의 상자 무게를 재어 $\Delta E = c2\Delta m$을 알아낸다. 또 Δt를 알기 위해 스톱워치를 보면 ΔE와 Δt를 독립적으로 원하는 만큼 작게 할 수 있다. 보어는 이것의 결함을 찾기 위해 (잠 못 드는?) 밤을 지새웠다. 그 결함은 무엇일까?

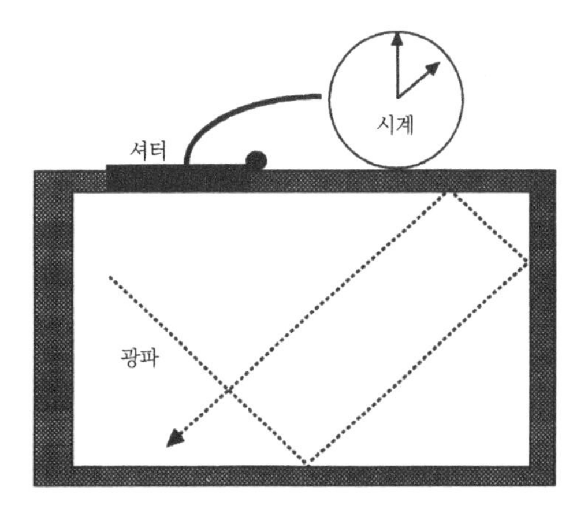

12장

새로운 지식의 활용

여기서 여러분은 몇 가지 예를 통해
믿을 수 없는 것들이 어떻게 상식적인 것으로
바뀌는가를 배우게 된다.

우리와 컴퓨터는 수백 차원의 공간에서의 미분 방정식을 푼다든지 화학과 물리학에서 함께 연구되고 있는 물질의 자세한 상태를 나타내는 수만 개의 고유 함수 중 올바른 조합을 찾아내기에는 아직 역부족이다. 이것이 앞으로 천 년 동안[1] 과학과 산업 연구소들이 필요한 이유이다. 우리는 장기를 완벽하게 둘 수 있는 방법을 알지 못하기 때문에, 갈륨과 비소 핵의 덩어리와 이들의 전자들이 합쳐져 예기치 못한 재주를 부린다고 해도 놀라지 않는다.[2]

우리가 정확한 계산은 할 수 없을지라도 최소한 근사는 할 수 있다. 근사를 쓰면 정성적인 이해를 할 수 있으며 다시 실용적인 실험으로 이어진다. 기본적 발견이 유용한 생산품을 산출하는 기술로 바뀌는 예는 수없이 많다. 먼저 고체 내의 전자의 행동을 논의하자. 좀 더 구체적으로 말해서 도체, 반도체, 초전도체에 대해 이야기하자. 그러고 나서 레이저에 관해 말하겠다. 불행하게도 가장 흥미로운 물질인 원시 플라스마에 대해서는 조금밖에 얘기할 수 없다.

수소 원자에서 전자는 음의 에너지 $-R/n^2$을 갖는데 여기서 R은 뤼드베리 상수이고 n은 정수이다. 양의 에너지를 가지면 전자는 풀려져 나와 핵으로부터 멀리 떨어지게 된다. 이때 고유 함수는 $e^{i(k_x x + k_y y + k_z z)}$이며 에너지는 $(\hbar^2/2m)(k^2_x + k^2_y + k^2_z)$이라서 어떠한 양의 에너지라도 가질 수 있다.

---

1) WT: 이 기간이 확실합니까?
ET: 아니다. 그렇지만 올바른 숫자와 백만 년 차이 나기보다는 오십 년 차이 나기가 더 쉬울 거야.

2) WT: 탄소나 수소, 산소, 질소 핵에 대해서는 어떻습니까?
ET: 아하! 너는 너 자신에 관심이 있구나. 나도 그렇다.

핵 가까이 가면 파동 함수는 복잡해지는데 이때는 양성자에 의한 전자의 산란을 기술해야 한다. 그래도 정확한 파동 함수의 모양은 간단하지 않지만 잘 알려져 있다.

많은 전자를 가진 무거운 원자가 한 개 고립된 경우에는 그 파동 함수와 에너지를 계산에 의해 정확히 구할 수 없다. 핵에 묶인 전자는 단지 특정한 값의 에너지 고윳값만 허용되는 반면, 자유 전자는 어떠한 에너지도 가질 수 있다. 고체 상태에서의 전자는 자유 전자와 매우 다르게 행동한다.

나는 단순하면서도 광범위하게 존재하는 고체의 형태인 결정에 대해서만 관심을 갖고자 한다. 결정에서는 유한한 영역의 원자 배열이 3차원의 모든 방향으로 계속 반복된다. 이 유한한 영역을 '세포'라고 부르며, 계속 반복되는 것을 '주기성'이라 한다. 전자 한 개가 결정 내에서 돌아다니면 그 일반적 행동은 원자 내의 경우와 다르다. 결정에서는 하나의 세포 내에서 전자의 파동 함수가 취하는 행동을 고려해도 된다. 결정 내에서 전자가 취하는 행동에서 한 가지 간단한 점은 각 세포마다 그 행동이 반복되며 그들의 파동 함수는 세포 경계에서 연결이 되는 것이다. 이러한 방법으로 우리는 고립된 원자의 궤도에 해당하는 어떤 상태를 얻는다. 파울리의 배타 원리에 의해 그 상태는 한 개의 전자, 아니 스핀을 고려하면 두 개의 전자를 가질 수 있다. 우리가 작은 부피의 결정에만 관심을 둔다 하더라도 그 밖의 다른 모든 전자는 어떤 상태에 있을 것인가?

결정은 앞에서 말한 대로 3차원에서 세포가 반복되어 이루어진다. 결정의 종류에 따라 이 세 방향은 서로 수직(수학적으로는 '직교'한다고 말한다)할 수도 있고 그렇지 않을 수도 있다. 그들이 수직하건 안하건 이 세 방향을 x, y, z라 부르자. 우리는 세포의 수를 세 개의 정수 n_x, n_y, n_z로 세는데 이 정수들은 x, y, z 방향으로 움직여 간 수이다. 이때 각 세포의 파동 함수에 위상차를 추가하면 n_x, n_y와 n_z에서의 위상으로서 $e^{i(k_x n_x + k_y n_y + k_z n_z)}$를 얻는다. 여기서 k_x, k_y, k_z는 이들 양에 정수 n이 곱해지기 때문에 $0 \le k_x < 2\pi$인 것만 제외하고는 우리가 지금까지 써 왔던 파수와 같다(n_x가 정수로 제한되어 있어서 $e^2\pi^i = 1$이므로 $k_x = 2\pi$를 포함하지 않은 점에 유의하자). 지금 우리가 논하고 있는 파동 함수가 이전에 나왔던 운동량의 파동 함수와 다른 점은 여기서 나오는 지수 인자는 단지 세포들 사이의 파동 함수(다시 말해 위상)만을 나타내고 있다는 점이다. 각 세포 내에서의 파동 함수는 더 복잡하다. 실제로 이들의 행동은 k_x, k_y, k_z의 값에 따라 연속적으로 변하며 $k_x = 0$일 때와 $k_x = 2\pi$일 때 이들의 행동은 같다(물론 k_y와 k_z에 대해서도 비슷하다). $0 \le k_x < 2\pi$, $0 \le k_y < 2\pi$, $0 \le k_z < 2\pi$로 이루어진 영역 내부에서는 에너지가 연속적으로 변하는데 이 영역을 브릴루앙 영역이라 부른다.[3] 여러 브릴루앙 영역은 겹치거나 겹치지 않는 다양한 에너지를 가진다. 이에 대한 논의를 간단히 하면 다음과 같다. 결정 내의 전자에 대해서는 브릴루앙 영역 내에서 연속적인 에너지가 허용된다. 그러나 이 영

---

3) 루이 M. 브릴루앙(Louis M. Brillouin)은 전자의 행동을 나타내는 이 중요한 공헌을 제2차 세계 대전 이전에 이루었다. 나는 전쟁 중 그가 프랑스를 탈출하여 미국으로 왔을 때 그를 만났다. 그는 IBM에서 일했다(이 회사는 모든 사무실에 '생각하라!'라는 구호를 게시했다). 나는 그에게 IBM에서 일하는 것이 어떤지 물었더니 그는 대단한 만족감을 표했다. 나는 그에게 책상 위에다 어떤 구호를 붙여 놓았는지 물어보았더니 그는 "아, 그건 '정신을 새로이 하자!'라는 것이지요."라고 말했다. 나도 그와 동감이다. 브릴루앙 영역에 대해 생각하는 것만으로는 충분하지 않다. 여러분은 이를 마음에 깊이 새겨야 한다.

역 내에서 있을 수 없는 에너지가 있으며 전자들은 이러한 에너지를 가질 수 없다.

브릴루앙 영역에서 서로 다른 에너지를 갖는 부분은 사뭇 다른 양상을 띤다. 금과 같은 무거운 원소에서 가장 낮은 에너지를 가진 전자(즉 금에서는 K껍질에 있는 전자)에 대해서는 하나의 금 원자핵 가까이 있는 파동 함수가 이웃한 금 원자핵의 파동 함수와 거의 겹치지 않는다. 그 결과로 브릴루앙 영역은 극히 좁은 에너지 폭을 가진다. 그 에너지는 따로 떨어진 금 원자에서 퍼져 있지 않고 특정한 값을 갖는 에너지와 거의 같다. 높은 에너지 준위에 대해서는 브릴루앙 영역은 넓어진다. 그러나 금지된 에너지 영역의 폭은 허용된 에너지 영역의 경우보다 더 크다. 끝으로, 관심을 끄는 부분인 가장 높은 에너지 영역, 즉 최외각 전자에 대해 생각해 보자. 여기서는 브릴루앙 영역의 폭과 금지된 영역의 폭이 거의 비슷하다. 이 최외각 전자에 대해서는 두 개의 극단적 경우가 있다.

첫 번째 극단적 경우는 고체 상태에 있는[4] 불활성 기체의 경우로, 여기서는 전자들이 브릴루앙 영역을 꽉 채우기 때문에 어떤 전자가 높은 상태로 가려면 상당한 에너지가 필요하다. 그래서 이 경우에는 일반적으로 전자들이 흐르지 못해 부도체가 된다. 다른 극단적 경우는 나트륨이나 금과 같은 금속의 경우로, 여기서는 최외각 전자들이 브릴루앙 영역의 반(또는 일부분)만 채운다. 따라서 전자들이 주위로 움직이려면, 즉 전류가 흐르

4) 기체는 낮은 온도에서 고체가 된다.

려면 약간의 에너지만 있으면 된다. 그래서 이들은 도체이다.

이 두 경우는 조금 더 자세히 다루어 볼 만한 가치가 있다.

부도체 종류 중 중요한 예는 염화나트륨과 같은 염류의 결정체이다. 고체 상태에서조차도 나트륨과 염소는 원자로서가 아니라 이온으로서 존재한다고 볼 수 있다. 실제로 8장의 〈그림 8-1〉에서 보았듯이 양이온과 음이온이 촘촘히 채워져 빈 부분이 없다. 높은 에너지 상태의 브릴루앙 영역은 염소 음이온을 둘러싸고 있는 전자들에 의해 채워져서, 이러한 전자 배치는 불활성 기체인 아르곤에서의 전자 배치와 비슷하다. 염화나트륨은 무색이다. 실제로 순수 상태의 단결정은 투명한데, 그 이유는 전자가 다음 높은 상태로 가려면 가시광선보다 더 큰 에너지와 진동수($\hbar\omega$)가 필요하기 때문이다. 결정은 좋은 부도체이다. 결정에 전자를 한 개 넣으면 전기를 갖고 얼마만큼의 거리는 가겠지만 멀리는 못 간다. 나트륨 양이온은 전자를 끌고 염소 음이온은 전자를 민다. 그래서 전자는 주변의 이온들을 적당히 이동시켜 놓고 자기 자신을 위한 웅덩이를 판 다음 다시는 이 웅덩이로부터 나오려 하지 않는다고 말할 수 있다.

전혀 다른 종류의 부도체로는 다이아몬드 결정을 예로 들 수 있는데 여기서 각 탄소는 이웃한 네 개의 탄소로 둘러싸여 있다. 화학 결합이라 불리는 전자들의 짝을 이웃한 두 탄소가 공유한다. 이 모든 전자 중에서 한 탄소 원자 근처에 있는 여덟 개의 전자가 브릴루앙 영역을 채우고 있다. 다이아몬드는 뛰어난 부도체이며 또한 투명하다. 다이아몬드에서는 전자를 빈 브릴루앙 영역으로 올리기 위해서 염화나트륨의 경우보다 더 많은 에너지가 필요하다.

이와 대조되는 상황의 예로서 가장 간단한 것은 헬륨보다 전자가 한 개 더 많은 리튬이다(헬륨에서는 핵 가까이에 있는 매우 안정된 K껍질 궤도를 전자의 짝이 채우고 있다). 리튬은 헬륨보다 전자를 하나 더 갖고 있어서 스핀에 의한 두 가지 가능성을 생각하면 브릴루앙 영역의 반만을 채우게 된다. 부분적으로 채워진 브릴루앙 영역에 있는 이 전자들을 리튬 원자들이 공유함으로써 리튬 격자가 이 전자들에 의해 묶인다. 이 과정에서 전자들은 최소한의 에너지를 들이게 된다. 따라서 전자들이 움직일 수 있으므로 리튬은 도체 금속이다.

원리적으로 금속과 부도체의 차이는 분명하다. 우선 금속에서는 전자가 약간의 에너지 변화도 받아들일 수 있다. 실제로 전자들은 긴 파장의 전자기파는 물론 이보다 파장이 조금 짧은 빨간 빛과 더 짧은 가시광도 흡수할 수 있다. 전자들은 거의 가리지 않고 전자기파를 흡수할 수 있는데 에너지를 받아들이는 능력뿐만 아니라 얼마나 빨리 에너지를 잃는지도 생각해야 한다. 전자들은 격자 진동과 상호 작용하여 에너지를 잃는다. 이 과정은 느리게 일어나기 때문에 금속이 훌륭한 전기 도체가 되는 것이다.

실제 상황은 이러하다. 굵기가 3cm에 가까운 부도체를 길이가 200km인 얇은 전선으로 둘러싸면, 전자들은 부도체를 지나가지 않고 전선을 따라 200km를 달려간다. 또한 온도가 낮아져 진동이 줄어들면 이 큰 전도도는 더욱 커진다. 이론적으로는 온도가 절대영도일 때 저항은 0이 된다. 그러나 이렇게 되려면 금속에 불순물이 없이 순수해야만 한다. 전자의 자유로운 움직임은 순전히 격자의 주기성 때문이다. 그래서 절대영도일 때 격자의 불규칙성은 격자 진동에 의한 격자 변형과 비슷한 저항을 주는데, 이 효과는 높은 온도에서 더 커지게 된다.

자세한 계산 없이도 양자역학으로 물질의 구조를 해석하면 쉽고도 간단하게 금속과 부도체의 성질을 설명할 수 있다. 그런데 금속과 부도체의 차이를 어떻게 나눌 수 있을까?

전자들이 브릴루앙 영역 끝까지 차 있다고 하자. 전자가 비어 있는 그다음 브릴루앙-영역이 전자를 받아들이려면 크진 않지만 얼마만큼의 에너지가 주어져야 한다. 이러한 경우에 해당하는 물체가 반도체이다(전자가 가장 높은 준위까지 찬 이웃한 두 브릴루앙 영역이 살짝 겹쳐도 반도체가 된다). 이 반도체들이 전자공학에서 비상한 역할을 한다.

톰슨(Joseph John Thomson, 1856~1940)이 전자를 발견한 이래 이 입자는 많은 실험과 응용 가능성을 불러일으켰다. 처음 전자에 관한 연구는 진공에서 가장 간단한 상황 아래에서 행해졌다. 앞서의 논의에서 생소하지만 재미있는 사실은 규칙적이고 주기적인 격자가 거의 진공처럼 행동한다는 것이다. 거의 그런 것이지 아주 똑같은 것은 아니다. 두 반도체의 경계면에서나 반도체와 금속 사이의 경계면에서 전자를 한쪽 방향으로는 가게하고 다른 쪽 방향으로는 갈 수 없게 하는 조건을 만들 수 있다. 다시 말해 반도체를 이용해 전자 진공관을 만들 수 있다. 현대 전자공학을 가능케 한 유명한 트랜지스터는 바로 전자 진공관과 같은 것이다.

트랜지스터와 다른 기술 덕택으로 전자공학은 크기만 했지 엉성한 기계적 장치보다 수백만 배, 아니 아마도 수십억 배 빠르게 작동할 것이다. 그래서 현대의 컴퓨터는 '생각은 아주 빠르다'라는 옛 속담을 무색하게 만들었다. 내 생각으로는 사고의 주된 속성은 빠르기에 있는 것이 아니라 꾸준함에 있다.

아직 충분하지 않다. 1911년[5]에 하이케 카메를링 오네스(Heike Kamerlingh Onnes, 1853~1926)의 제자가 낮은 온도(4K)에서 수은이, 이때 수은은 고체인데, 완전 도체가 됨을 알아차렸다. 아무런 추진력 없이도 전류가 계속 흐르는 것이다. 오네스는 처음에는 학생이 실수를 해서 결과가 잘못되었다고 생각했다. 그러나 곧 그는 이것이 엄청난 발견이라는 것을 알아차렸다.

오네스가 수은에 대해 연구한 이유는 수은이 실온에서 액체로 존재해 극히 순수한 형태로 얻을 수 있기 때문이었다. 그는 저온에서 실험을 했는데 그 당시에도 금속이 낮은 온도에서 매우 작은 저항을 가진다는 것이 알려졌기 때문이다. 학생이 실험을 했을 때 매우 작은 저항을 예상했지만 터무니없게도 저항이 절대적으로 0이었던 것이다. 이 모든 일이 닐스 보어가 갖가지 생각을 하고 있었을 때 일어났는데, 이 여러 생각이 14년 후에는 양자역학으로 발전되었다. 양자역학조차도 수십 년 동안 초전도를 설명할 수 없었다. 초전도는 결국 세 사람의 미국 물리학자, 존 바딘(John

5) ET: 초전도에 관한 논의를 할 때 카메를링 오네스와 그의 불쌍한 대학원생에 대한 이야기로부터 시작하는 것이 물리에서의 전통이지.
WT: 왜 그를 '불쌍하다고' 하지요?
ET: 카메를링 오네스만이 '액체 헬륨을 만든 공로'로 1913년에 노벨상을 받았기 때문이다.

Bardeen 1908~1991), 레온 쿠퍼(Leon N. Copper 1930~), 슈리퍼(John Robert Schrieffer, 1931~2019)에 의해 설명되었는데 이들은 1972년에 함께 노벨상을 받았다. 이들의 업적은 현재 그들 이름의 첫 글자를 딴 '초전도에 관한 BCS 이론'으로 잘 알려져 있다.

BCS 이론은 엄청나게 복잡하지만 의심할 여지 없이 옳다. 그들이 제안한 설명의 개요는 다음과 같다. 금속 내 전자는 원자 격자의 움직임과 약하게 연결된다. 스핀이 반대이고 속도는 같지만 서로 반대 방향으로 달리는 두 개의 전자가 모두 같은 방식으로 격자와 연결된다. 상호 작용이 약할 때 이들은 두 배의 힘을 미쳐 격자를 2배만큼 움직이게 한다. 이 양은 결합 에너지의 4배에 해당하며 전자를 서로 잡아끌도록 한다. 물론 전자들은 같은 종류의 전하를 가지고 있기 때문에 짧은 거리에서는 서로 민다. 그러나 약간 먼 거리에서는 약한 인력이 대신 들어서게 된다. 이 시점에서 이 이론에 정말로 이상한 부분이 들어오게 된다. 슈뢰딩거 파동 함수에서는 두 전자를 교환하면 부호가 바뀐다. 즉 마이너스가 플러스로 된다. 두 전자의 짝이 서로 바뀌면 파동 함수는 변하지 않는다. 여기서 일어나는 일은 다차원 공간, 즉 여러 변수에 의존하는 함수의 행동을 논의함으로써 완벽하게 기술할 수 있다. 그리고 전자들의 짝은 이들 짝을 붙들어 매는 격자 변위와 함께 여러 짝들 사이에 조직적 협력을 만들어 내게 한다. 이 협력을 이룬 짝은 움직이지 않는 규칙적 계를 이룰 수도 있고, 이와 비슷하지만 결정격자를 통해 움직이는, 즉 전류를 나르는 질서를 이룬 계를 형성할 수도 있다. 에너지가 가해지지 않는 한 전자나 전자의 짝이 정렬된 질서를 깨지 않기 때문에 전류는 계속 흐른다. 이는 전자나 전자의 짝들이 다른 짝들에 단단히 결합되어 있는 것이 아니라, 그들이 변화하게 되면 그 변화를 거부하여 원래대로 되돌아가고자 한다는 뜻이다.

이들 이론은 초전도체에서 한 가지 더 중요한 성질을 설명한다. 즉 초전도체에서는 모든 자기장이 쫓겨난다. 다른 말로 표현하면 자기장은 초전도와 함께 있을 수 없어 자기장이 초전도를 허물어뜨린다. 그 이유는 전자들의 짝짓기와 관계가 있다. 자기장이 없더라도 정전기장의 영향이 있을 때는 그 모양이 아무리 복잡하더라도, 반대 방향으로 달리면서 서로 반대쪽으로 '회전'하는 두 전자는 정확히 같은 에너지를 가진다. 이는 기본적 과정에서는 시간을 거꾸로 하더라도 그 과정이 뒤바뀌지 않는다는 매우 일반적인 법칙에 기인한다. 전자의 짝은 초전도로 향하는 첫 단계인데 이들은 정확히 '시간에 대해 거꾸로 된' 전자들이다. 자기장은 이러한 상황을 망칠 수 있을 만큼 커다란 영향을 미친다. 자기장이 있으면 짝이 갈라지고 그래서 초전도를 허물어뜨린다.

자기장은 초전도를 깨뜨려야만 초전도 물질을 통과할 수 있는데, 이러한 일은 자기장이 어떤 '임계' 크기 이상을 가져야만 일어난다. 전류가 돌고 있는 초전도 고리는 그 고리 안에 잡아넣어 도망가지 않는 자기장을 만든다. 이것이 강한 자기장을 만들고 이를 유지하는 새로운 방법이다. 또한 이 성질은 다른 여러 가지 경우에 쓸 수 있다.

이러한 효과를 이용할 수 있는 방법 중의 하나로 갇힌 자기장의 더 흥미로운 성질, 즉 양자화되었다는 것을 이야기해 보자. 고리에 의해 갇힌 힘선의 수는 정해진 작은 값으로밖에는 변화할 수 없다. 이를 '자속 양자'라 한다. 초전도체 고리를 아주 조금 끊으면 한 개의 자속 양자에 해당하는 자기 힘선을 빼내거나 넣을 수 있다. 이를 자기장을 정확히 측정하는 데 이용할 수 있으며, 더욱 중요하게는 컴퓨터에 이용할 수 있다. 어이없는 상황에서는 어이없는 말을 하는 수가 있다. 우리가 주판알[6]을 세는 대신 자기 선속 양자를 셀 수도 있는데, 이때 자기선속 양자를 훨씬 빠르게 셀 수 있다.

이러한 모든 발전의 실현 가능성이 있긴 했지만 몇 해 전까지만 해도 현실적으로 어려웠다. 초전도체를 이용하기 위해서는 매우 낮은 온도가 필요하며, 장난감 이상의 결과를 내거나 실험을 하려면 비용이 많이 들었다. 여기서 1980년대 후반에 고온 초전도체가 발견되었다. 여기서 여러분은 이러한 높은 온도가 상온이라고 생각해서는 안 된다. 사실은 현재에도 초전도체는 거의 액체 공기의 온도 정도로 냉각시키는 것이 필요하다. 그렇지만 이러한 발전은 초전도체 기구를 거의 실용 단계에 가까이 가게 했다. 실제로 발전은 놀라울 정도로 이루어졌다. 매우 낮은 온도의 초전도체 현상을 설명했던 미시적 이론은 이 새로운 고온 초전도체 물질을 설명하지 못했으며 그래서 BCS 이론은 이 새로운 물질의 발견을 예견할 수 없었다.

옛 형태의 저온 초전도체는 보통 대칭성이 큰 결정이었으며 초전도 현상은 결정 방향에 거의 관계가 없었다. 새로운 초전도체는 금속 상태가 아

6) WT: 나는 아버지가 컴퓨터 위에 주판이 든 유리 상자를 놓고 거기에 '비상시에는 유리를 깨시오'라는 지시문을 써 놓았다고 들었습니다.
ET: 나는 기술을 신뢰하기 때문에 결코 유리를 깬 적이 없단다.

그림12-1 | 이 그림은 페로브스카이트층을 보여 준다. 새로운 초전도체에서는 두 개, 세 개, 또는 네 개의 이와 같은 층이 네 개의 산소 이온 사이의 '빈' 공간에 놓여 있는 양으로 대전된 간단한 층에 의해 분리되어 있다. 관심이 가는 양이온은 희토류 이온이거나 이트륨 또는 칼슘 이온이다. 구리 원자를 한 부격자에서는 A로 나타냈고 다른 부격자에서는 B로 나타냈다. 이러한 내용이 본문에 설명되어 있다.

닌, 층구조를 가진 산화물에서만 나타났다. 초전도체 온도 이상에서는 이 물질들은 보통의 산화물과 달리 부도체가 아니다. 그렇다고 좋은 도체도, 금속도 아니다. 이들은 거의 반도체에 가깝다. 전자들은 브릴루앙 영역이 거의 중첩되는 곳까지 차 있다. 이 고온 초전도체 물질에 모두 존재하는 것은 구리 한 개와 산소 두 개로 이루어진 층인데 〈그림 12-1〉에 보인 것과 같은 배열을 하고 있다. 이러한 층을 페로브스카이트(Perovskite)층이라 부른다.[7] 이 층에는 구리로 이루어진 단순 사각형(거의 정사각형에 가까

7) 이는 19세기 러시아 공국의 지질학자였던 페로브스키(Perovsky)의 이름을 딴 것이다.

운) 격자와 두 개의 구리 짝들을 잇는 직선 가운데에 산소가 있다. 이 물질 전체는 이와 같은 층과 다른 금속 산화물층으로 이루어진 세라믹인데, 이 층은 금속 양이온마다 두 개의 산소가 있는 페로브스카이트층과 달리 한 개의 산소가 있거나 산소가 없다.[8)]

이 새로운 세라믹 물질이 왜 초전도체가 되는가에 대해 받아들여진 이론은 아직 없다. 그러나 옛 형태의 초전도체에 비해 열 배 이상 강한 힘에 의한 것만은 분명하다. 또한 초전도 상태에서 얻을 수 있는 최대 전류가 층 구조에 수직인 z축을 따라서는 매우 작다. x-y평면상으로는 매우 큰 전류가 흐를 수 있다. 이러한 이유로 새로운 초전도체가 흔히 갖는 복(復)결정으로부터 전선을 만들기란 어렵다.

대략적으로 어떤 일이 일어났는지 추정할 수 있다. 이 물질은 보통 (구리, 란탄, 이트륨, 바륨, 탈륨, 그리고 다른 원소와 같은) 양이온과 산소 음이온 O^{--}로 이루어졌는데, 산소 음이온은 여분의 두 개의 전자를 다소 약하게 붙들고 있다. 이 물질은 금속이 아닌데 브릴루앙 영역이 완전히 차 있거나 비어 있기 때문이다. 그러나 차 있는 것과 비어 있는 브릴루앙 영역 사이의 에너지 간격이 그렇게 크지 않은 반도체를 만들 수 있다. 이 특

---

8) WT: 산소가 없는데 어떻게 산화물이라 할 수 있나요?
ET: 이건 바로 화학자가 수학자가 되려고 애쓸 때 생기는 일이다. 츄(Chu)에 의해 발견된 유명한 1-2-3화합물은 액체 질소 온도 이상에서 초전도가 되는 최초의 화합물인데, 이는 한 개의 CuO(산화구리)층과 두 개의 BaO(산화바륨)층 그리고 산소가 없는 Y(이트륨)층으로 이루어졌다. 초전도를 설명하는 데 필요한 파동 함수는 산소가 한 개 있는 것과 없는 것이 아마 별 차이가 없겠지만 산소를 두 개 가진 층의 경우는 다를 것이다. 그러나 이것은 단지 추측일 뿐인데, 나는 산소 한 개가 있는 경우와 없는 층에 대해 말하려 했던 이유를 설명하고자 이를 얘기한 것뿐이다.

수하고 특징적인 페로브스카이트층들은 산소 이온으로 꽉 들어차 있다.

페로브스카이트층에서는 구리 이온들이 홀수 개의 전자를 갖고 있는데, 전자들은 〈그림 12-1〉에서와 같이 A와 B로 표시된 부격자 사이에 똑같게 분포하려 한다. 두 부격자 사이에 전자를 교환하거나 페로브스카이트층과 이웃한 층 사이의 전자를 바꾸면, 방향이 반대인 속도와 스핀을 가진 전자를 바꾸는 경우와 비슷하게 새로운 초전도 물질에서 쌍을 형성하는 이유가 될 수 있다. 이는 보통의 초전도체에서 일어나는 것과 비슷하다. 그러나 보통의 초전도체에서는 격자 변위가 소리에서 일어나는 것과 비슷한데(즉 격자가 팽창하거나 수축하는 것), 페로브스카이트층에서는 산소 이온이 높은 진동수로 A와 B 부격자를 번갈아 가면서 진동하는데, 이것이 높은 전이 온도를 설명할지 모르겠다.

이 모든 것은 단지 추측일 뿐이지만 그래도 이는 원자 구조와 양자역학의 개념이 이 이상한 물질에 대한 새롭고 중요한 발견과 어떠한 연관이 있는가를 예시해 주고 있다. 초전도와 같이 놀라운 성질을 가진 주문 생산 물질이 나올 때가 곧 올 것이다.

우선은 이미 알려진 것을 실용화할 수 있도록 하는 문제가 남아 있는데, 만일 고온 초전도체로 좋은 전선 구조를 얻을 수 있다면 우리는 아주 강한 자기장을 만들 수 있을 것이다. 이 전선을 쓰면 패러데이가 크리스마스 강의에서 실연해 보인 장난감 전동기나 장난감 전기 발전기의 크기를 줄일 수 있으며, 현재 산업에서 쓰는 발전기보다 매우 강력하면서도 크기는 아주 작게 만들 수 있다.

더욱 흥분할 만한 응용 가능성이 있다. 우리는 내가 박사 학위 논문을 쓰면서 어떤 수치를 얻어내기 위해 60년 전에 돌렸던 시끄러운 기계보다도 수백만 배 빠른 전자 컴퓨터를 알고 있다. 현재 가장 유용한 기계는 기가플롭(Gigaflop) 정도이다(1플롭이란 컴퓨터 계산 과정에서 매초 수행된 기본 단계를 나타내며, 기가는 10억을 뜻한다). 다른 반도체 물질과 함께 새 초전도체로 만들어진 얇은 막을 쓰게 되면 우리는 앞서보다 백만 배 더 빠른 페타플롭(1초당 10^{15}플롭) 기계를 만드는 일에 착수할 수 있다. 브리태니커 백과사전의 내용을 무엇이나 불러내 올 수 있는 기계뿐만 아니라 이보다 더한 것을 무색하게 만드는 기계를 곧 만들 수 있다. 이 같은 기계를 설계하는 것은 엄청난 도전인 것이다. 이와 같은 인공 지능에 대한 작업을 하는 데 있어서는 우리 자신의 뇌가 새로운 형태의 수학적 사고를 발견해야 할 것이다.

물질에 대한 우리의 이해는 초전도 이상의 그 무엇을 가져다줄까? 물론 나도 모른다. 과학은 계획을 세울 수 없는 것 중에서 가장 예측 불가능하다. 내용을 이해했다고 하더라도 다음에 무엇을 할지 예측할 수 없다. 그러므로 생명체를 존재할 수 있게 만든 연쇄적[9] 비법이 무엇인지 언젠가 알아낼 수 있으려면, 오늘날에는 꿈꿀 수조차 없는 부분들을 알아내야 할 것이다.

---

9) WT: 연쇄(Concatenation)란 말은 헝가리말입니까?
ET: 헝가리 사람이 라틴말을 쓴다면 그렇다고 할 수 있다. Concatenation은 매우 긴 단어를 나타내는 매우 복잡하게 얽힌 사슬을 뜻한다.

그러나 다른 많은 구체적인 것들이 있다. 이제 맥스웰이 어떻게 전기와 자기를 법칙으로 만들었으며, 양자역학과 결합하여 무에서 시작하여 기술을 창조했는지 알아보자. 나는 레이저의 발명과 그 이용을 얘기하고 있다.

많은 사람들은 레이저가 순전히 양자적 현상이라고 생각한다. 그러나 사실 레이저는 부분적으로는 고전적이고 부분적으로는 양자역학적이다. 먼저 고전적 상황을 살펴보자.

가장 간단한 예로 전기장이 E_i인 전자기파는 받아들이고, E_a인 전자기파는 내보내는 안테나가 있다고 하자.

우리는 이미 전기장과 관계되는 에너지 밀도는 전기장의 제곱에 비례한다는 것을 알고 있다. 합한 전기장 $\mathbf{E}_i + \mathbf{E}_a$의 에너지 밀도는 $(\mathbf{E}_i + \mathbf{E}_a)^2$이다. 나는 이제 틀리게 쓴 방정식 $(\mathbf{E}_i + \mathbf{E}_a)^2 = \mathbf{E}_i^2 + \mathbf{E}_a^2$로부터 얘기를 이끌어 나가려고 하는데, 이 방정식의 뜻은 총 에너지는 들어가는 파동의 에너지와 나오는 파동의 에너지의 합이라는 것이다. 이 말은 그럴듯해 보이지만 사실 위 식은 $(\mathbf{E}_i + \mathbf{E}_a)^2 = \mathbf{E}_i^2 + \mathbf{E}_a^2 + 2\mathbf{E}_i \cdot \mathbf{E}_a$를 뜻한다(여기서 $2\mathbf{E}_i \cdot \mathbf{E}_a$는 E_i의 크기와 E_a의 크기를 곱한 데다 이들 사잇각의 코사인을 곱한 것임을 상기하자).

대부분의 경우에 $2\mathbf{E}_i \cdot \mathbf{E}_a$는 진동수와 광파의 방향에 따라 양의 값과 음의 값을 교대로 갖는다. 만약 두 전기장의 진동수가 다르면 두 장(場) 사이에서 양과 음의 간섭 정도가 같아 평균하면 0이 된다. 두 진동수가 같더라도, 공간에 대해 평균을 취하면 대부분의 경우에 0이 된다. 그래서 $2\mathbf{E}_i \cdot \mathbf{E}_a$항을 생각하지 않아도 될 것처럼 보인다.

그러나 나는 $2\mathbf{E}_i \cdot \mathbf{E}_a$가 효과를 나타내는 경우, 즉 진동수도 같고 파동의 진행 방향도 같은 경우에 관심을 갖기로 한다. 다른 전력이 공급되지 않는 안테나에 전자기파가 부딪친다고 하자. 이제 우리는 입사하는 전자기장 $\mathbf{E}_i$가 안테나에 전류를 발생시킴을 알게 된다. 이 전류는 $\mathbf{E}_i$와 위상이 약간 다르다. 발생한 전류는 다시 안테나에서 나가는 전기장 $\mathbf{E}_a$를 만드는데, 이것은 $\mathbf{E}_i$와 약간의 위상차가 있다. 이 경우에 두 파동의 위상이 같은 채로 유지되고 두 전기장의 방향이 반대이면 $2\mathbf{E}_i \cdot \mathbf{E}_a$는 음수가 될 수 있다. 전기장에 든 에너지는 $2\mathbf{E}_i \cdot \mathbf{E}_a$에 의해 기대되는 것보다 작은데, 이는 $\mathbf{E}_i$와 $\mathbf{E}_a$가 서로를 상쇄시키기 때문이다. 안테나는 에너지를 흡수하는데, 안테나가 내보내는 영상의 그림자가 그 증거가 된다. 이는 우리의 일상적 경험과 일치한다.

빛의 흡수가 일어나는 매질 내에는 많은 조그만(원자적) 안테나가 있다고 상상할 수 있다. 빛의 세기는 개개의 안테나가 흡수해 세기가 약해지는데, 그 정도는 들어오는 빛의 세기에 비례한다. 그래서 결과적으로 세기는 지수함수적으로 약해진다. 예를 들어 10cm만큼 지나서 원래 값의 1/2로 된다면, 1m가 지나면 세기는 $(1/2)^{10} = 1/10^{24}$로 줄어든다.

만약 원래의 안테나에 전력을 주어 입사된 파동과 같은 진동수의 전류가 위아래로 흐른다면 어떤 일이 일어날까? 이때 안테나 후방에서는 $\mathbf{E}_i$와 $\mathbf{E}_a$가 위상이 다르지 않고 일치될 수 있다. 파동들이 서로 보강되어 $2\mathbf{E}_i \cdot \mathbf{E}_a$가 예상한 값보다 더 커지게 된다. 이를 '마이너스의 그림자'라 부르는데, 우리는 안테나가 작동할 때 여분의 에너지를 얻는 것이다. 안테나에 빛이 입사되면 더 많은 빛이 나온다. 이를 유도 방출이라 하는데, 정확히 말하자면 흡수의 반대이다. 정상적 상황에서 이 '마이너스의 그림자'는 보통의 그림자가 나타나는 바로 그 자리에서 관찰된다는 점이 중요한 의미를 갖고 있다. 추가된 에너지는 정확히 안테나의 '아래쪽'에서 관찰된다.

유도 방출은 알려진 지 50년이 지나서야 응용되었다. 아인슈타인은 이에 대한 논문을 1917년에 썼다. 흡수 과정에서 빛의 감소는 입사된 세기에 비례한다. 이와 비슷하게 유도 방출에 의해 생긴 빛의 증가는 원래 있던 빛에 비례한다. 이는 빛의 세기가 지수적으로 증가함을 뜻한다. 10cm의 거리에서 빛의 세기가 두 배가 되었다면 1m 거리에서는 빛은 그 세기가 1000배보다 조금 더 커진다. 장기를 잘 두는 사람이 내기에 이겨 지수적으로 증가하는 곡식을 벌어들여 상상을 넘어서는 부자가 된 것과 마찬가지로, 우리도 장에너지의 지수적 증가 덕분으로 매우 큰 빛의 세기를 얻게 된다. 이것이 기적과 같은 레이저의 성질을 설명한다.

이러한 모든 논의는 거시적 세계에서 유효한 법칙에 근거한 것이다. 그러나 양자역학은 원자들이 안테나처럼 전자기 에너지를 흡수하거나 내보낼 수 있다고 말한다. 바닥 상태에 있는 전자는 에너지를 흡수하여 어둠을 몰아내며, 들뜬 원자는 자기 자신의 에너지나 적당한 진동수를 가진 광자에 의해 유도된 복사를 내보낸다. 레이저에서는 낮은 에너지 상태보다도 어떤 들뜬 상태에 있는 원자(또는 분자)의 수가 많다. 우리는 이러한 상황을 상태 밀도 반전[10]이라고 부른다. 레이저란 빛의 상태 밀도 반전이 된 원자나 분자의 모임을 통해 진행할 때 빛이 정렬되는 것을 말한다.

레이저 장치는 부피가 큰데 그 이유는 빛이 통과하기 위한 다소 긴 경로가 필요하기 때문이다. 그러나 거울을 이용하면 레이저의 크기를 쉽게 작게 만들 수 있는데 이렇게 하면 빛의 경로가 접히고 상태 밀도가 반전된 매질을 여러 번 다시 쓸 수 있다.

레이저는 빛이 큰 세기뿐만 아니라 극히 정확한 진동수를 갖게끔 만들 수도 있다. 또한 정확한 방향을 향하게 할 수 있으며 짧은 펄스, 30cm는 보통이고 밀리미터(mm)보다 작은 펄스를 어렵지 않게 내보낼 수 있다[이 펄스들은 피코초(picosec) 동안 지속되는데 이는 마이크로초(microsec)의 백만 분의 1, 즉 10^{-12}초이다].

실제로 레이저는 어떻게 작동하는가? 많은 안테나가 정확히 같은 진동수로 서로 위상이 같도록 진동해야 한다. 이제 이를 설명하겠다. 빛의 경우에는 안테나가 원자나 분자라서 원자에 관한 이론으로 돌아가야 하겠다. 가장 낮은 준위(준위 1)와 높은 준위(준위 2)를 갖는 원자를 생각하자. 만약 원자가 준위 1에 있다고 하고 여기에 빛을 쪼이면 원자는 빛을 흡수하여 준위 2로 뛰어오른다. 만약 원자가 준위 2에 있다면 빛을 받는 즉시 방출한다. 이러한 일은 두 준위의 성질에 따라 10^{-9}초 또는 이보다 더 걸린다. 만약 빛을 준위 2에 있는 원자에 비추면, 빛은 입사된 빛에 합류하게

10) WT: '반전'이라는 말은 학생이 선생님보다도 더 많이 아는 상황과 비슷하다 할 수 있겠지요.
ET: 학생으로부터 선생님에게 정보가 자유로이 흐른다고 가정할 수 있다면, 그렇다고 할 수 있다.

되는 방향으로 방출된다. 즉 유도 방출이 일어난다.

준위 1에서 진동의 위상은 자동적으로 수신 안테나의 위상을 따라가며, 준위 2의 위상은 방출 안테나를 따른다. 고전 전자기학 이론에서 안테나의 위상은 원자론에서는 실질적으로 준위의 점유도로 대치된다. 고전 이론과 양자론의 대응은 약간 미묘하다(정확한 대응은 원자를 조화 진동자로 대치하면 가능하다). 준위 1에 있는 원자의 수나 준위 2에 있는 원자의 수가 같으면 평균적으로 방출이나 흡수가 일어나지 않는다. 정상적인 경우에는 준위 2보다 준위 1이 더 많이 차 있어 흡수가 우세하다. 여러분이 재주가 있다면 원자들에서 '상태 밀도 반전'을 만들 수 있다. 이렇게 하면 준위 1보다 준위 2에 더 많은 원자가 있어 유도 방출이 우세해진다. 그래서 레이저를 만드는 비결은 적절한 상태 밀도 반전을 만드는 것이다.

자연적인 과정에서는 상태 밀도 반전이 일어나지 않음을 유의해야 한다. 즉 열평형에서는 일어나지 않는다. 우리가 통계역학을 배울 때 상태 밀도는 볼츠만 인자 $e^{-E/kT}$에 의해 결정됨을 알았다. 에너지가 높을수록 점유도가 작다. 무한히 높은 온도에서는 볼츠만 인자가 1이 된다. 이때는 낮은 상태나 높은 상태나 점유도가 같다. 흡수나 유도 방출의 과정이 같아져서 흡수나 레이저 효과가 0이 된다.

상태 밀도 반전을 일으키기 위해서는 인위적 방법이 필요하다. 표준적인 방법은 점점 에너지가 증가하는 준위 1, 2, 3이 있는 세 준위 체계를 이용하는 것이다. 에너지 차가 충분히 크다고 가정하면 열평형에서 준위 1만이 차 있다. 원자나 분자에서 준위 1에서 준위 3까지 올리는 방법을 알았다

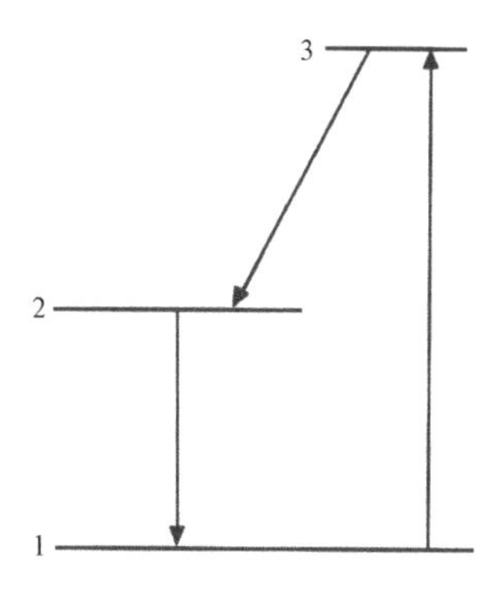

그림 12-2 I 이산화탄소 에너지 준위에서는 레이저가 되는 데 필요한 준위 3과 2 사이의 상태 밀도 반전이 가능하다.

고 하자. 그러면 대부분의 상태 밀도는 준위 1에 있으나 약간의 상태 밀도는 준위 3에 있고 준위 2는 실질적으로 비어 있다. 그 결과로 준위 3과 2 사이에 상태 밀도 반전이 생긴다.

간단하고 실제적인 예를 이산화탄소, CO_2에서 찾을 수 있다. 〈그림 12-2〉는 진동 에너지의 준위 체계를 보여 주고 있는데, 화살표는 준위 사이의 전이를 가리키고 있다. 낮은 에너지 준위는 분자가 진동하지 않을 때다. 세 원자는 일직선상에 놓여 있는데, 탄소는 가운데 있고, 두 산소는 각기 왼쪽과 오른쪽의 같은 거리에 있다. 준위 2에는 간단한 (대칭적인) 정상 진동의 들뜸이 있다. 정상 진동이란 모든 원자가 같은 위상으로 진동하는 것이다. 준위 3에서 산소들은 한쪽 방향으로 움직이고 탄소는 반대 방향으로 움직이는 비대칭적인 (한 양자의) 진동이 있다(탄소는 큰 진폭으로 움직여서 분자의 질량 중심은 그대로 있다).

어떻게 함으로써 낮은 1-2 준위 사이의 들뜸을 일으키지 않고 위와 같은 진동을 일으킬 수 있을까?

이는 분자들이 진동 에너지를 서로 독특한 방식으로 전달하는 방법에 의해 이루어질 수 있다. 대체로 간단한 분자의 진동은 매우 큰 진동수를 가지고 있어서 한 번의 충돌로 많은 진동이 일어날 수 있다. 그 결과로 충돌 과정에서 진동의 들뜸이 일어나지 않으며 또한 (거의 예외가 없이) 진행 중인 진동이 없어지지도 않는다. 실제로 왔다 갔다 하는 진동 운동이 있을 때는 진동시 충돌하는 상대방에 작용하는 힘은 평균적으로 상쇄된다. 만약 서로 충돌하는 분자들이 아주 비슷한 진동수를 가지고 있을 때는 이 모든 것이 맞지 않는다. 이러한 경우에는 진동 에너지가 한 분자에서 다른 분자로 공명에 의해 전달될 수 있다.

질소 분자 즉 N_2의 진동은 CO_2에서 1-3 전이(즉 비대칭적인 진동)와 똑같은 공명을 갖는다. 게다가 N_2진동은 낮은 전위 방전에 의해 들뜨게 할 수 있는데, 그 이유는 1 내지 2전자볼트의 운동 에너지를 갖는 전자는 이러한 질소 진동을 선호하기 때문이다(이러한 현상이 일어나는 원인은 N_2와 전자들의 상호 작용이 입사되는 전자의 파동 함수를 변화시키는 방식과 관련이 있다). 따라서 방전에 의해 에너지를 N_2진동으로 옮기고 다시 CO_2의 준위 3으로 전달해 반전을 일으킬 수 있다. 3-2 전이는 파수가 약 1000인, 즉 파장이 10^{-3}cm인 적외선 빛을 낸다.

그러면 레이저로 무엇을 할 수 있을까?

그 한 가지는 달까지의 거리를 30cm 이내로 정확하게 잰 것이다(조금 더 주의하면 정확도를 백 배 좋게 할 수 있는데, 30cm는 보통 사람들이 말

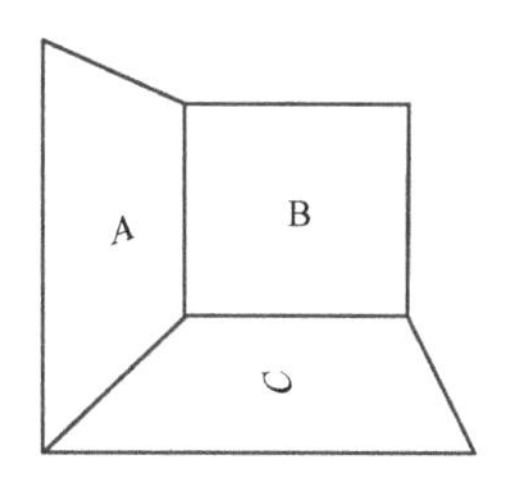

그림 12-3 | 귀퉁이 반사경에서는 단순히 세 개의 거울이 직각을 이루고 있다. 빛이 어느 방향에서든지 이 장치에 들어오면 반사된 빛살은 곧바로 광원으로 되돌아간다.

하듯이 '정부가 하는 일치고는 충분히 괜찮다'). 이를 위해 귀퉁이 반사경이 쓰인다. 귀퉁이 반사경이란 세 개의 거울을 서로 정확히 직교하도록 짜 맞추어 〈그림 12-3〉에서와 같이 열린 귀퉁이[11]를 갖게 한 것이다.

귀퉁이 반사경은 빛이 들어온 방향으로 정확히 되돌려 보내는 재미있는 성질을 갖고 있다. 이를 보기 위해 그림처럼 거울 A는 x방향에 수직이고, 거울 B는 y방향에, 그리고 거울 C는 z방향에 수직이라고 하자. 또 빛살이 귀퉁이 반사경에 들어와 거울 A에 부딪친다고 하자. x성분의 빛이 뒤바뀌게 되고 나머지 빛은 거울 B에서 반사되어 빛살의 y성분이 뒤바뀐다. 마지막으로 빛살이 거울 C에서 반사되어 z성분이 뒤바뀐다. 따라서 세 번 반사된 빛은 출발한 곳으로 정확히 되돌아가게 된다.

아폴로 우주인이 귀퉁이 반사경을 달에 갖다 놓았다. 지구에 있는 천문학자는 레이저를 써서 매우 짧고 강한 빛 펄스를 귀퉁이 반사경에 보낸다. 빛 펄스는 귀퉁이 반사경에 의해 천문학자에게 되돌아온다. 그러면 그

11) 미국 비행사들은 제2차 세계대전 중에 그들을 찾는 사람들을 돕기 위해 귀퉁이 반사경을 썼다.

는 빛 펄스가 빛의 속력으로 왕복한 시간을 측정하여 지구에서 달까지의 거리를 계산할 수 있다.

이 모든 작업이 하찮은 것처럼 보일지 모른다. 무슨 이유로 달까지의 거리를 그렇게 정확하게 알 필요가 있을까? 그렇다 하더라도 달까지의 거리는 지구에서의 관찰 위치에 따라 달라지는 것은 말할 것도 없고 한 달 중에서 거리가 똑같은 날이 단 하루도 없다.

이와 비슷한 방법으로 달의 정확한 궤도를 알 수도 있다. 이것이 사소한 일처럼 생각될 수도 있어서 나는 흥미 없어 하는 여러분을 위해 다른 이유를 제시하겠다.

또한 달의 지진을 측정하려면 달과 지구 사이의 거리가 어떻게 변하는지 알아냄으로써 그 미세한 떨림을 연구할 수 있다.

우리는 또 지표상에서의 거리를 측정하기 위해 달을 이용할 수 있다. 지구 위의 A점과 달까지의 거리를 알 수 있고 달 위의 같은 점과 지구 위의 B점 사이의 거리를 젤 수 있다. 또한 달에서의 점과 지구 위의 점 A와 B를 각기 잇는 선 사이의 각도를 알 수 있다. 그래서 삼각법의 도움을 받아 A와 B 사이의 거리를 정확히 알 수 있다.[12)]

대륙이동설에 의하면 유럽과 아메리카 대륙이 한때 붙어 있었는데 약 2억 년 전부터 따로 떨어져 이동하기 시작했다. 달을 이용하여 대륙들 사이의 상대적 위치를 정확히 측정할 수 있으므로 이 이론을 검증할 수 있다.[13)]

---

12) A와 B점의 짝을 충분히 여러 개 잡으면 정확한 지구의 모양을 알 수도 있다.

13) WT: 이것을 믿어도 될까요?

레이저는 의학에도 응용된다. 녹내장은 눈에 생기는 병이다. 녹내장은 눈 안의 액체가 정상적으로 배출되는 것을 막기 때문에 시신경의 압력을 증가시키며, 이 압력으로 인해 서서히 눈이 멀게 된다. 약을 쓰는 대신 레이저로 작은 구멍을 뚫어 압력을 감소시킬 수 있다.

레이저는 또한 안과에도 이용된다. 당뇨병은 눈 내부의 정맥에 출혈을 일으키게 하여 눈을 멀게 할 수 있다. 레이저를 이용하여 이 정맥을 자를 수 있다. 근시안을 치료하기 위해 외과 수술용 칼로 각막을 변형시키는 대신 레이저를 이용해 각막의 굴절률을 바꿀 수 있는 단계까지 왔다.

많은 출혈이 예상되는 수술은 어렵기도 하고 어떤 때는 수술을 할 수도 없다. 레이저를 마치 외과용 칼처럼 써서 외과 의사들이 하듯이 자유자재로 여러 부분을 자를 수 있다. 레이저는 극히 정확하게 이용될 수 있다. 언젠가는 레이저가 심장이나 신장을 수술하는 데 일상적으로 쓰이게 될 것이다.

통신은 레이저가 새롭게 이용되는 또 다른 분야이다. 통신의 기본 단위는 '그렇다'와 '아니다'이다. 모스 부호를 이용해 원하는 어떠한 전보도 점과 긴 선을 이용하여 통신할 수 있는 것과 마찬가지로 다른 부호를 써서 '그렇다'와 '아니다'의 연속적 배열을 만들 수 있다. 좋은 통신 기구를 판

ET: 대서양의 지도를 보자. 아프리카 대륙에서 튀어나온 부분은 카리브해에 들어맞는다. 또, 아주 이상하게도 유럽과 아메리카의 뱀장어는 매년 짝짓기 계절에 대서양 가운데서 만난다. 그래서 이들은 매년 몇 cm 수영을 더 해야 한다.

WT: 그들의 관계는 순전히 플라토닉한가요?

ET: 그 대답은 다음에 쓸 생물학책에서 하기로 하지.

단하는 방법은 단위 시간당 얼마나 많은 '그렇다'와 '아니다'를 받아 이를 구별할 수 있는가로 결정된다. '그렇다'와 '아니다'는 무엇인가? 컴퓨터에서는 '1'과 '0'을 쓴다. 전갈을 보내기 위해 시간을 짧은 간격으로 나눈다. 펄스가 있으면 이는 1을 뜻하고 없으면 0이 된다. 특정한 방향을 가진 레이저 빛으로 전갈을 보냄으로써 이를 빛의 속력으로 전할 수 있다. 더욱 좋기는 유리 섬유선으로 만들어진 '빛 파이프'를 이용하면 한 도시 안의 그물망을 통해 전갈을 보낼 수 있으며 심지어 보이지 않는 먼 곳까지 보낼 수 있다. 전화 회사는 전압 펄스를 나르는 구리선 대신 수백만의 전화 통신을 전달할 수 있는 머리카락 몇 가닥의 굵기를 가진 유리 섬유로 만들어진 광섬유로 바꾸고 있다.

화학 연구에서 레이저의 영향은 대단히 중요하다. 짧은 레이저 펄스를 이용해 흡수 과정이 일어나는 시각을 정확히 결정할 수 있다. 그러면 분자들의 상호 작용과 화학 반응에 영향을 주는 들뜸의 결과를 정확히 시간 순서에 따라 추적할 수 있다. 이 같은 연구는 광화학의 실질적 응용을 낳게 했다.

정확한 진동수를 정할 필요가 있는 특수한 경우로서 동위원소(즉 같은 핵 전하량과 같은 수의 전자를 가지지만 무게가 다르다) 분리가 특히 중요하다. 기존의 분리 방법은 복잡하고 비용이 많이 든다. 동위원소의 성질이 매우 비슷하다는 데 어려운 점이 있다. 그러나 그들의 스펙트럼선의 진동수는 약간 다르며 레이저를 이용해 아주 작은 진동수의 차를 탐지할 수 있다.

한 가지 확실한 방법은 동위원소(또는 동위원소를 포함하는 분자)를 들뜨게 하여 들뜬 원소를 반응하게 하는 것이다. 이 방법에서 어려운 점은 들뜬 에너지가 한 원자(또는 분자)에서 다른 쪽으로 이동하기 전에 반응이 일어나야만 하는 것이다. 불행하게도 에너지 전달은 아주 쉽게 일어나기 때문이다.

다른 방법은 서로 다른 진동수를 가지고 연속적으로 흡수되는 두 개, 또는 더 많은 수의 양자를 이용하는 것이다. 정확한 진동수를 가진 첫 번째 양자는 한 동위원소에 영향을 주지만 다른 원소에는 영향을 주지 못한다. 연이어지는 흡수는 이미 들뜬 상태에서만 가능하다. 결과적으로 이온화된 원자는 전자기적 방법에 의해 매우 신속히 분리될 수 있다.

극적이라 할 만한 레이저의 응용 한 가지가 대단한 노력을 들여 연구되고 추구되어 왔다. 바로 레이저 핵융합이다. 높은 온도에서 서로 반응하게 되는 밀리그램(mg) 정도의 액체 중수소와 삼중수소를 담고 있는 표적 공에 레이저 빛살을 이용해 엄청난 양의 에너지를 집중시키자는 것이 그 생각의 골자이다. 레이저 빛살의 전기장은 전자를 궤도로부터 금방 떼어 낼 수 있을 정도로 크며 일부 에너지는 표적의 표면으로 전달된다. 이 바깥층은 증발하여 빠르게 바깥쪽으로 움직인다. 남아 있는 부분은 힘을 안쪽으로 받아 열 핵연료를 액체 밀도의 수백 배로 압축시킨다.

지금까지 지구상에서 이루어진 핵융합은 수소 폭탄이다. 불행하게도 폭발은 상당한 양의 핵연료가 있어야만 일어나며 그래서 제어하기 힘든 엄청난 양의 에너지를 낸다. 작은 양의 연료를 가열하면 실질적인 융합이 일어나기 전에 그 배열이 흐트러진다.

그러나 중수소와 삼중수소 한 방울을 압축시키면 미세한 규모의 폭발을 일으킬 수 있다. 수천 배로 압축하면 핵연료의 양을 줄일 수 있고 폭발 에너지는 수백만 배가 된다. 이러한 방식에 의해 '핵 내연 기관'을 만들 수 있다.

어려움은 산 넘어 산이다. 레이저 빛살을 만들기 위해서는 대칭적으로 압축해야 하고 미세적(결코 '미세한' 것은 아니다) 폭발을 다룰 수 있어야 하며 또한 엄청난 장치 전체를 오랫동안 유지해야 한다.

21세기 중반쯤에 가면 이 모든 것이 아주 쉽거나 그렇지 않으면 불가능한 것으로 판명 날 것이다. 지금으로서는 어떻게 될지 모르는 부분적 진전만이 있다. 앞으로 지금까지는 불가능했던 상태, 즉 압력이 지구 중심보다 더 크게 압축된 상태를 실험실 내에서 물질을 이용해 연구할 수 있게 될지도 모른다.

어려운 일들을 얘기한 김에 다음 단계, 즉 X선 레이저에 대해서도 말해야겠다. 원리적으로 이는 많은 양으로 대전된 이온의 스펙트럼을 이용하면 가능하다. 실제로는 이 일은 여러 가지 이유로 어렵다. 어려운 점의 하나는 X선 레이저의 상태 밀도 반전을 위해 필요한 들뜸 상태의 지속 시간이 극히 짧은 것이다.

그러나 이것이 성공한다면 무언가 굉장한 일을 이룰 수 있다. 위상이 명확하고 세기가 큰 X선 레이저를 쓰면 생물학과 유전학에서 중요한 크고 복잡한 분자의 구조를 알아내는 데 이용할 수 있다.

그래서 앞으로 레이저로부터 실질적인 혜택을 얻을 수 있으리라는 사실을 의심하지 않으며, 또한 전자기 이론과 양자역학이 결합된 이 새 기술이 우리를 새로운 과학의 영역으로 인도하리라는 것도 분명하다.

맥스웰이 전기와 자기의 종합적 이론을 만들고 난 뒤에는, 일부 학자들은 물리에서 탐구할 새로운 세계가 남아 있지 않다고 생각했다. 물리학에서 기대되는 것은 단지 자릿수를 더 정확히 정하는 것이라 생각되었다. 이러한 어리석은 예측이 있은 바로 직후에 전자(電子)가 발견되었다. 전자가 없었다면 컴퓨터의 기적이나 텔레비전에서의 코미디도 불가능했을 것이다. 그래서 나는 이 책 어느 곳에서도 예측을 하려 하지 않았다. 그러한 예측을 조심스럽게 맺는말에 남기고자 하는데, 단지 호기심을 좀 더 충족시키고 싶은 사람들만 읽기 바란다.

질문

1 결정 안에 있는 전자가 빛의 방출이나, 흡수 또는 산란에 관계할 때 그 k_x, k_y, k_z는 얼마만큼 변할까?

2. 스펙트럼의 노랑 부분 레이저 빛살이 1cm의 반지름으로 방출된다면, 이 빛살의 최소 각 차이는 얼마인가? 이 빛살을 지구에서 달까지 보낸다면 얼마나 퍼질까?

3. 귀퉁이 반사경에서 면들이 서로 수직하지 않고 1초의 각도만큼 어긋나 있다면 반사된 빛은 얼마만큼 퍼질까? 이러한 불완전한 귀퉁이 반사경을 달에 갖다 놓으면 반사된 빛은 지구 표면을 얼마만큼의 넓이로 덮을까?

4. 만약 먼지 한 알에 백만 개의 분자가 있다고 하면, 이 먼지 알갱이는 분자 한 개보다 얼마나 세게 레이저 빛살을 산란시킬 것인가?

5. 레이저 빛살을 써서 어떻게 평면상에서 3차원 영상을 만들 수 있을까?

맺는말:
혁명 이후

"Mit Eifer hab' ich mich der Studien beflissen;
Zwar weiss ich viel, doch möcht'ich alles wissen"[1)]

양자역학과 물질의 구조에 대한 설명, 그리고 불확정성 원리에 의해 위대한 혁명이 완성되었다. 지난 60년 동안에는 진실로 새로운 지적 발전은 없었지만, 몇몇 극히 중요하고 널리 알려진 실용적 결과들이 얻어졌다. 여기서 나는 대부분을 이론에 관해 말하려 한다.

폴 아드리엔 모리스 디랙은 양자역학의 상대성 이론적 형식화에 커다란 기여를 했다. 출발점은 간단한 방정식 $E^2 - (cp)^2 = E^2_0$이다. 여기서 E는 (5장에서 배웠듯이) 4성분을 갖는 에너지-운동량 벡터의 크기이며, p는 운동량으로 이 벡터의 3차원 성분이며, E_0는 최소, 즉 정지 에너지이다.

아인슈타인에 의하면 $E_0 = m_0c^2$인데 여기서 m_0는 정지 질량이다. 그런데 양자역학의 결과로서 우리는 좀 더 일반적인 방정식 $E_0 = \pm m_0c^2$을 얻는다.

---

1) 괴테(Johann Geóthe, 1749~1832)의 『파우스트(Faust)』에서 따온 것으로, 파우스트의 제자인 바그너가 1막에서 한 말이다. "나는 열심히 공부했다. 나는 유능하고 싶다. 내가 많이 알긴 하지만, 나는 모든 것을 알았으면 한다."

음의 에너지는 무엇을 뜻할까? 양의 에너지를 갖고 전하가 e인 입자에 전위를 가해 에너지를 주면 그 에너지가 증가하며, 또 첫 번째 방정식에 의해 운동량도 증가한다. $E_0 = -m_0c^2$인 경우에도 에너지는 증가하여 작은 음수값을 갖게 된다. E는 증가하지만 운동량의 크기는 작아진다. 이와 같은 방식으로 행동하는 전자를 당나귀 전자라 불렀다. 당나귀는 더 세게 끌수록 더 천천히 간다.

디랙의 업적은 전자와 당나귀 전자의 고유한 성질을 알아낸 것이다. 또한 그의 설명은 전자의 스핀을 매우 우아하게 기술하고 있다. 후에 음의 에너지를 가진 당나귀 전자가 실제로 발견되었는데, 이는 양전자(陽電子)라 불리는 플러스의 전하를 가진 전자로서, 어떤 전기장이 전자를 가속시킨다면 양전자는 감속된다. 에너지도 이례적이지만 전하도 이례적인 값을 갖는다. 양전자는 반전자(反電子)라 할 수 있다. 반전자가 전자와 만나면 이 둘은 소멸되어 모두 사라지고, 이들의 총 에너지는 ($+m_0c^2$와 $-m_0c^2$의 차로 $2m_0c^2$이다) 복사로 나타난다.

20세기 중반에 오면서 모든 입자에는 그에 대응하는 반입자가 존재한다는 것이 분명해졌다. 입자가 어떤 전하를 가지면 반입자는 반대의 전하를 갖는다. 입자가 전하를 갖지 않을 때도 반입자가 있을 수 있다. 예를 들어 전기적으로 중성이고 그 행태가 전자와 비슷한 뉴트리노(중성미자)를 들 수 있는데, 이에 대응하는 반뉴트리노가 존재한다. 광양자의 경우에도 반광양자를 말하려 할지 모르나, 반광양자는 보통의 광양자와 다르지 않다. 이와 비슷하게 중력과 반중력도 마찬가지로 서로 같은 것으로 밝혀졌다. 이는 아인슈타인의 일반상대성 이론에서 공간 곡률에 대한 '간단한' 개념으로 설명된다.

그래서 지금까지는 모두 잘된 편이다. 제곱근을 취하면 양의 값과 음의 값을 갖는다는 알려진 사실을 쓰면 양자역학의 상대론적 형식으로부터 일관된 체계가 이루어진다. 이러한 발전은 반양성자의 발견에 의해 유종의 미를 거두었다.

이에 비견할 만하지만, 더욱 실질적인 진전은 실험적으로 중성자를 발견한 것이다. 중성자는 전하가 없다는 것과 양성자보다 약간의 에너지를 더 가졌다는 것만을 (즉 정지 에너지가 약간 더 크다) 제외하면 양성자와 거의 비슷하게 행동한다. 양성자와 중성자가 함께 원자핵을 구성한다는 것이 밝혀졌다. 이들 사이의 힘은 (양성자들 사이의 전기적 미는 힘을 제외하고는) 근거리적이다. 핵구조에 대한 이론은 아직 불완전한데 그 이유는 핵력의 성질과 그 정확한 양태를 아직 모르기 때문이다.

이러한 것이 핵의 행동에 대한 반정량적인 설명을 못 하게 하는 것은 아니다. 그 실제적 결과는 핵분열과 핵융합을 이용하는 방법을 발견한 것이다. 핵분열은 무거운 핵에서 일어나는데 양성자들의 반발이 핵을 불안정하게 만들기 때문이다. 핵융합은 가벼운 핵에서 중요하며 태양과 다른 별들에서 에너지를 생성하게 한다. 지구상에서도 커다란 규모뿐만 아니라 작은 실험적 규모로도 이루어졌다.

핵물리에서 관찰되는 사실들을 나의 어린 아들에게 설명하기 위해, 원자에 대한 알파벳 노래를 지으려고 시도했는데 아직도 완성하지 못했고 내

아들은 이제 다 커버렸다. 그래도 F자에 대한 가락을 여기에 쓰기로 한다.

F는 핵분열(fission)을 뜻한다.

핵분열은 물체가 커져 흔들거리면

둘로 쪼개져서 일어난다.

핵분열이 만든

원자의 혼동을

핵융합이 풀어 준다.[2)]

핵에 대한 현재의 우리 지식은 대략 견주어 말하자면 19세기에 사람들이 가졌던 분자의 행동에 대한 지식과 비슷하다. 그 시대의 화학자처럼 우리는 엉성하고 실리적인 설명은 할 수 있지만 체계적인 이해는 못 하고 있다. 체계적 이해를 얻기 위해서는 핵을 현미경으로 볼 수 있어야 하는데 불확정성 원리가 이를 방해한다. 거리 L이 작을수록 운동량의 불확정성 $\hbar/L$은 커진다. 또한 에너지는 $\hbar/L$에 따라 커지므로 이에 대응하는 질량 $\hbar/L_c$($E=mc^2$임을 기억하라)도 따라서 커진다. 핵 내부를 적절하게 측정할 수 있는 작은 척도는 1페르미(1F)[3)] 즉 10^{-13}cm인데, 이는 가장 크다고 알

2) WT: 진짜로 풀 수 있는 것입니까?
ET: 아니다. 이렇게 말한 것은 시적 파격을 위해서 그런 것인데, 실제로는 전혀 그런 것이 아니다. 핵분열은 큰 핵에서 일어나고 핵융합은 작은 핵에서 일어난다.

3) WT: 그 이름을 전에 들은 적이 있습니다.
ET: 그래, 나는 페르미(Enrico Fermi, 1901~1954)가 새로 발견된 중성자에 대한 실험을 할 때쯤 그와 탁구를 쳤다. 그가 최초로 중성자 연쇄 반응을 성공시켰을 때 그는 '우호적인 토박이' 사이에 '완전

려진 핵의 반지름의 1/10보다 조금 크다. 1페르미에 대응하는 에너지는 $\hbar c/L = 3 \times 10^{-4} g \cdot cm^2/sec$인데 이는 약 200MeV로서 이 에너지를 전자에게 주면 전위차가 2억 볼트 생긴다.

고(高)에너지 물리학의 원래 목적은 핵의 구조를 알아내고 핵력을 탐구하는 것이었다. 그다음 목적은 반양성자를 발견하는 것이었는데 이 두 번째 목적은 1955년에 성공했다.[4] 그렇긴 하지만 핵력이 어떤지 결론이 나지는 않고, 오히려 첫 번째 모순점이 드러났다. 물질과 반물질은 서로 다

히 정착했다' 고 말할 수 있는 '이탈리아 항해사' 였다.

4) ET: 그 당시에는 반중성자, 반원자, 반물질이 있을 것으로 생각을 했었는데, 나는 반은하계의 가능성에 대해 착상하기 시작했다. 내 친구 중 하나인 해롤드 P. 퍼스(Harold P. Furth)는 『뉴요커(The New Yorker)』라는 신문에 이러한 착상이 생각할 가치가 있다고 썼다.

현대생활의 위기

—해롤드 퍼스 지음

성층권 저 너머에
단단하고 빛나는 영역이 있네.
여기엔, 반물질의 맥이 있고
반 에드워드 텔러 박사가 살고 있네.
머리를 짜내지 않고 알 필요도 없이,
그는 융합이 어찌하여 일어나는가 하는
문제와는 멀리 떨어져서
향유를 그의 위자 위에 간직한 채
그의 반 일가친척들과 함께 살았네.
어느 날 아침, 바닷가에서 빈둥거릴 때
그는 엄청나게 큰 양철통을 보았네.
거기에는 A. E. C.라는 세 글자가 새겨져 있었고,
지구로부터 온 방문자가 걸어 나왔네.
그리곤 모래 위에서 반갑게 소리치고
콩나무 가지처럼 그 이방인들은
마주쳤네. 그들이 오른손으로
악수를 하자, 감마선으로 변해 버렸네.

잊지 말아야 하는 사실은 해롤드가 이 시로 원고료를 받았다는 것이다.

르게 행동하지만, 물질에서 반물질로 되면 오른손과 왼손이 바뀐다는 것으로부터 그들의 유사성이 재정립되었다.[5] 이 결과는 잘 알려진 핵 현상인 β붕괴를 자세히 연구함으로써 알게 되었는데, β붕괴란 핵 내부에 있는 중성자가 전자와 반중성미자를 방출하면서 양성자로 변하는 것이다.

이 대칭성의 깨짐은, 기본적 과정이 일어날 때 이를 시간에 따라 거꾸로 바꾸려 하면 약간 달라진다는 다른 실험 관찰로부터도 얻어졌다. 이를 관찰하기 전에는 미래와 과거가 두 가지 중요한 점에서 서로 달랐다. 하나는 무질서의 증가이고, 다른 하나는 미래에 대한 예측 불가성이다. 그러나 이전의 관찰들에서는, 장기를 둘 때 반대로 움직일 수 있는 것처럼 개개의 단계가 거꾸로 가게 만들 수 있었다. 완전한 이론은 어찌하여 왼쪽과 오른쪽은 서로 되비치고, 시간을 거꾸로 할 때 어떤 가능한 변화가 다른 가능한 변화로 왜 정확히 바뀌지 않는지를 설명해야 한다.

그러는 동안에 입자를 점점 더 높은 에너지를 갖도록 가속할 수 있게 되었다. 사람들은 중성자와 양성자가 어떻게 행동하는지 알기 위하여 핵 내부를 들여다보았다. 우리는 중성자와 양성자를 마주 보게 쏜다. 또한 이들에게 전자도 쏜다. 이러한 실험으로부터 점점 더 많은 수의 입자가 발견되었는데, 이들 모두는 매우 짧은 시간 동안만 존재한다. 생존시간이 가장 긴 μ중간자는 마이크로 · 초(2×10^{-6}초) 동안 존재한다. 다른 입자들은 심

---

5) WT: '반 텔러'가 그의 왼손을 아버지에게 내밀었을 때 경고를 했어야 하지 않았습니까?
ET: 물론이다! 우리가 반 대기 속에 들어가면 우리는 폭발해 버릴 것이다. 그렇지 않으면 그 모험은 안심할 만하다.

지어 이보다도 더 짧게 존재하며, 이 짧은 시간 동안에 이들의 성질을 연구해야 한다. 수명이 짧은 입자 중 예외로 뉴트리노가 있는데, 이 입자는 전하를 띠지 않고, 정지 질량이 0이며 빛의 속도로 달린다. 이 녀석을 연구하고자 하는 우리들에게는 불행하게도 이들은 극히 약한 힘으로밖에는 다른 것들과 상호 작용하지 않는다. 뉴트리노는 지구조차도 아랑곳하지 않고 통과할 수 있다.

새로운 입자들이 발견됨에 따라 그들 사이의 관계를 알아내려는 시도가 있었다. 이 새로운 입자 중에서 상당히 많은 수가 핵의 구성 요소인 중성자와 양성자가 쿼크[6]라고 불리는 아주 특이한 세 개의 입자로 이루어졌다고 가정함으로써 설명할 수 있었다. 이들의 가장 큰 특성은 그들이 결코 혼자 있지 않고 조합으로만 나타난다는 것이다. 그들이 혼자 떨어질 수 있다면, 이들이 전자 한 개의 전하나 그 배수값을 갖지 않고, 전자 전하의 3분의 1이나 이의 배수를 갖는다는 점에서 특이하다.

이러한 체계화를 위한 시도는 물리학에서 아주 다른 두 분야, 즉 전자기 이론과 방사능 β붕괴라 불리는 중성자와 양성자 사이의 변환 관계를 다루는 이론을 통합하는 데 커다란 성공을 거두었다. 이렇게 해서 광양자, 전자, 그리고 뉴트리노의 행동을 두 개의 높은 에너지 입자(예견된 후 곧 발견되었다)를 이용하여 설명하는 포괄적인 이론이 확립되었다. 이 두 개의 입

6) 제임스 조이스(James Joyce 1882~1941)의 소설 『피네간의 경야(Finnegans Wake)』에 나오는 '마크스 씨를 위한 세 개의 쿼크'를 따라 별 뜻 없이 이름 붙인 것이다. 마크스의 쿼크들이 전달되었는지에 대해서 아무 설명이 없다.

자는 W와 Z로 나타내는데, 양성자나 중성자에 비해 거의 백 배 이상의 질량을 갖고 있다. 이렇게 큰 질량에 해당하는 거리는 $\hbar/mc = 2 \times 10^{-16}$cm = 1/500F이다. 고에너지 연구에서의 최근의 계획은 이 초중량 입자인 W나 Z의 mc^2값의 300배보다 더 큰 두 입자를 충돌시키고자 하는 것이다. 이에 해당하는 길이 차원은 $L = 10^{-18}$cm = 1/100,000F보다 작다.

거대한 물리학의 시대가 왔다. 2,500km²를 둘러싸고 가격이 100억 달러나 되는 가속기에서, 수많은 과학자와 공학자들이 풀 수는 있지만, 내키지 않는 표현이지만 '폭력'과 같은 엄청난 노력이 요구되는 문제들을 연구하고 있다. 내가 젊었을 때는, 기상천외한 많은 아이디어는 있었지만 그리 많은 수고는 필요하지 않았다. 현재는 오지 않을지도 모르는 혁명을 기다리는 혁명 후 시대이다.

L값이 아주 작은 영역에서 일어나는 새로운 발견을 기대할 수 있을까? 실제로 우리는 L이 어떤 최솟값 $L_{\min}$ 이하로 작아질 수 없다는 것을 알고 있다. 그 값을 추정하기 위해 물리에서 가장 일반적인 세 개의 상수를 조합하고자 한다. 첫 번째는 뉴턴에 의해 도입된 만유인력 상수 $G = 6.7 \times 10^{-8}\mathrm{cm}^3/\mathrm{g} \cdot \mathrm{sec}^2$이고, 두 번째는 $c = 3 \times 10^{10}$cm/sec로, 아인슈타인은 이것이 보편적 속력 한계라고 지적했다. 세 번째는 플랑크 상수 $\hbar = 1.05 \times 10^{-17}\mathrm{g} \cdot \mathrm{cm}^2/\mathrm{sec}$인데, 이는 관찰에서의 정확도를 제한한다. 이 셋을 조합하여 길이 $L_{\min} = (G\hbar/c^3)^{1/2} = 1.6 \times 10^{-33}$cm를 얻는데, 이를 플랑크의 길이라 부른다.[7)]

---

7) ET: 플랑크의 길이는 보편적 상수에만 관계하고 양성자의 지름이나 어떤 에너지를 갖는 광자의 파장과 같이 부수적인 길이와는 관련이 없다. G, $\hbar$와 c로부터 $t_{min} = L_{min}/c = 5.3 \times 10^{-44}$sec와 같이 특별한

이 길이에는 명확한 의미가 있다. 현미경의 성능을 이 이상으로 올리는 것은 명백히 불가능하다. 이는 현재의 기술이 모자라서가 아니라, 수천 조 달러의 돈을 들이더라도 변할 수 없는 물리학의 법칙 때문이다.

지구 중력이 잡아당기는 힘을 이기기 위해서는 로켓은 11km/sec의 속도를 얻어야만 한다. 태양 표면에서는 탈출 속도가 600km/sec이다. 이러한 통상적 생각을 플랑크 상수에 적용하면, 운동량에서의 불확정성이 $\hbar/L_{\rm min}$임을 받아들여야 하며 $\hbar c/L_{\rm min}$의 질량이 있어야 한다. 이러한 질량이 $L_{\rm min}$차원의 영역 내로 압축되었다면 이로부터 탈출하기 위해서는 빛의 속력 c와 같은 300,000km/sec가 필요하다. 그와 같은 작은 영역으로부터는 질량은 물론 정보까지 포함하여 아무것도 빠져나올 수 없다. 이것이 5장에서 다룬 블랙홀이다.

아마도 신은 인간이 가지고 있는 탐사 방법을 훨씬 넘어서는 과학 탐구에 제한을 준 것 같다. 나는 많은 물리학자들의, L값이 1F의 천만 분의 1, 즉 물리학의 모든 것이 궁극적으로 설명되는 다음 단계로 가고자 하는 욕망을 이해하며, 또 거기에 한몫하고 싶기도 하다. 궁극적인 답을 얻을 수 있다면 이는 진실로 경탄할 만한 일이다. 그러나 나는 아주 예기치 못한 생각이 담긴 과학적 아이디어에 더 많은 관심이 있다.

물리학에서의 첫 번째 위대한 혁명, 즉 코페르니쿠스의 혁명은 지상과

물체나 조건과 관계없는 다른 흥미로운 양들을 얻을 수 있다.
WT: 그런데 왜 L_{min}을 공평하게 뉴턴의 길이나 아인슈타인의 길이라 부르지 않습니까?
ET: 플랑크는 세 상수 중 하나에만 공헌했기 때문에 그 말도 일리가 있다.

하늘에 모두 적용되는 한 가지 보편적 법칙이 존재함을 인식시켜 주었다. 나는 그러한 혁명이 인간의 행동과 사고에 어떻게 영향을 미쳤는지를 완전히 이해했다고 느끼지 못한다. 나는 엄청나게 팽창하는 우리 우주 내에서 우리가 움직이는 속도에 제약을 주고 창조 과정이 끊임없이 지속되고 이 과정에 우리 모두를 항상 참여하도록 바꾸어준 두 번째 혁명의 효과를 더 잘 이해하고 있다. 물리학자로서 나는 경이로움이 계속되기를 바란다. 신이 가진 속성 중에서 내가 가장 중요하게 생각하는 것은 그가 모든 비밀을 알고 있다는 것이다. 영원한 신이 있다는 것은 끝없는 놀라움을 통해 발견될 수 있는 비밀이 앞으로 더 있을 수 있다는 가장 매력적인 일을 암시하는 것이다.

현재와 같은 무지 상태로서는 올바른 이론이 부족함을 불평할 수는 없다. 나에게 남아 있는 가장 큰 비밀은 생명에 관한 것이다. 나는 유물론자에 가깝다. 유물론자는 흔히 물질에 관해 말할 때 그것에 대해 다 아는 것처럼 말한다. 어떤 점에서는 물리를 통해 나는 물질이 상식적 이해와는 아주 딴판이라는 것을 알고 있지만, 나는 숫자를 세는 방법을 알아낸 사람이 수학에 대해 아는 만큼 물질에 대해 알고 있다고 느낀다. 물질이 가져다줄 경이로움은 무한에 가깝다.

미켈란젤로(Buonarroti Michelangelo, 1475~1564)는 시스티네 성당 천장의 그림에서 신의 손이 인간과 접촉하고 있는 모습으로 생명을 설명하고 있다. 물론 이것은 과학이 아니라 고상한 예술이다. 나는 신학적 설명과 생명이란 물질의 우연한 움직임과 진화에 불과하다는 통상적 유물론적 설명 사이에서 불만족스럽게도 어느 것을 선뜻 선택할 수 없다.

지난 수십 년 동안에 우리는 단세포 및 다세포 생명체에 대해, 또 바이러스와 레트로바이러스에 대해, 그리고 매우 복잡한 분자의 형태를 부모에게서 자식으로 전달해 주는 RNA와 DNA에 대해 더욱 많은 것을 알게 되었다. 우리는 또한 이러한 정보를 담고 있다고 생각되는 유명한 이중 나선 구조의 모양에 대해 대략적인 묘사도 할 수 있다. 그럼에도 불구하고 우리는 생명의 본질적 질문에 대한 대답에는 결코 가까이에 있지 못하다.

나는 그와 같은 물음에 대한 가장 좋은 접근 방법은 매우 간단한 생명의 구조를 연구하는 것이라 믿는다. 바이러스는 단지 생명의 복제 과정을 흉내만 내는 해악한 존재일까? 아니면 바이러스는 그 자체적으로 생명이라 할 수 있기까지의 모든 단계를 밟는 것이 싫어서 대신 이러한 필수적 과정을 다른 생명체로부터 빌리고 있는 것일까?

언젠가 우리가 아주 간단한 생명체를 발견하여 그 안에 든 모든 원자에 대해, 그리고 수소 원자의 위치까지도 알았다고 해보자. '생명'이 있는 이 특수한 분자와 살아 있지 않은 다른 분자들과의 차이를 어떻게 알 수 있을까? 미켈란젤로의 표현처럼 생명은 신의 손길이 닿은 것이라 말할 수 있을까?

닐스 보어는 이러한 질문에 대해 그러한 질문을 받건 받지 않건 간에 그 자신이 스스럼없이 내놓은 대답이 있었다. "만약 생명체에서 물리적 방법으로 모든 것을 자세히 알아냈다고 하면, 그 과정에서 생명의 형식을 완전히 죽여 버렸을 것이다." 보어가 옳을지도 모르지만, 불확정성 원리는 그 적용 조건이 최대한도로 자세한 경우까지 내려갔을 때 정말로 흥미롭고 유용할 것이다.

나에게는 무기물질(無機物質) 세계에서 남은 한 가지 문제가 있다. 이는 물질세계와 생명세계와의 경계를 탐구하는 것이다. 그러한 경계에 도달하기 위해서는 수천 년이 걸릴지 모르지만, 과학이 지수함수적으로 발달하리라 예상한다. 여러분은 지수의 세계를 충분히 배웠으므로 천 년이 하루가 될 수 있기를 바란다.

해답

1장

1. 피타고라스 정리의 증명에서 빠진 것은 〈그림 1-2〉의 (b)에서 어두운 부분이 실제로 정사각형이 되는지를 말하지 않은 것이다. 우리는 어두운 그림에서 모든 변의 길이가 같다는 것을 알지만, 각들이 직각이라는 것을 보이지 않았다. 아래 그림에서 각 α, β, δ를 생각하자. 우리는 이들 각이 직선상에 있기 때문에 각 $\alpha + \beta + \delta$를 더하면 180°가 됨을 안다. 그러나 α와 β는 직각삼각형에서 직각이 아닌 각이므로 $\alpha + \beta = 180°$이다. 따라서 각 δ는 직각이 되어야 한다.

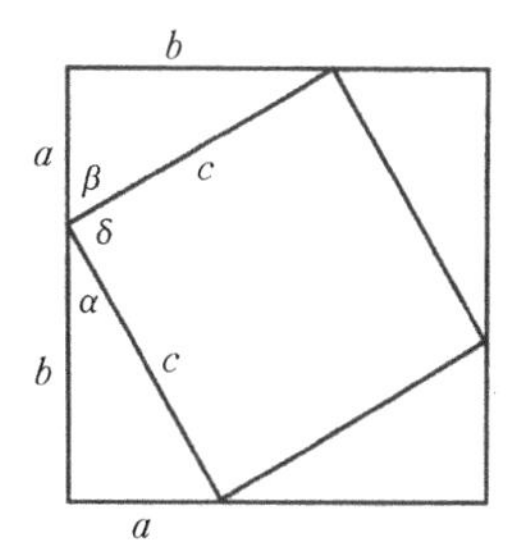

2. 빛의 속력은 $c = 3 \times 10^{10}$cm/sec이며 중력에 의한 가속도는 $g \approx 10^{3}$cm/sec^{2}이다. 속도와 등가속도[1)]의 관계는 $\upsilon = gt$인데, 여기서 υ는 배의 속력이다. 그러면 $t = c/g = 3 \times 10^{7}$sec가 되어 약 1년이 된다.

1) 상대성 이론을 고려하지 않으면 이렇게 되는데, 여기서는 상대성 이론을 고려할 필요가 없다.

3. (틀리게 가정한다면) 지구(또는 에테르)와 같이 달리는 빛은 지구가 태양을 공전하는 속력인 3×10^{6}cm/sec의 속도를 잃거나 얻는다. 그래서 에테르에 대해 '거꾸로' 1m를 가는 데 걸리는 시간은 $10^{2}/(3 \times 10^{10} + 3 \times 10^{6})$초이며 에테르와 '함께' 달리면 그 시간은 $10^{2}/(3 \times 10^{10} - 3 \times 10^{6})$초 걸린다. '왔다 갔다' 하는 데 걸리는 총 시간은 $10^{2}/(3 \times 10^{10} + 3 \times 10^{6}) + 10^{2}/(3 \times 10^{10} - 3 \times 10^{6})$초, 즉

$$\frac{10^{-8}}{3}\left(\frac{1}{1 - 10^{-4}} + \frac{1}{1 + 10^{-4}}\right)\text{초}$$

이다. 이는

$$\frac{10^{-8}}{3}\left[\begin{array}{l}(1 + 10^{-4} + 10^{-8} + 10^{12} + \cdots\cdots \\ + (1 - 10^{-4} + 10^{-8} + 10^{12} + \cdots\cdots)\end{array}\right]\text{초}$$

와 같아서, 왕복에 걸리는 총시간은 $(2 \times 10^{-8/3}) + (2 \times 10^{-16/3})$초이다. 에테르의 '강'을 가로질러 왕복하는 빛은 가고 오는 데 같은 시간이 걸리므로 총 시간은

$$\frac{2 \times 10^{2}}{\sqrt{(3 \times 10^{10})^{2} - (3 \times 10^{6})^{2}}} = \frac{2 \times 10^{-8}}{3\sqrt{1 - 10^{-8}}}\text{초}$$

이다. 이 값은 근사적으로 $(2 \times 10^{-8/3})(1 + 10^{-8/2} + \cdots\cdots)$초이다. 그래서 강을 가로질러 여행하는 빛이 $10^{-16/3}$초밖에 이기지 못한다. 이 시간 동안에 빛은 $3 \times 10^{10} \times (10^{-16/3})\text{cm} = 10^{-6}\text{cm}$ 즉 0.01미크론만큼 진행한다. 이는 보랏빛 파장의 1/40로서 간신히 측정이 가능하다.

2장

1. 먼저 서로 120° 각도로 작용하고 있는 세 개의 같은 크기의 힘은 상쇄된다는 것을 증명하겠다. 이 배열을 120° 회전시켰다고 하자. 그 결과는 원래의 배열과 똑같다. 120° 회전한 후 자신과 똑같아지는 힘은

0의 힘뿐이며, 이로써 우리가 원하는 것을 증명했다.

이제 두 개의 같은 힘이 120° 각도를 이루고 있을 때 다른 것은 그대로 놓아두면서 이 힘들 사이의 각 가운데에 어떤 힘 **c**를 더한다. 여기에 **c**와 크기가 같고 방향이 반대인 힘 **d**를 더하면 **c**가 더해진 효과를 상쇄한다. 이때 **a**, **b**와 **d**가 크기가 같은 힘이라고 하면 이들이 서로 120°의 각을 이루므로 이들은 상쇄된다. 그래서 **d**와 크기가 같은 **c**는 **a**, **b**와도 크기가 같다. 따라서 **a**와 **b**를 더한 하나의 힘은, **a**와 **b**의 사잇각을 이등분하면서 **a**, **b**와 크기가 같은 힘인 **c**가 된다.

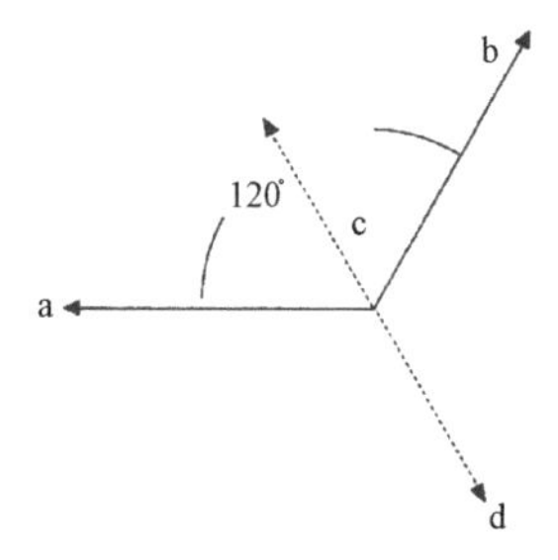

2. 얼음 조각이 차지한 부분의 물의 무게는 얼음 조각의 무게와 같다. 따라서 얼음 조각이 녹아서 생긴 물은 단지 얼음 조각이 차지했던 '빈자리를 메꾸기 때문에' 물의 높이는 변하지 않는다.

3. 그림에서 아래를 향하는 화살표로 표시한 중력 **F**는 두 개의 힘, 즉 사슬이 움직이는 것으로 생각되는 방향을 따르는 **P**와 여기에 수직한 **Q**의 합으로 나타낼 수 있다. 이 세 개의 힘 **F**, **P**와 **Q**는 직각삼각형을 이룬다. 사슬이 얹혀 있는 나무토막도 직각삼각형이라서, 나무토막의 각 α는 세 힘이 이루는 삼각형에서 각과 같다. 따라서 두 삼각형은 닮은꼴이라서 변 AB를 따라 움직이는 사슬에 작용하는 힘 **P**는 AC의 길이에 비례한다. 그러므로 예를 들어 AC가 AB의 1/2이라면 AB 위

에 놓인 사슬의 무게는 AC에 있는 사슬 무게의 배가 되며, 힘 **P**는 그 무게 **F**의 꼭 절반이다. 결국 AC를 따르는 힘은 AB를 따르는 힘의 크기와 같으므로 계가 평형을 이룬다.

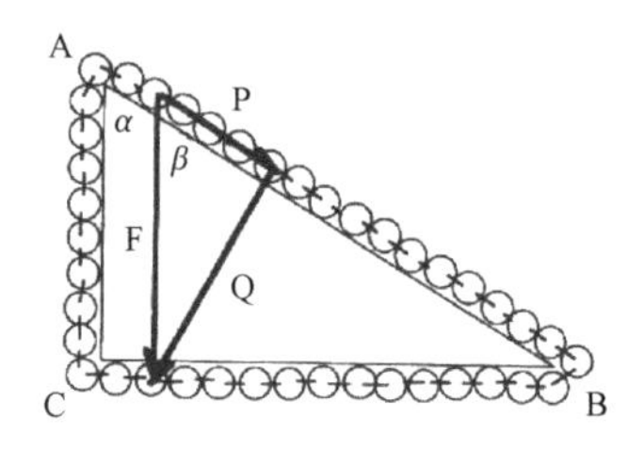

3장

1. 우리가 금성에서 보는 빛은 (퍼진) 반사된 빛이다. 금성이 태양과 지구에 대해 그림 왼쪽에 보인 것과 같은 위치에 있을 때 금성은 낫처럼 보인다. 금성의 궤도가 지구의 궤도보다 크다면 오른쪽 그림에서와 같이 금성은 원판처럼 보인다. 이때에는 행성이 어느 위치에 있건 우리는 실제적으로 행성에서 빛이 쪼여진 부분을 보게 되어 행성은 항상 원판처럼 보이게 된다.

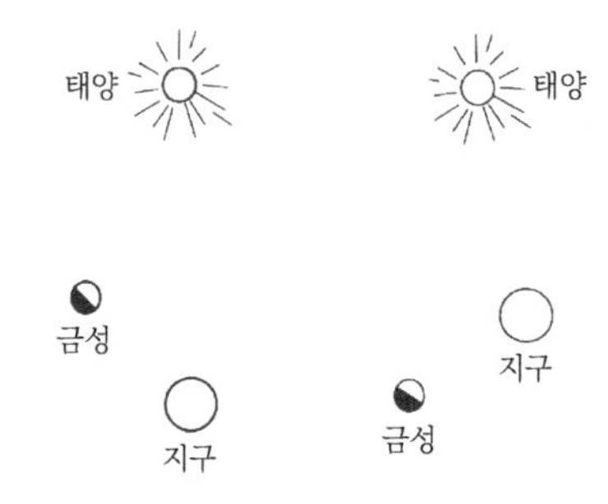

2. 별의 겉보기 밝기는 그 실제의 세기 I에 따라 증가하며 별로부터의 거리의 제곱에 따라, 즉 $1/r^2$에 따라 감소한다. 태양은 알파 센타우리의 7×10^{10}배 밝기로 보이는데, 실제로는 태양보다 20% 정도 어둡다. 다시 말해 $I_{AC} = 0.8I_S$이며 $7 \times 10^{10} = (I_S/r_S^2)/(0.8I_S/r^2_{AC})$ 즉 $r^2_{AC} = 7 \times 10^{10}(0.8)r_S^2$이다. $r_S = 8$광분(光分)이므로 $r_{AC} = 19 \times 10^5$광분 즉 3.6광년이다.

3. 알파 센타우리가 19×10^5광분 떨어져 있고 태양 주위를 도는 지구의 궤도 반지름이 8광분이라면, 알파 센타우리의 시차는 $8/(19 \times 10^5)$라디안 $= 2.4 \times 10^{-4}$도(度), 즉 0.86″이다. 천문학자들은 알파 센타우리가 $1/0.86 = 1.16$파섹(1파섹은 약 3광년이다) 떨어져 있다고 말한다.

4. 초승달은 완전히 어둡지 않은데 그 이유는 '보름' 지구가 태양빛을 산란하여 달을 비추기 때문이다. 지구가 태양으로부터 받는 빛을 모두 산란시킨다고 (틀리지만) 가정하면, 그 세기는 달까지 오면서 $(R_E/D_{EM})^2$만큼 감소하는데, 여기서 $R_E = 6{,}000\text{km} = 0.02$광초로 지구의 반지름이며, $D_{EM} = 360{,}000\text{km} = 1.2$광초로 지구에서 달까지의 거리이다. 따라서 초승달과 보름달의 밝기의 비는 $(R_E/D_{EM})^2 = 1/3600$이다.
더 옳게 표현하면 $A/3600$이 되어야 하는데 여기서 A는 '알베도(albedo, 반사율)' 즉 지구에 의해 산란되는 빛의 부분을 나타낸다(A는 약 0.5이다).
달에서 눈썹 모양의 밝은 부분을 볼 때 달의 나머지 부분이 희미하게 보임을 관찰한다. 그러나 달이 보름달에 가까워지면 달의 나머지 부분의 윤곽을 볼 수 없다. 그 까닭은 이때는 지구가 달과 달리 '초승' 지구이기 때문이다.

5. 갈릴레오는 두 사람이 밤중에 얼마간 떨어진 산꼭대기에 초롱을 들

고 서 있는 방법을 제안했다. 한 사람이 초롱의 가리개를 열면 다른 사람은 그 빛을 본 순간 자기 가리개를 연다. 첫 번째 사람은 그가 초롱을 연 후 얼마 후에 반응을 보았는지를 알 수 있어서 빛이 왕복한 시간을 알게 된다. 불행하게도 산들이 너무 가까이에 있고 사람의 반응이 너무 느려 이러한 시도가 실제적이지 못했다. 2세기가 지나서야 기술 발전이 이루어져 피조(Armand Hippolyte Louis Fizeau, 1819~1896)가 갈릴레오가 제안한 방법을 따라 거울과 회전하는 톱니바퀴를 '가리개'로 써서 빛의 속력을 대략적으로 측정했다.

4장

1. 비탈면을 따라 구를 굴린다. 금으로 된 구는 밑에 도달하는데 알루미늄 구보다 17%의 시간이 더 걸린다. 밀도의 비가 7:1이므로 금으로 된 구는 두께가 반지름의 5%이다. 그러면 이를 속이 빈 얇은 구껍질로 취급할 수 있다. 이 구껍질의 회전은 진행 운동에 대해 2/3만큼의 관성을 더 주기 때문에 관성은 1 + 2/3 = 5/3배가 된다. 속이 꽉 찬 구는 단지 관성의 2/5만큼만 더해진다. 즉 유효 관성은 7/5이다. 소요되는 시간은 두 관성값의 비의 제곱근에 비례하여 $\sqrt{(5/3)(7/5)} = \sqrt{25/21} = 1.09$이다.

2. 사과에서의 P^2/D^3값은 달에 대한 P^2/D^3값과 같다는 것을 알고 있다. 달은 한 번 공전하는 데 27일이 걸리고 지구로부터 386,400km 떨어져 있으므로 달에 대한 P^2/D^3은 $(27 \times 27)/(386400 \times 386400 \times 386400) = 1.26 \times 10^{-14}$이다. 만약 $P = 1$일이라면 $1/D^3 = 1.26 \times 10^{-14}$이므로 $D = 42{,}974\text{km}$이다.

5장

1. 중국의 천문학자는 초신성이 안 보일 때까지 매일 밤 그 밝기를 다른 천체들과 비교했다. 그가 명확히 판별했었던 이 천체들을 관찰함으로써 우리가 관찰한 초신성의 밝기가 약해지는 것을 그림으로 그릴 수 있다.

2. b만큼의 거리를 두고 지나가는 빛의 굴절각에 대한 간단한 표현은 b에 평행한 가속도 성분을 시간에 대해 적분하고 이를 c로 나눔으로써 얻을 수 있다. 따라서 굴절각의 증가는 $GM_{sun}r^{-2(b/r)}dt/c$이다. $r = (x^2 + b^2)^{1/2}$로 두면, 굴절각 $= b/c^2\int_{-\infty}^{\infty}GM_{sun}(x^2 + b^2)^{-3/2}dx = 2GM_{sun}/bc^2$이 된다. b가 태양의 반지름인 경우, 이 값은 0.42×10^{-5}라디안이다.

6장

1. 샌프란시스코와 덴버의 절대온도는 373K(절대영도는 0℃로부터 273℃ 아래이므로 0℃보다 100℃ 더한 값이다)와 363K이다. 어떤 반응에서나 그 비율 R은 $R = e^{-E_a/kT}$로 주어진다. 덴버에서 달걀을 익히는 데 2배가 걸리므로 R_{Den}/R_{SF}는 1/2이라서 $R_{Den}/R_{SF} = 1/2 = e^{-E_a/kT_{Den}}/e^{-E_a/kT_{SF}} = e^{-(E_a/kT_{Den} - E_a/kT_{SF})}$와 같은 식을 얻는다. 숫자를 대입하기 전에 양변에 로그를 취하면

$$\ln 0.5 = -0.693147\cdots\cdots = -(E_a/kT_{Den} - E_a/kT_{SF})$$
$$= -(E_a/kT_{SF})(T_{SF}/T_{Den} - 1)$$

로 간단해지며

$$(E_a/kT_{SF}) = 0.693147/(T_{SF}/T_{Den} - 1)$$
$$= 0.693147/(1.027548 - 1) = 25.1$$

이다.

2. 냉장고에서 나오는 찬 공기가 순간적으로 약간 시원하게 해준다. 그러나 냉장고를 오래 열어 두면 냉장고를 망가뜨리게 된다. 통계역학의 법칙에 의하면, 냉장고의 냉각 효과는 반드시 다른 물체를 뜨겁게 하게 된다. 어떻게 해도 방의 온도를 계속 낮출 수 없다. 사실 냉장고를 돌리기 위해 전기 에너지를 쓰면 열이 발생하므로, 냉장고 안의 음식을 상관하지 않는다면 냉장고를 끄는 것이 현명한 일이다.

7장

1. 평평한 금속 표면은 전도 표면이다. 전하 Q를 그 위에 놓으면, 표면 전하는 전하로부터 나오는 힘선이 면에 꼭 수직하게 지나도록 재배치된다. 만일 그렇게 되지 않으면 면의 껍질을 따라 전류가 계속 흐를 것이다. 이러한 상황을 머릿속에 뚜렷이 떠오르게 하려면 크기가 같고 부호가 반대인 두 전하가 거울의 상 위치에 있다고 가정하면 된다. 한 전하에서 나오는 모든 선은 다른 전하에서 끝난다. 따라서 그림에서와 같이 실제 전하가 면 위로 떨어져 있는 거리만큼, 크기가 같고 부호가 반대인 두 번째 전하가 면 밑에 있다고 상상함으로써 면 위에서 전류가 흐르지 않는 정전기학의 조건을 만족시킬 수 있다. 물론 부호가 다른 전하는 서로 잡아당기므로 실제 전하는 면[면 밑에 있는 상전하(image charge)] 쪽으로 끌린다.
   전하가 면 위 z에 있다면, 두 전하 사이의 힘은 $Q^2/(2z)^2$이다. 물론 실제전하가 자신을 잡아당기는 것이 금속면인지 상전하인지를 알든 모르든 관계없이 그것이 느끼는 힘은 똑같다.

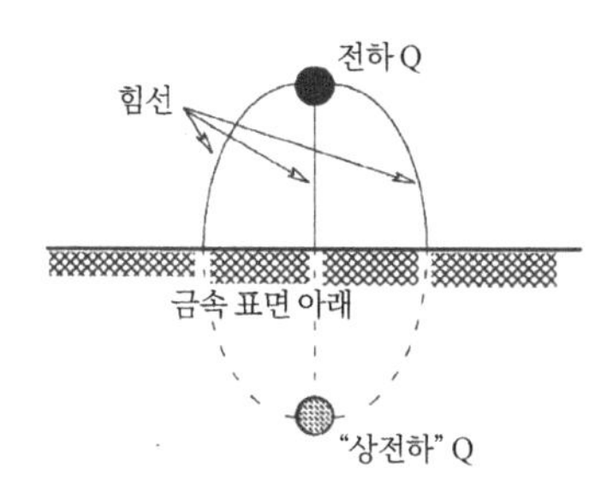

2. 편의상 **E**와 **H**의 x성분을 택하는데, 이들은 ϕ와 **A**로부터 $E_x = (\partial A_x/\partial(ct)) - (\partial\phi/\partial x)$와 $H_x = \partial A_z/\partial y - \partial A_y/\partial z$처럼 얻어진다(이 두 방정식에서 x대신 y, y 대신 z, z 대신 x를 대입하여 다시 쓰면 y성분을 얻을 수 있다). 따라서 벡터 **A**가 시간에 의존하지 않고 ϕ가 공간에 대해 일정하다면 **E** = 0이다. 그러나 어디서나 $H = 0$이 되게 하는 **A**는 어떤 것일까? 한 가지 방법은 f를 x, y, z의 임의의 함수라 할 때 $A_x = \partial f/\partial x$, $A_y = \partial f/\partial y$, $A_z = \partial f/\partial z$와 같은 연산에 의해 얻어지는 **A**를 보는 것이다(수학자들은 이러한 연산을 **A** = grad $f = \nabla f$라 한다). curl의 정의를 돌이켜보면 **A**에 curl을 하면 그 curl이 항상 0이 되어 **H** = 0이다.

8장

1. 차원을 고려하여 답을 찾을 수 있다. 즉 우선 속도가 관계할만한 모든 양을 알아내고 이들로부터 속도를 만드는 것이다. 만약 이것이 한 가지 방법으로만 가능하다면, 우리는 문제에 나오는 다른 양들(파장 λ를 포함하여)에 속도가 어떻게 의존하는가를 이미 구한 셈이다.

   긴 파장은 중력의 영향을 받는다. 다시 말해 파장은 중력가속도 g로 표현된다. 액체의 밀도는 관계없는데, 그 이유는 힘과 질량은 모두 밀도에 비례하며 운동에 대한 영향을 얻기 위해서는 힘을 질량으로 나누어야 하기 때문이다.

따라서 λ와 g만 들어올 수 있다. λ의 단위는 cm이고 g의 단위는 cm/sec^{2}이다. 이 둘을 곱하여 제곱근을 취하면 단위가 cm/sec인 $\sqrt{\lambda g}$, 즉 속도를 얻는다. 이 값은 ($\sqrt{2}$를 생각하지 않으면) 실제로 거리 λ만큼 떨어지면 얻게 되는 속도이다. 따라서 속도 ≈ $\sqrt{\lambda}$이다.

짧은 파장의 전파는 표면장력 σ에 의존하는데 그 단위는 에너지/cm^2 ≈ g·cm^2·sec^{-2}/cm^2 ≈ g·sec^{-2}이다. 이 경우에는 단위가 g/cm^{3}인 밀도 ρ가 관계있다. σ, ρ, λ로부터 속도를 한 가지 방법에 의해 만들 수 있는데, 이는 단위가 cm/sec인 $\sqrt{\sigma/\lambda\rho}$로 파동 속도 ≈ $1/\sqrt{\lambda}$다.

2. 공기 중에서 평균 자유 거리는 대략 분자 지름의 1,000배이다. 공기의 분자는 지름이 약 2×10^{-8}cm라서 평균 자유 거리는 2×10^{-5}cm이다. 이제 원자가 움직이는 평균 속도를 알아야 한다. 열에너지와 운동에너지가 같다고 놓으면 $nkT = nm\upsilon^2/2$이며, 따라서

$$\upsilon = \sqrt{2kT/m}$$
$$= \sqrt{2(1.37 \times 10^{-16})(300/28.4 \times 1.6 \times 10^{-24})}$$
$$\approx 4.25 \times 10^4 \text{cm/sec}$$

이다. 충돌 사이의 시간은 $2 \times 10^{-5}/4.5 \times 10^4$sec ≈ 0.48×10^{-9}/sec로 충돌은 매초 20억 번(10억 번이 실제에 가깝다)이다.

3. 비누 분자의 무게가 수소 원자 무게의 100배라고 가정하면 그 무게는 1.66×10^{-22}g이다. 무게가 1/4kg = 2.50×10^2g인 비누 덩어리에는 $2.50 \times 10^2/1.66 \times 10^{-22} = 1.5 \times 10^{24}$개의 비누 분자가 있다. 비누 분자의 지름은 약 10^{-7}cm라서 한 분자에 의해 덮이는 면적은 약 10^{-14}cm^{2}이다. 따라서 한 개의 비누 덩어리로부터 만들어지는 분자 단층이 덮는 면적은 $10^{-14} \times 1.5 \times 10^{24} = 1.5 \times 10^{10}$cm^2 = 1.5×10^6m^{2}이다.

9장

1. 1에서 n까지 숫자를 더하는 가장 간단한 방법은 '풍선 짝짓기'이다. 그림에서와 같이 숫자를 쓴다. 짝지어진 풍선에 있는 수의 합이 항상 $n + 1$임을 알 수 있다. 풍선의 짝이 몇 개 있을까? 풍선의 짝이 $n/2$이므로 이들을 모두 합하면 $(n + 1) \times (n/2)$인데 이는 거의 n^2에 비례한다. 이 방법은 독일 수학자인 가우스가 여섯 살 때 같은 반 아이들이 규율을 어긴 벌로 1에서 100까지 합해야 했을 때 (아마도 그가 처음은 아니겠지만) 발견한 것이다. 그는 이를 풍선 짝짓기라 부르지 않았는데, 농담을 하자면 그 당시에는 상표가 '짝진-풍선'인 풍선껌이 없었기 때문이다.

   9장에서 말했듯이 회전하는 2원자 분자에서 에너지 준위 사이의 간격은 준위를 나타내는 수에 비례한다. 따라서 우리는 이 단원에서 말한 것이 옳다는 것을 증명한 것이다. 즉 특정한 에너지 준위에 있는 회전하는 2원자 분자의 에너지는 그 준위를 나타내는 수의 제곱에 비례한다.

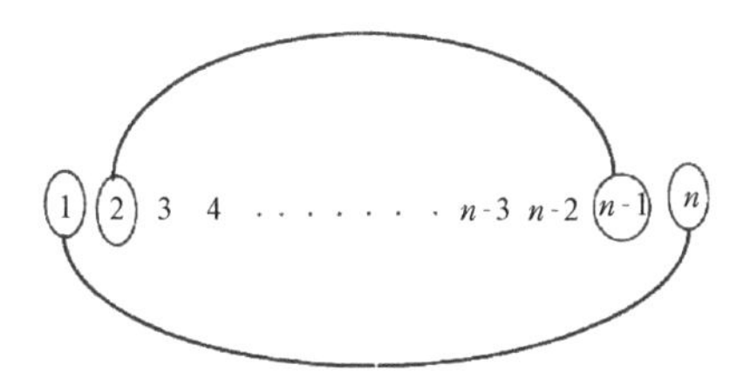

2. 반지름이 r인 원을 속도 υ로 도는 입자의 구심 가속도는 υ^2/r이다. 쿨롱의 법칙에 의해 이 가속도는 e^2/mr^2과 같다. 따라서 $\upsilon^2 = e^2/mr$이며 진동수 $\omega = \upsilon/r$은 $\omega = (e^2/m)1/2r^{-3}/2$이다. 운동 에너지 E_{kin}은 $m\upsilon^2/2$이며 위치 에너지 E_{pot}는 $-e^2/r$이다. 따라서 $E_{pot} = -2E_{kin}$이며 총

에너지 E는 $E = -e^2/2r$이다. 이는 $\omega = 23/2(1/m^1/2e^2)(-E)3/2$임을 말한다. 양자 준위 E_n이 정수의 양자수 n을 가졌다면 $E_n + 1 - E_n = \hbar\omega = \hbar 23/2(1/m^1/2e^2)(-E_n)3/2$를 얻는다. [우리는 오른편에서 E_n을 써야 할지 $E_n + 1$을 써야 할지 모른다. 이때 $E_n \approx 1/n^2$이라 가정하면 그럴 듯한데, $-1/(n + 1)^2 + 1/n^2 = (2n + 1)/(n + 1)^2n^2 \approx 2/n^3 \approx 2(-E)^{3/2}$이라서 E_n에 대한 ω의 올바른 의존성을 준다] 그래서 $2k/n^3 = \hbar 2^{3/2}(1/m^{1/2}e^2)(k/n^2)^{3/2}$로부터 $k = me^4/2\hbar^2$을 얻는다. 이는 발머(Johann Jakob Balmer, 1825~1898)의 공식과 일치한다.

위와 같은 논의가 원 궤도에만 적용되는 듯이 생각할지 모르지만 이 공식은 실은 일반적으로 적용된다. 실제로 케플러와 뉴턴에 의하면 행성의 에너지와 주기(즉 진동수의 역수)는 타원에서 단지 긴반지름에만 관계되며 이심률에는 관계없다. 따라서 위 논의는 반지름 대신 긴반지름을 쓰면 타원 운동에 대해서도 성립한다.

3. 회전하는 2원자 분자의 간단한 예로서 질량 m인 입자가 반지름 r인 원 위를 도는 것을 생각할 수 있다. 이때 에너지는 운동 에너지로서 $mv^2/2$이며 진동수는 $\omega = v/r$이다. 두 이웃한 양자 상태 n과 $n + 1$에서의 운동 에너지의 차를 $\hbar\omega$라 놓으면,

   $mv^2_{n+1}/2 - mv^2_n/2 \approx mv_n(v_{n+1} - v_n) = \hbar v_n/r$

   을 얻는다.

   양변에 r/v_n을 곱하고, mrv_n이 n번째 상태의 각운동량임을 유의하고 이를 L_n으로 나타내면 $mr(v_{n+1} - v_n) = L_{n+1} - L_n = \hbar$를 얻는다. 즉 두 이웃한 상태에서 각운동량 값의 차는 플랑크 상수 $\hbar$이다.

4. 수소 원자에서 이웃한 양자 상태 n과 $n + 1$의 각운동량 $L = mvr$은 두 가지 이유로 값이 다르다. 하나는 v가 다르기 때문이고 다른 이유는 r이 다르기 때문이다. 따라서 $L_{n+1} - L_n$의 차는

$L_{n+1} - L_n = mr_n(\upsilon_{n+1} - \upsilon_n) + m\upsilon_n(r_{n+1} - r_n)$

으로 주어진다.

이 차를 $\hbar$라 두고 양변을 $\upsilon n/r = \omega$로 곱하면 다음 식을 얻는다.

$m\upsilon_n(\upsilon_{n+1} - \upsilon n) + m\upsilon_n(r_{n+1} - r_n)/r_n = \hbar\omega$

왼편에서 첫 번째 항은 두 상태 사이의 운동 에너지의 차 $1/2(m\upsilon^2_{n+1} - m\upsilon^2_n)$으로 근사시킬 수 있다. 왼편의 두 번째 항에서 $m\upsilon^2_n/r_n$는 구심력이고 $r_{n+1} - r_n$은 반지름의 변화이다. 이 두 양의 곱은 위치 에너지의 변화이다. 왼편 전체는 총 에너지 변화 $E_{n+1} - E_n$으로 방정식에서 보듯이 $\hbar\omega$와 같다.

따라서 한 원 궤도에서 다음 궤도로 간다는 것은 각운동량이 h만큼 변하고 이는 $E_{n+1} - E_n = \hbar\omega$라는 결과를 주게 된다. 이러한 결과가 수소 원자뿐만 아니라 축 대칭을 갖는 어떠한 상황에서도 성립한다는 것을 유의해야 한다.

각운동량이 양자화되었으며 그 양자가 $\hbar$라고 말할 수 있다. 실제로 원형 편광된 빛은 각운동량을 가지고 있으며 맥스웰의 이론은 각운동량이 빛의 에너지를 그 진동수(이를 2π로 나눈 것), 즉 ω로 나눈 것과 같음을 보여 준다. 따라서 빛이 에너지가 $\hbar\omega$인 양자로 나오면 편광된 광양자는 각운동량 $\hbar$를 갖고 있다.

10장

1. 정의에 의하여 $\omega/k = c(1 - \alpha\omega^{-2})^{-1/2}$이다. 그러므로 $k = c^{-1}(1 - \alpha\omega^{-2})^{1/2}\omega$이며 $dk/d\omega = c^{-1}(1 - \alpha\omega^{-2})^{-1/2}$이다. 군속도(群速度)는 이의 역수값을 가져 $d\omega/dk = c(1 - \alpha\omega^{-2})^{1/2}$로 빛의 속도보다 작다.

2. 정지된 핵장(核場)에서는 전자가 파동 함수로서 $\phi_{R_i}(r_i)$를 갖는데 여기

서 r_i는 i번째 전자의 위치를 나타내며 R_l은 $_l$번째 핵의 위치이다. 이 함수는 다음과 같은 슈뢰딩거 파동 방정식의 해이다.

$$-\frac{\hbar^2}{2m}\sum_i\left(\frac{\partial^2}{\partial x_i^2}+\frac{\partial^2}{\partial y_i^2}+\frac{\partial^2}{\partial z_i^2}\right)\phi_{R_l}(r_i)+[V(r_i,R_l)-E(R_l)]\phi_{R_l}(r_i)=0$$

위치 에너지 $V(r_i, R_l)$은 전자와 핵의 배열에 관계되며, 고윳값 $E(R_l)$은 핵의 배열에만 관계된다. 실제로 $E(R_l)$은 핵이 그 영향하에서 움직이는 위치 에너지이다.

M_l을 l번째 핵의 질량이라 하면 전체 파동 함수는 $\Psi(R_l)\phi_{R_l}(r_i)$이 되는데 여기서 $\Psi(R_l)$은 다음과 같은 슈뢰딩거 방정식으로부터 얻을 수 있다.

$$-\sum_l\frac{\hbar^2}{2M_l}\left(\frac{\partial^2}{\partial x_i^2}+\frac{\partial^2}{\partial y_i^2}+\frac{\partial^2}{\partial z_i^2}\right)\Psi(R_l)+[E(R_l)-E]\Psi(R_l)=0$$

함수 $\Psi(R_l)$은 흔히 분자에서 내부 진동뿐만 아니라 병진 및 회전 운동을 기술한다.

보른-오펜하이머 근사로 불리는 이러한 과정은 $\phi_{R_l}(r_i)$을 변위 R_l에 대해 미분할 수 없어서 다음 항을 무시한다.

$$\sum_l\frac{\hbar^2}{2M_l}\left[2\left(\frac{\partial\phi}{\partial x_l}\frac{\partial\Psi}{\partial x_l}+\frac{\partial\phi}{\partial y_l}\frac{\partial\Psi}{\partial y_l}+\frac{\partial\phi}{\partial z_l}\frac{\partial\Psi}{\partial z_l}\right)+\Psi\left(\frac{\partial\phi^2}{\partial x_i^2}+\frac{\partial\phi^2}{\partial y_i^2}+\frac{\partial\phi^2}{\partial z_i^2}\right)\right]$$

일반적으로 이들 항은 작다.

11장

1. 점 C에 대한 정보는 C를 지나는 순간 얻어지지 않고 후에 스크린 B를 통과할 때 얻어진다. 이 나중 순간에서의 운동량, 그리고 속도에 대한 정보는 B에서의 측정을 정확히 할수록 줄어든다.

   결론적으로 우리는 미래를 예측하는 데 이용할 수 없는 과거로부터 정보를 얻었다. C에서 계산된 정확한 위치—그리고 운동량—값으로부터 어떤 결론도 얻어낼 수 없다. 이들 계산값은 어떠한 모순을 낳지 도 않으며 파동과 입자적 해석에 대해 어떠한 결정도 이끌지 못한다. 예측, 특히 미래에 대한 예측은 위험하다고 할 수 있다. 예측에 수반된 위험이 고쳐지지 않는다면, 어떠한 결과도 나오지 않으며 불확정성 원리를 위반하지 않는다.

2. 아인슈타인은 상자의 무게를 재고 힘 $g\Delta m$(그리고 $E = mc^2$)을 이용하여 에너지의 변화를 알려고 했다. 이 힘이 시간 t 동안 작용한다고 하면 운동량에 대한 본래의 불확정성이 $\Delta p = g(\Delta m)t$이므로 위치에 대한 불확정성은 $\Delta x \geq \hbar/\Delta p$이다. 또한 $g\Delta x = \Delta\phi$인데 여기서 ϕ는 중력 퍼텐셜이다. 여기서 보어는 아인슈타인의 중요한 발견[2)]을 이용했다. 시계가 큰 중력 퍼텐셜에서 $\Delta\phi/c^2 = \Delta t/t$만큼 느리게 간다는 것이다. 이렇게 해서 보어는 $\Delta E = c^2\Delta m = c^2\Delta p/gt$이라는 것과 $\Delta t = t\Delta\phi/c^2 = tg\Delta x/c^2$임을 지적했다. 따라서 $\Delta E\Delta t = \Delta p\Delta x \geq \hbar$이다.

12장

1 빛의 파수(波數)를 $\kappa = 2\pi/\lambda$처럼 나타내기로 한다. 그러면 한 격자 거리 a를 움직인 빛의 위상 변화는 $\kappa a = 2\pi a/\lambda$이다. 가시광선(즉 수 전자볼트의 양자를 나르는 빛)의 경우에 λ는 수천Å(옹스트롬)이며 a는 수Å이다. 따라서 $2\pi a/\lambda \approx 1/100$이다.
빛과 상호 작용할 때 이를 고려하여 전자의 파동 함수의 위상에 광파의 위상을 더해야만 하는데, (흡수나 방출 때) k의 변화는 1/100보다

2) 이야기를 다시 하자면 (나는 이를 한 해에 세 번 들었다) 보어는 실제로 이 점을 강조했다.

작다. 빛이 산란할 때도 이것이 성립하는데 산란은 흡수나 방출과 동등하다.

k의 작은 변화량은 전자의 속도와 물질 내에서의 빛의 속도의 비에 해당한다. 실제로 이들 속도를 에너지로 나누면 전자[3)]와 빛의 운동량 값 $\hbar k/a$와 $\hbar\kappa$가 된다. 한 브릴루앙 영역에서 다른 영역으로 뛸 때 방출이나 흡수 과정에서 에너지 보존과 운동량 보존이 모두 성립한다. 다시 말해 한 브릴루앙 영역에서 다른 영역으로 뛸 때 이들 과정에서 k가 실질적으로 변하지 않는다고 할 수 있다. 전이할 때의 에너지와 진동수 값은 물론 k에 의존한다.

2. 노란빛의 파장은 약 6×10^{-5}cm이다. r을 빛다발의 반지름이라 하면 원래 축에서 각의 벗어남이 λ/r보다 작을 때는 빛다발의 모든 부분에서 나오는 빛은 더 이상 보강 간섭을 일으키지 못한다. 우리 예에서 λ/r는 10^{-5}인데 이는 이 각에 해당하는 원호의 길이가 반지름 × 10^{-5}이라는 것이다. 1초에 해당하는 원호(圓弧)에서는 이 비가 $1/57 \times 60 \times 60 \approx 0.5 \times 10^{-5}$이다. 그래서 지구에서 달까지 갈 때 빛다발은 $386,400 \times 10^{-5}$m, 즉 3.86km 퍼지게 된다. 레이저 빛다발은 거울이 크면 클수록 더 작은 각 퍼짐이 생긴다. 작은 각 퍼짐은 레이저 빛다발에서 가장 중요한 성질 중 하나이다.

3. 거울에서 1초에 해당하는 원호의 오차가 있다면 반사된 빛다발에서는 2초의 원호 변화가 생긴다. 이는 앞 문제에서 말한 오차의 두 배이다. 지표 위에서의 퍼짐은 약 8km이다. 이것과 앞 문제에서와 같은 퍼짐에 의한 세기의 감소는 레이저의 큰 세기로 인해 용납될 만하다.

---

3) 전자의 경우 k/a는 진짜 운동량이 아니지만 많은 점에서 운동량처럼 행동한다.

4. 지름이 100개의 원자 크기인, 즉 10^{-6}cm인 먼지에는 백만 개의 입자가 들어갈 수 있다. 이는 빛의 파장보다 작다. 산란된 빛에는 보강 간섭이 일어나 한 개의 분자에 의해 얻어지는 것보다 장(場)의 세기를 10^6배 크게 한다. 세기가 10^{12}배 커진다. 따라서 극히 작은 먼지도 쉽게 볼 수 있다. 똑바로 향하는 짧은 순간의 레이저를 이용하여 굴뚝 꼭대기의 $1m^3$ 부분에 레이저 펄스를 보낼 수 있는데 이렇게 해서 공해 조절을 효과적으로 할 수 있다. 안데르센(Hans Christian Andersen, 1805~1875)의 동화 『돼지 치는 사람(The Swinehered)』에 나오는 장치가 굴뚝에서 나오는 연기를 관찰함으로써 이웃 사람이 무엇을 요리하는지를 알아낼 수 있었던 것으로 보아 나는 이 장치가 레이저임에 틀림없다고 생각한다.

5. 보통의 사진 영상은 사진 건판의 한 점에 부딪친 빛을 기록하는 것이다. 3차원 영상에서는 빛이 오는 방향까지도 기록해야 한다. 그러려면 물체에서 나오는 빛과 고정된 기준 방향에서 오는 빛이 조그만 부분에서 간섭무늬를 만들게 해야 가능하다. 이는 레이저가 만드는 빛의 큰 세기를 써서 이룰 수 있는 다소 정교한 기술이다('홀로그래피'라고 알려진 이 과정은 레이저가 만들어지기 전부터 설명되었으나 레이저의 발명이 실용화되어서야 가능했다).
현미경을 통해서 건판을 보면 무수한 평행선들, 즉 간섭무늬를 보게 된다. 원래의 방향으로부터 이 선들에 빛을 비추면 3차원 물체를 재구성할 수 있고 공중에 '떠 있는' 것처럼 보인다.